飞机金属损伤结构
复合材料修复分析

Analysis on Composite Repair of
Damaged Aircraft Metallic Structures

穆志韬　李旭东　王浩伟
刘治国　苏维国　郝建滨　著

国防工业出版社

·北京·

内 容 简 介

　　飞机金属结构环境损伤的复合材料胶接和胶螺混接修理及修理后结构的强度和疲劳寿命评定是一个复杂的问题,涉及工艺、材料、力学等诸多学科领域。针对该问题,作者所在研究团队结合承担的课题进行了多年探索研究,取得了一些研究成果并获得初步应用。

　　本书是根据团队部分人员近几年的研究成果,针对复合材料胶接修补的施工工艺、胶接修补结构的静强度评定和疲劳寿命评定、胶接修补工艺参数的优化、胶螺混接结构的静强度和疲劳寿命评定、胶螺混接结构的工艺参数优化等航空维修工程实践中需要迫切解决的问题,从理论、有限元和试验三个方面进行了研究。

　　本书的内容密切结合工程实际,实用性与理论性较强,对从事飞机修理专业的工程技术人员具有重要参考意义,也可作为有关专业研究生的技术参考资料。

图书在版编目(CIP)数据

飞机金属损伤结构复合材料修复分析/穆志韬等著.
—北京:国防工业出版社,2017.4
ISBN 978 - 7 - 118 - 11239 - 9

Ⅰ.①飞…　Ⅱ.①穆…　Ⅲ.①飞机—金属复合材料—损伤(力学)—修复　Ⅳ.①V252

中国版本图书馆 CIP 数据核字(2017)第 061578 号

※

国防工业出版社出版发行

(北京市海淀区紫竹院南路 23 号　邮政编码 100048)
三河市众誉天成印务有限公司印刷
新华书店经售

*

开本 710×1000　1/16　印张 13　字数 234 千字
2017 年 4 月第 1 版第 1 次印刷　印数 1—2000 册　定价 78.00 元

(本书如有印装错误,我社负责调换)

国防书店:(010)88540777　　　发行邮购:(010)88540776
发行传真:(010)88540755　　　发行业务:(010)88540717

前　言

在服役期间尤其是在服役末期,飞机机体金属结构在服役环境和载荷的作用下,会不可避免形成各种形式的损伤,萌生裂纹。如不及时修理,裂纹会持续扩展,导致结构发生断裂,严重影响飞行安全。对于长期在沿海机场服役的飞机更为严重。

为了保证飞机的飞行安全,恢复结构的完整性,延长服役时间,就需要对损伤部位进行及时合理的修复。该领域已经越来越引起世界各国航空界的关注和重视。

随着高性能复合材料的开发与应用,由于其具有的可设计性、高比强度、高比刚度、抗腐蚀、修补试件短、成本低等优势,复合材料已逐步被用作修复飞机结构损伤的材料。本书中损伤金属的复合材料修复技术主要包括两大类,一类是胶接修补技术,它是将高性能复合材料补片、高强度胶粘剂在加热加压条件下胶接在结构腐蚀部位,从而缓解腐蚀损伤部位应力集中程度,以达到恢复结构的使用功能和延长结构使用寿命的目的,该修复方式具有结构增重少、不引入新的损伤源、便于现场原位修理等突出优点,是一种具有广阔应用前景的飞机损伤结构修理新技术。

由于胶粘剂的抗剥离能力一般相对于抗剪切能力为弱,在某些受较大剥离应力的胶接修复结构中,为了防止胶粘剂受过强的剥离应力导致提前失效影响修复效果,也会在胶接结构中加入螺栓、铆钉等机械连接方式,这是第二类损伤金属的复合材料修复方式,即胶接/螺(铆)接混合修复方式。

20 个世纪 70 年代,以澳大利亚和美国为首的西方国家就开始针对复合材料修复技术开展大量的理论分析和试验验证研究工作,并成功将其应用于 F-111 战斗机等战机的损伤部件修复工作中,复合材料修复技术在国外航空维修领域已经逐步进入了工程实用阶段。

但是该技术在国内航空维修领域的推广应用还十分有限。原因之一就是国内的相关理论研究较为薄弱。针对复合材料修补后的这种由不同几何尺寸、不同材料属性构成的非匀质层合结构,虽然国内研究人员陆续开展了理论和试验研究,但是对于诸如修复后结构的强度、疲劳寿命以及耐久性与损伤容限等工程中关心的核心问题仍然没有完全解决,缺乏合适的评定方法体系,难以满足航空维修工程的实际需求。

　　本书主要围绕飞机损伤金属结构材料的复合材料胶补和胶螺混接修复方式，从试验、数值计算和力学理论三个角度研究修复后结构的强度和疲劳寿命，建立相对完整的理论分析体系及有限元分析方法，为复合材料修复技术的工程推广提供理论支持。本书由海军航空工程学院青岛校区穆志韬和李旭东负责撰写和统稿，参加本书研究工作的还有中航工业特种飞行器研究所王浩伟，海军航空工程学院青岛校区刘治国及苏维国、郝建滨、马鸿儒、孔光明、牛勇、刘涛、王跃、颜光耀等。本书在编写过程中得到了海军航空工程学院青岛校区海军飞机寿命可靠性研究中心和中航工业特种飞行器研究所诸多人员的大力协助。本书的顺利出版得到了国防工业出版社的大力支持。我们在此一并表示衷心的感谢。本书在编写过程中参考了大量的国内外文献、著作和各类手册，所有参考文献中均在书中列出，在此对这些作者一并致谢。

　　飞机损伤金属结构的复合材料修复技术是一个工程应用和学术研究的热点问题，理论上具有相当的深度和广度，各种相关研究成果层出不穷。由于作者水平所限，书中疏漏和不足之处在所难免，敬请广大读者、同行批评指正。

作者
2016 年 9 月

目 录

第一章 概 述

1.1 损伤金属结构的主要复合材料修补技术

在服役期间尤其是在服役末期,飞机机体金属结构在大气腐蚀环境和飞行疲劳载荷的作用下,会不可避免地形成腐蚀损伤以及疲劳损伤。如不及时修理,裂纹会持续扩展,导致结构发生断裂,严重影响飞行安全。现代高强度的战争对于飞机可靠性(Reliablity)、保障性(Supportablity)和维修性(Maintainability)提出了更高的要求,要求飞机提高战备完好率,增强生存能力,减少维修保障成本,降低维修费用,简化维修工艺,提高维修效率。由于飞机的技术含量越来越高,研制全新型号飞机的周期长,花费高,因此往往采用在已有的飞机平台上加装不同的任务载荷的方法提升其战斗力。这导致了飞机往往会超龄服役,比如美国的 B-52 飞机。随着军用飞机超龄服役时间的延长,其结构的延寿问题日益突出。

为了保证飞机的飞行安全,恢复结构的完整性,延长服役时间,就需要对损伤部位进行及时合理的修复。该领域已经越来越引起世界各国航空界的关注和重视。

对于损伤金属的复合材料修补技术而言,修复效果很大程度上受到修补工艺的影响。合理的修补工艺可以最大程度地将损伤机体的承载应力传递给补片,有效降低损伤部位的应力。损伤金属结构的修复方式主要有三大类,分别是机械连接修补、胶接修补以及混合修补。

1.1.1 机械连接修补

机械连接修补通常是指螺(铆)接修理。它是在损伤部位的周边用螺栓或者铆钉进行固定外部补片,使得损伤结构遭到破坏的载荷传递路线得以重新恢复的一种修理方法。机械连接修理的优点在于操作简便,不需要冷藏和加热设备,对被修复表面的处理要求不高,施工迅速。但是在修理过程中,需要对损伤构件钻孔,引入了新的损伤,容易造成新的应力集中,减少结构的疲劳寿命储备,修补效率大大降低。而且会显著改变原有构件的表面外形,尤其对于外蒙皮的机械连接修理会破坏气动外形。另外,机械修理部位增重也比较严重,会改变局部的刚度和质量、固有频率,容易引起局部振动性能变化,反而不利于提高结构的强度。

1.1.2　胶接修补

高性能复合材料由于具有可设计性强、高比强度、高比刚度、抗腐蚀、修补时间短、成本低等优势，其已逐步被用作修补损伤金属结构的材料，从而为受损结构的修补新技术——复合材料胶接修补技术的发展提供了可能性。从 20 世纪 70 年代从澳大利亚逐步兴起并发展的复合材料胶接修补技术已经成为一种重要的受损金属修理技术。

复合材料胶接修补指的是借助于胶粘剂的黏附作用将高强度纤维增强复合材料补片粘贴到缺陷或者损伤金属结构表面，以加强受损构件，最大程度地恢复载荷传递特性，实现延长结构使用寿命的目的。

这是一种有发展前景的修理方法，具有以下优势：

（1）由于复合材料成型容易，因此不受材料种类和几何形状的限制，使用范围很广。

（2）无应力集中，抗疲劳性能良好，磨损少。

（3）结构增重少。修补中所增加的重量仅仅是胶粘剂和复合材料补片。

（4）能够有效防止新的腐蚀损伤的产生。由于胶层的存在，有效隔绝了被修复母板与腐蚀介质的接触，阻止腐蚀损伤的发展。

（5）胶接修补工艺设备要求比较简单。

1.1.3　胶接/铆（螺）接混合修理方式

某些承受复杂外载荷的损伤金属结构，如果单纯采用胶接方式进行修复，则胶粘剂层会承受较强的剥离作用，而胶粘剂的剥离强度往往较低。在此种情况下，可以采用在胶接基础上加铆钉或者螺钉对补片进行再次固定，以增强抗剥离能力，保证修复效果，这就是胶接/铆（螺）接混合修理方式。

在航空结构的维修过程中，需要根据实际损伤结构的构型、受力等因素综合考量选择合理的修复方式。相对于机械修补和混合修补方式，复合材料补片胶接修理技术不需要对原结构进行钻孔，不会形成新的应力集中源，修理后的结构增重小，基本保持原有结构外形，容易满足空气动力学要求。

1.2　复合材料胶接修理技术与理论的研究现状

澳大利亚皇家空军航空和海运研究室的 A. A. Baker 博士论述了复合材料补片胶接修补的优越性，最早提出采用复合材料补片来修理损伤的飞机金属结构的方案，即用复合材料补强片粘结到损伤区域，改善损伤区的应力分布，减小裂纹扩展速率,提高结构的强度与剩余寿命。A. A. Baker 等人在 2002 年出版了文献 *Advances in the bonded composite repair of metallic aircraft structure* 详细论述了复合材料胶接技术在飞机结构修理中的相关问题,包括胶接修理与机械修理的对比、补片和胶粘剂选材、表面处理技术及修补工艺等内容。

澳大利亚国防技术研究院 L. R. F. Rose 对复合材料补片单面与双面胶接修理飞机金属结构进行了大量理论上的分析研究,采用传统的胶接接头的研究方法,对修理结构进行了一些合理的假设,假设所有材料都是线弹性,并且沿着板宽方向处理平面应变状态,即板宽方向的应变为零,建立了厚度方向胶接结构载荷传递的二维理论解析模型,求得了胶层剪应力的解析表达式,对应力集中系数、胶层应力和裂纹尖端应力分量这三个参数进行计算。依据等效夹杂法,将整个计算过程分为两个阶段:在第一阶段的分析中假设补片胶接到一块没有损伤的金属板上,并引入刚性胶接假设(即金属板和复合材料补片之间没有相对位移),根据位移协调法计算胶接修复区内金属板上的应力值;在第二阶段的分析中,则在金属板上引入一条裂纹,用近似方法估算裂纹尖端的应力强度因子。此外,对胶层的弹塑性行为、残余热应力以及弯曲力矩对应力强度因子的影响也进行了分析。

澳大利亚莫纳什大学 R. Jones 利用有限元模型对复合材料补片胶接修理飞机金属结构问题进行分析,利用基板、补片与胶层的横向剪切模量表示有效剪切模量,分别采用膜单元与特殊的裂尖单元对含裂纹基板和补片、裂尖进行建模,并引入了刚性胶接,得到了基板、补片及胶层内的应力分布。由于在分析中使用了膜单元,因此忽略了弯曲力矩的作用,为此,Jones 引入了一个弯曲修正因子来说明板外的弯曲力矩对应力强度因子的影响。此外,Jones 和 Callinan 还提出"双板 - 胶元"力学胶接修理纤维增强复合材料裂纹板有限元模型,将修理结构的横向剪切效应全部放在"胶元"刚阵中考虑,母板和补片采用一般的平面单元,利用胶元刚度阵将母板和补片联系在一起进行有限元分析,可以比较精确地考虑板的横向剪切效应。

Erdogan 和 Arin 利用基于复变量/Green 函数的数值分析方法对复合材料补片胶接修理含中心裂纹金属板结构进行了研究,其中补片与基板均为无限大板,胶层采用线性剪切弹簧,假设结构处于平面应力状态,在复数坐标系中建立了金属板与补片 Green 函数数学模型。Keer 等人假设含裂纹母板、胶层和补片均为各向同性材料且具有相同泊松比,处于平面应力状态,胶层与裂纹板和补片的剪切力作为空间力,在各自厚度方向上均匀分布,利用复变函数方法解第二类 Fredholm 积分方程组,推导出了胶接修补后应力强度因子缩减系数经验公式。

美国空军研究实验室怀特空军基地的 S. Mall 等人对复合材料胶接修补技

术及应用进行了深入而广泛的研究。S. Naboulsi 和 S. Mall 提出了"三板模型"，采用二维三层模型分别模拟含裂纹板、胶接层和复合材料补片，采用中厚板元来模拟胶层，母板及补片仍用 Mindlin 板元模拟，计算了裂纹板在修复后裂纹尖端应力强度因子，该分析模型把基板、胶接层和补强板看成单独的层，把胶层看成连续弹性体，改进了以往分析中胶层用非连续剪切弹簧来进行分析的缺陷。并根据此模型对残余热应力和预先设置的界面脱粘对修理效果的影响，以及裂纹扩展速率进行了分析。J. J. Schubbe 试验研究了复合材料修补片尺寸对单面修补结构的疲劳性能的影响，研究结果表明：较长的修补片可减少脱胶的可能性，并延长疲劳寿命，而增加复合材料修补片的厚度可减轻修补件的载荷负担，但同时也会增加胶粘层传递载荷的负担，导致胶层过早脱胶。J. J. Denney 和 S. Mall 利用试验对不同位置、不同大小的脱粘对疲劳寿命的影响进行了研究。

阿尔及利亚西迪贝勒大学 B. Bachir Bouiadjra 等人采用 Franc2D/L 建立了二维有限元模型，并对复合材料补片胶接修理 I 型、II 型以及复合型裂纹的修理效果，预先设置的脱粘对修理效果的影响，湿热老化后的复合材料补片胶接修理效果，单面和双面修理数值模拟，胶粘剂在修补中所起的传递载荷和防止脱粘失效的两种作用以及补片参数的影响等问题进行了研究。

普渡大学 C. T. Sun 等人提出"双板 - 弹簧元"模型，即母板及补片用 Mindlin 板元模拟，它们之间的胶层采用离散化的弹簧元进行连接，该模型还能够考虑胶层的拉伸剥离效应。Denney 采用 Mindlin 板模型计算了不对称胶接修复裂纹铝板情况下弯曲效应的影响，并使用裂纹闭合法得到了应力强度因子和应变能释放率，发现应力强度因子沿厚度的变化可以忽略；但随后发现，如果采用三维有限元分析计算，应力强度因子沿厚度的变化是非线性的，采用 Mindlin 板有限元模型和三维有限元模型分析的结果相差 10%，指出不同模型对计算结果的影响。Sun 和 Arendt 在 1994 年指出 Ratwani（1974）和 Rose（1988）关于面外弯曲的影响的分析是不充分的，并对其进行了改进。

伊朗 Amirkabir 科技大学 H. Hosseini - Toudeshkya 等人通过数值计算方法和试验研究了复合材料补片单面胶接修理铝合金后疲劳裂纹的扩展以及裂纹前缘的形状，指出疲劳裂纹在厚度方向并不是按照统一速率扩展，补片修理一侧扩展速率慢，未修理一侧扩展速率快，裂纹前缘呈一条曲线，进而提出一种简单的方法对以非统一方式扩展的裂纹扩展寿命进行预测，但也没有考虑脱粘对裂纹扩展的影响。

Chung 和 Yang 通过三维有限元建模以及试验对复合材料补片单面胶接修理铝合金厚板裂纹扩展行为进行了研究。结果表明：在补片边缘，应力强度因子会迅速减小，使得裂纹长度接近补片长度时，裂纹扩展速率产生短暂的减小。但是，随着补片长度的增加，由于补片的脱粘以及试件其余部分承载能力的减弱,这种现象并不会再发生。此外,当补片长度为裂纹长度的 1.5 倍时,寿命延长最为显著。Tsai 和 Shen 通过三维有限元建模以及试验研究了利用复合材料补片以多种方式胶接修理铝合金厚板后的疲劳行为,指出相对于单面修理、双面非对称修理,双面对称修理能够获得最好的修理效果,寿命延长最为明显。此外,通过有限元建模以及 Paris 公式能够对修理结构进行疲劳寿命的预测。P. Papanikos 等人通过三维有限元模型研究了修理结构中脱粘的萌生与扩展,以及补片参数的影响,研究表明,椭圆形脱粘主要出现在围绕裂纹的中心区域,且补片长度方向的边缘区域由于刚度突变也会出现脱粘。Shin - etsu Fujimoto 等人基于有限元分析提出了一种应变范数最小化的方法来确定脱粘以及裂纹扩展的前缘。R. Kaye 等对边缘设计为楔形的补片修理结构进行了分析,指出楔形边缘的补片可以有效降低胶粘剂边缘应力集中。SCHUBBE 试验研究了复合材料补片长度和厚度对金属裂纹板修复效果的影响,较长的补片可有效避免脱胶,并延长疲劳寿命,而增加补片厚度会增加胶层传递的载荷,导致胶层过早脱粘。KLUG 测试了碳纤维复合材料贴片修复 2024 - T3 铝合金板的疲劳特性,试验结果表明单面修复可以使损伤母板的疲劳寿命提高 4 ~ 5 倍,而双面修复则能提高到 10 倍以上。WANG 试验研究了飞机蒙皮材料 7075 - T6 铝合金板在硼纤维复合材料贴片修复后的疲劳性能。随着复合材料贴片层数的增加,修复后构件疲劳寿命可延长 4 ~ 15 倍,同时裂纹扩展速率下降至原来的 1/20 ~ 1/3。国外采用高强度复合材料修补损伤飞机已进入比较成熟实用的阶段,相关的理论研究比较深入。

四川大学王清远教授对硼 - 环氧复合材料贴片修补前后的含不同形式裂纹 7075 - T6 铝合金薄板进行了拉伸和疲劳性能研究。修补后构件的强度和疲劳寿命都明显提高,随着硼 - 环氧复合材料补片层的增加,修补铝合金板的疲劳扩展速率显著下降,疲劳寿命可获得 10 倍以上的改善,并且建立了基于 Rose 分析解的疲劳寿命预测模型。孙洪涛采用有限元方法分析了复合材料补片的胶接修复效果,以中心穿透裂纹板为修补对象,对前人的两种有限元计算模型进行了分析研究,指出 R. Jones 等人的"双板 - 胶元"模型所提出的修补结构横向剪应力沿厚度分布的线性假设仅适用于双边修补,C. T. Sun 等人的"双板 - 弹簧元"模型不能充分考虑整个结构的横向剪切效应。从板壳理论出发,推导出更加真实的修补结构横向剪应力沿厚度分布,提出了合理考虑横向剪切效应的"双板 - 胶元"修正模型,并将其进一步简化为"双板 - 弹簧元"修正模型。指出了两种模型的内在联系,并通过应力强度因子的算例证明"双板 - 弹簧元"修正模型具有建模简单、计算方便和计算精度高的优点。

综合来看,复合材料胶接修补技术发展十分迅速,但是仍然有多种因素制约该技术在航空维修领域的推广,概括起来主要有以下几点:

（1）胶接修补质量受多种因素的影响,不够稳定,胶接修补准备工作比较复杂。母板表面处理程度对于胶接强度影响很大。因此在胶接修补之前,需要对损伤母材进行精细的表面处理,外场操作难度较大。

（2）胶接修补的抗剥离强度普遍较低。修补后由于补片的存在,修复结构受力的中性轴发生变化,都会使得修复部位的结构承受一定的附加剥离载荷,而胶黏剂的抗剥离能力相对于剪切强度较差,从而容易导致胶层提前产生剥离破坏。

（3）在外场环境下的胶粘剂的环境耐用性难以定量评估。胶接修补过程中多采用环氧树脂胶,其力学性能对于温度变化、紫外辐照等飞机服役环境要素较为敏感。其力学性能的退化会使得复合材料补片的载荷分担效率大大降低,影响修复效果。

（4）修复结构的损伤容限难以确定。胶接修补后的这种由不同几何尺寸、不同材料属性构成非匀质层合结构的强度和疲劳寿命分析是结构、材料与力学领域研究的难点和热点之一。现有的研究成果仍然难以满足航空工程的需求。

1.3 复合材料螺接及胶螺混接修理技术研究进展

相对胶接修补,螺接修理结构重复装拆,便于修理质量的检查,且对修理试件的表面处理质量要求不高,这也使得该方法在航空工程上得到了一定的应用。相关的针对螺接接头的研究成果也十分丰富。

吕高辉对复合材料多钉连接结构的载荷分配情况及其影响因素进行了分析和研究。陈昆昆建立了复合材料加筋板－钛合金机械连接结构的有限元模型,并分析了模型的准确性。Collings 研究了铺层顺序对螺栓连接强度和失效机理的影响,认为不同的铺层顺序对板中的应力集中因子和层压板的挤压强度的影响也明显不同,45°铺层可明显降低连接件的 SIF,对于只有 0°或 90°的铺层层板,增加正负 45°铺层可以明显增加连接结构的挤压强度。P. J. Gray 研究了偏心载荷对单搭接和双搭接接触行为的影响,并研究了金属结构的变形对螺钉载荷分配的影响。Pakdil 研究了不同端径比和宽径比,以及铺层顺序对螺接结构承载力和失效模式的影响,同时还探讨了螺栓预紧力对承载力的影响。

张岐亮采用有限元方法建立了单钉双剪复合材料连接接头的二分之一模型,研究了钉孔配合、螺栓预紧力和接触面摩擦等因素对接头强度的影响。朱红红基于有限元软件建立了复合材料单钉和多钉连接接头的三维参数化累积损伤分析模型,并探讨了层合板的铺层顺序、几何尺寸、铺层数目、钉载分配等因素对结构强度的影响。王志强、刘无瑕等人还对复合材料多钉连接的载荷分配影响因素做了一定的分析和研究。

螺接和胶接的传力机制不同,前者主要通过胶层的层间剪切进行力的传递,而后者则主要通过螺栓的面内拉伸和剪切变形来进行传载,将两者结合起来使用即为胶螺混接修理技术。研究者们希望,通过胶螺混接修理的方式来获得比单纯胶接或单纯螺接时更好的修理效果。如何提高胶螺混接修理方式的修理效率,同样是研究者们孜孜以求的目标。

G. Kelly 研究了复合材料胶螺混接接头中力的传递问题,并分析了各组成部件的受力情况,通过对比分析,求得胶层与螺栓传载的比例。A. Barut 考虑预紧力对结构性能的影响,对复合材料胶螺单搭接连接接头进行了理论分析计算。K. Ding 采用有限元法对胶螺混合双搭接接头进行了理论分析,并研究了在螺栓松动的情况下,接头性能的变化。M. Ryosuke 对胶螺混接接头进行了静载与疲劳试验研究,结果发现,与单纯胶接或单纯螺接的情况相比,该连接方式的静强度和疲劳寿命都有较大提升。J. H. Kweon 考虑胶层参数对混合连接结构性能的影响,对胶螺混合连接结构的力学性能进行了试验研究。

1.4 本书的目的

本书主要围绕飞机损伤金属结构材料的复合材料胶补和胶螺混接修复方式,从试验、数值计算和力学理论三个角度研究修复结构的强度和疲劳寿命,并在此基础上进行修补结构的优化设计探讨,建立相对完整的理论体系及有限元分析方法,为复合材料修复技术的推广提供支持。

第二章　胶接修补的工艺

2.1　复合材料胶接修补典型流程

飞机结构在复杂的外场环境下所受到的损伤形式多样。在修理损伤结构的时候,首先通过无损检测技术(涡流法、超声法等)确定损伤的位置以及受损程度,一般将损伤分为三类:

(1)轻微损伤:损伤对结构性能影响不大,可以暂时不进行修补而继续使用;

(2)可维修损伤:通过维修后,能够恢复性能指标并继续使用;

(3)不可维修损伤:通过修理不能够满足性能要求。

对于可维修损伤采用合理的方式修补,对于不可维修损伤结构只需要进行更换。

复合材料胶接修补金属飞机结构的典型流程如图 2-1 所示。

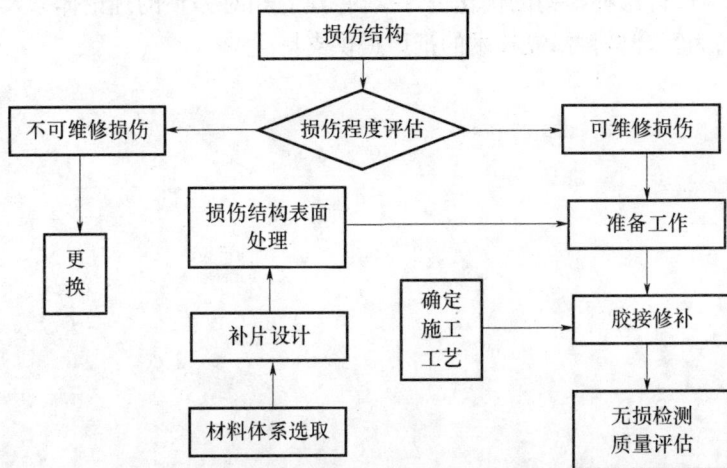

图 2-1　复合材料胶接修补金属飞机结构的典型流程示意图

按照补片与损伤母板的位置关系,胶接修复可以划分为双面修补和单面修补两类。

1. 双面修补

双面修补方式适用于厚板穿透性损伤的修理,可以使得修复结构的剥离载荷降低。修理过程一般包括以下要点：

（1）在部件画出损伤区的切割轮廓线，沿损伤切割轮廓线铣切，除去损伤区内的材料；

（2）画出打磨区的轮廓线；

（3）清洁并干燥修理区；

（4）准备预浸料补片和胶膜，同侧的第一层（最远离损伤母板一层）到最后一层（最靠近损伤母板一层）的补片尺寸由小到大均匀递增，形成楔形；

（5）将准备好的胶膜和预浸料，按照规定的顺序、方向和铺层铺叠在修理区，先将一侧的所有补片铺成一块，采用真空压实，再按事先画好的定位线，贴于修理区，层与层之间不允许有气泡，根据补片铺层数，可以进行多次真空压实；

（6）双侧安装加压和加热设备；

（7）按照预先选定的固化制度进行固化；

（8）拆除加热设备和加压设备；

（9）检查修理质量。

2. 单面修补

某些情况下，如外场或者部件的特殊结构，修理区的背面不可达（比如飞机蒙皮），只能在损伤板单侧布置补片进行修复，为单面修补。单面修补工艺与双面修补工艺没有明显差别，但是由于单面修补固化过程中的热影响区的存在往往会使得修补后结构出现比较大的挠度方向上的变形，产生偏心，从而使得胶层中出现垂直于胶接面的拉伸剥离应力，应力峰值会超过名义应力，影响修理效果。

这两类修补结构在进行理论分析的时候需要关注的侧重点也会有所差别。修补工艺直接决定了复合材料胶接修补的效果，在实际维修施工过程中要根据结构特点采用合理可行的工艺方法才能取得理想的修复效果。修补工艺主要包括在母板的表面处理、修补材料体系以及施工方法。

2.2 待修补母板的表面处理

要保证胶接修复质量，充分发挥复合材料补片的承载作用，修复时必须保证金属的粘接表面与胶粘剂结合性能良好，保证被修补结构的部分载荷能够顺利传递到补片，从而有效改善受损部位的受力状况。损伤结构的表面处理状态很大程度上决定了修复后结构的强度。

表面处理的主要目的是：

（1）去除表面力学性能差、与基体结合强度低且在空中等环境中不稳定的

物质;

（2）改变表面形貌,以增大表面积、增强粘接表面上的机械啮合作用;

（3）形成新的表面物质与机体结合优良,本身的内聚强度优良,且在不同环境中稳定;

（4）提高胶粘剂与表面物质之间的亲和性,确保界面粘接力的作用;

（5）保护已处理过的表面,避免或减少存放过程中的表面吸附、溶解和化学反应及因此造成的表面不利的影响,避免形成新的弱边界层。

一般来说,选择表面处理方法一般需要遵循以下原则:

（1）在特定的环境下,表面处理必须可靠有效;

（2）应该避免使用有毒药品;

（3）表面处理应该能够在室温或者接近室温的条件下进行;

（4）表面处理不得在被修复表面引入新的损伤;

（5）在实施过程中,不能出现电火花;

（6）应该使用比较通用的表面处理技术,不能仅仅针对某一特定情况。

飞机结构中应用最为广泛的金属材料是铝合金。而铝合金是一种比较活泼的金属,与氧元素的亲和力较强,即使在干燥空气中也会很快在表面形成非晶 Al_2O_3 膜,在服役环境下由于吸附、溶解、化学反应等因素导致该氧化层增厚,表面极性降低,粘接性能降低。因此针对铝合金进行修复前必须将该氧化层除去,避免在粘接力很弱的氧化层上粘接。待修补结构的表面处理是复合材料修复前准备工作的重要一步。

金属表面处理方法多样,一般分为机械处理法、化学处理法和底胶处理法三大类,这其中机械处理法和化学处理法的应用尤为普遍。机械处理法一般包括清洗和脱脂、砂纸和砂布打磨、喷砂及机械加工。化学方法则包括酸浸蚀、碱液浸蚀和阳极化处理（包括磷酸阳极化）。这些方法的目的都是降低表面极性,使得经过处理的结构具有较高的表面能,从而提高粘接强度。

磷酸阳极化处理方法是一种尤其适用于铝合金材料的电化学处理方法。该方法能够在铝合金表面产生一层均匀、致密的氧化物薄膜,且环境友好,毒性小,成本低,工艺参数易控制,能有效提高粘结性能和耐久性,处理速度较快,是一种比较理想的表面处理工艺。

典型的磷酸阳极化处理过程工艺步骤包括:

（1）将被修复表面用氧化铝砂纸进行打磨,首先用粗砂纸（推荐240#砂纸）进行粗磨,去除氧化层,再用更细的砂纸（推荐400#砂纸）进行打磨,以使得表面光滑;最后用细砂纸（推荐600#砂纸）进行细磨,使得铝合金表面光洁无划痕;

（2）用干净的空气吹净表面的研磨颗粒,再用丙酮冲洗。

（3）在 NaOH 溶液中进行浸泡（一般浸泡时间推荐为 15min 左右），取出后在清水中清洗，然后在稀硫酸溶液中浸泡（一般 10min 左右），取出后用清水连续清洗，直至表面能够形成连续水膜（无水珠），并能保持至少 30s 以上。

（4）在磷酸电解质溶液中进行阳极化处理，阳极化处理典型条件是：10% 的磷酸，槽液温度 25℃，极间电压 10V，阳极化时间 20min；阳极化后立即将试样用自来水进行冲洗 5min，在 60~70℃下进行烘干。

通过该过程被修复铝合金表面生成多孔状的 Al_2O_3 铝膜，该膜与基体铝的结合力相对于普通的酸洗、碱洗过程形成的氧化膜要强，且膜层内聚力强，本身不容易破坏，同时具有较高的表面吸附性能，对胶粘剂的浸润性好，能有效提高胶接的抗剥离和抗剪切强度。

目前由于设备的原因，传统的磷酸阳极化鲜见外场实施。因为磷酸阳极化需要修复表面入电解液槽，但是飞机作为武器装备，待修补部位往往不可能入槽，几乎不可能进行阳极化表面处理，而简单的机械打磨虽然可以使得原来的自然氧化膜得到一定的改善，但是其效果不能满足要求。国内中航工业特种飞行器设计研究所改变了阳极化处理工艺，实现了非入槽式的原位磷酸阳极化工艺，能够应用于外场操作。

在外场对结构复杂的结构件如果不适宜采用化学方法进行处理时，也可以在胶接表面涂偶联剂和底胶，以改善表面的黏附性。吸附理论认为，粘接是由两种材料分子接触和界面里产生粘接所引起的。粘接力的主要来源是分子间作用力，包括氢键和范德华力。胶粘剂与被粘表面的联系接触叫润湿。要使得胶粘剂润湿固体表面，胶粘剂的表面张力应该小于固体的临界表面张力，胶粘剂浸入固体表面的凹陷与空隙就形成良好浸润。如果胶粘剂在补黏物表面不平整，则胶粘剂与被粘物表面的实际接触面积会减小。降低接头的粘度强度。偶联剂分子中一部分的基能团与胶粘剂（环氧树脂）起化学反应形成化学键，使得被修理表面和胶粘剂这两类性质差别较大的材料，以化学键桥"偶联"起来，从而使胶接结构的耐久性，强化胶接的效果。但是偶联剂也不适宜使用过多，否则会使整个胶层的耐热性下降。常用的偶联剂是各类硅氧烷，除此之外还包括铬的络合物、磷酸酯、有机酸类及有机胺类。如果修补过程中确定使用偶联剂，则需要首先用砂纸打磨去除原有的损伤（包括腐蚀损伤），然后用细白砂进行"吹砂"操作（约 10min 左右），可以改变待胶接表面的微观结构，吹后一小时内刷涂偶联剂（如硅烷偶联剂），连续不停刷涂一定时间（15min 左右），然后用电吹风干燥（一般 20min 左右），接下来就可以下料铺贴补片了。

2.3　复合材料补片材料体系

选择补片的关键在于保证复合材料补片与待修补结构之间的胶接具有耐

久性和可靠性。

补片应满足以下基本特性：

（1）在尽量低的实用温度下固化并能与胶粘剂的固化温度相匹配；

（2）热膨胀系数应该与被修补的母材热膨胀系数相匹配，保证修补后不会产生大的热残余应力，并且补片理化性能受温度的影响要尽可能小；

（3）补片强度和刚度要与被修母板相匹配，避免产生新的应力集中。

2.3.1　复合材料补片材料的选择

目前经常使用的复合材料补片是碳/环氧和硼/环氧材料，其中硼/环氧补片在国外航空结构修理实践中应用较多，而国内的修补实践中采用碳/环氧补片较多。

硼/环氧补片的优点很多，比如：

（1）模量较高，而且其热膨胀系数与铝合金较为接近，有利于降低修复结构的残余热应力；

（2）硼/环氧复合材料导电性能比较差，便于使用涡流法进行无损检测；

（3）硼/环氧复合材料与金属之间的电位差小，不容易出现电化学腐蚀。

但是硼/环氧复合材料的制造成本高，加工难度较大。碳纤维虽然模量相对较低，而且和金属接触容易产生电化学腐蚀，但是该复合材料加工容易，成型性好，可以修复曲率较大等复杂形状的结构，价格相对低廉，因此在国内应用范围较广。使用碳纤维胶接修补铝合金结构后，应该加涂防腐面漆，以防止修复后的结构受到腐蚀环境的影响。

碳纤维复合材料中一般采用树脂将碳纤维固结在一起。树脂主要有热固性树脂和热塑性树脂两大类。热固性树脂用途较广，它又分为环氧树脂、双马来酰亚胺树脂和酚醛树脂等几大类。航空工业用的多是环氧树脂（如 E51、5224、5228、3234）。本书中的研究内容一般针对的是碳/环氧复合材料补片。

2.3.2　复合材料补片的一般设计原则

为了降低应力集中的程度，补片边缘的刚度变化应该比较平缓，避免补片边缘与被修复表面之间的刚度突变引发胶层中的应力集中，导致胶层提前破坏，因此设计中采用逐层缩短的阶梯型多层补片设计。已有的研究表明，锥度比为 10∶1 时，已经可以提供比较高的粘接强度；锥度比为 16∶1 时，则效果更佳；锥度比达到 20∶1 到 30∶1 时，已经能够有效避免边缘结构刚度突变而在胶层中产生的应力集中。但是锥度比的增大也会增加施工难度，尤其是复杂构型损伤结构以及面积较小的损伤结构修复施工中难以保障较大的锥度比。

补片的布置要根据修补部位的受力情况进行合理布置铺层数量和角度。

铺层设计一般遵循以下一些原则：

（1）补片的铺层一般要采用均衡对称铺层，以避免各向异性材料耦合效应引起的变形。

（2）应该尽量使得纤维方向与受力方向一致，最大限度地利用纤维方向的强度和刚度。

（3）应该尽量采用0°/90°/±45°铺层及其组合，结构中上述任一角度的最小铺层百分比应该大于10%。

（4）对于容易受外来物冲击的部位，其补片表面几层应该各个方向均匀，且相邻各层的夹角要尽量小。

（5）在梁、墙、框、筋及加强筋的凸缘部位，0°铺层比例应该比较高，以提高轴向强度和刚度，但也应该需要一定数量的±45°铺层，以提高修复结构的局部屈曲强度。

（6）相同铺层角的铺层不应该集中在一起，超过4层容易出现分层，相邻铺层间夹角越小越好。

为了获得最佳的修补效果和修复效率，可在修理过程中采用单向纤维层板，纤维方向应尽量同损伤结构中的最大受力方向保持一致。在受力复杂的部位可以根据需求适当增加90°、±45°铺层的比例。在结构外形复杂的部位可以采用织物作为补片，通过合理剪裁来保证顺利铺贴。

对于含裂纹结构，当与裂纹板接触的补片表层纤维垂直于裂纹方向时，其胶接修补效果较好；而与裂纹板接触的补片表层纤维方向平行于裂纹方向时，修复效果较差。复合材料补片对于裂纹板的修复作用主要是通过补片的"架桥"作用实现的。与裂纹铝合金板接触的补片表层性能较好，能有效抑制裂纹扩展，充分发挥止裂作用，降低裂纹尖端的应力强度因子。复合材料补片（层合板）采用不同的铺层方式时，力学性能参数相差比较大。采用正交铺层$[0°/90°]_s$、45°铺层$[0°/90°/±45°]_s$时，在板平面内，力学性能呈现各向同性，其复合材料模量与铝合金的模量基本相同。在修补金属损伤结构件时，复合材料补片宜采用$[0°/90°/±45°]_s$的铺层取向，并且让0°纤维方向与最大主应力方向一致。凡是具有相同铺层数$m(m \geqslant 3)$的各向同性层合板，其铺层间交叉角为π/m。如果层合板在板平面任一坐标系下是各向同性，则正则化面内模量与偏轴角无关，这种层合板可以按照面内各向同性材料使用。碳纤维增强平面准各向同性复合材料可以直接替代现在大量应用的各向同性材料。在复合材料修理损伤金属结构的方案优化设计中，可以将平面准各向同性单层层合板作为复合材料设计补片的设计依据。

根据受损区域结构的特点合理选用适当的补片形状。确定的补片的形状应该充分考虑损伤结构形貌与等级、载荷与环境、气动外形等方面的要求。补片的形状不能太特殊,避免过多增加修补难度和成本。常用的补片形状有长方形、圆形和椭圆形。长方形的补片比较容易设计和加工,但是修补后结构的受力没有圆形和椭圆形补片好。一般来说,对于单向拉伸件适宜选用长半轴方向同加载方向的椭圆补片,对于复杂受力的修补结构适宜选用圆形补片,并且将补片四周做成楔形,使得连接处截面变化缓和,有助于降低胶接端头胶层的剥离应力和最大剪切应力。

与裂纹垂直的方向作为补片的长度方向,当裂纹长度恒定时,使用尽量长一点的补片可以减少脱胶的可能性并增强抗疲劳能力,但是当补片的刚度与被修补结构的刚度近似时,单纯增加补片长度的修复效果不明显,因此存在临界粘接长度。实践证明,对于矩形补片,垂直裂纹方向的最佳长度等于裂纹长度,平行于裂纹方向的长度等于板长的最有效;对于椭圆补片,椭圆的长轴平行于裂纹的比垂直于裂纹的更有效,长轴的最佳长度等于母板的宽度,短轴(垂直于裂纹方向)的最佳长度等于裂纹的长度能够达到比较好的修复效果。

与裂纹平行的方向为补片宽度方向。当裂纹长度恒定时,增加补片的宽度,可以提高损伤结构的静强度和疲劳强度。但是当补片的宽度达到一定值后,结构的修补效果提高甚微。因此补片的宽度应该能够保证补片承受的最大剪应力大于被修补结构在此区域传递的载荷,防止胶层剥离。

补片的厚度对于修补后结构裂纹尖端应力强度因子影响最大。补片过厚既不利于保持结构的气动外形,又会使得补片边缘的剪应力过高而遭致破坏。修补片厚度的常用设计准则是修补刚度比为 $1 \sim 1.2$,即

$$1 \leqslant s = E_{\text{patch}} T_{\text{patch}} / E_{\text{plate}} T_{\text{plate}} \leqslant 1.2$$

式中:E 为材料的模量;T 为材料的厚度;下标 patch 代表补片;下标 plate 代表被修补铝合金板。

2.3.3　胶粘剂的选用

胶层起到了传递载荷的作用。要根据修补结构的服役环境合理选择胶粘剂,必须保证有较高的剪切强度。对于飞机结构尤其是常年在沿海机场服役的飞机结构而言,在选择胶粘剂的时候,还要求胶粘剂剪切强度、剥离强度等关键力学性能指标在湿热和紫外辐照等恶劣条件下能在一定时间内不出现大的退化。胶粘剂固化温度不能太高,因为过高的固化温度(超过 120℃)会使得被修复的铝合金基板热影响区出现晶间腐蚀倾向,且导致复合材料与被修补金属材料之间热膨胀系数差异导致的残余热应力增大,影响胶接的整体强度,降低修复结构的耐久性。

由于任何一种胶粘剂都不可能在所有方面都达到理想状态,实际应用时,仍然需要通过试验对现有胶粘剂系统进行改性优选。综合以上,以下几点因素

14

是胶粘剂选择中应当考虑的：

（1）在工作环境中，胶粘剂应该具有稳定的力学性能；

（2）对湿热干冷条件等不敏感；

（3）表面处理工艺适应度良好；

（4）胶粘剂的固化温度应该与复合材料补片的固化温度相匹配，且尽可能低；

（5）胶粘剂的热膨胀系数应与预浸料或预固化片、金属材料基体相匹配。

目前胶接修补所用的胶粘剂主要有两大类，一类是双组分胶粘剂，如 SY – 23B,J –48 等；另一大类是单组分膜状胶粘剂（胶膜），用于热胶接固化修补。国外普遍采用"环氧树脂丁腈类体系"双组分胶粘剂，其韧性、剪切强度和剥离强度较高，一般在温度 100～120℃，压力 100～300kPa 下固化，属于中温固化体系。国内的 J –47、J –150、J –159、SY –24C 固化剂与 FM –73 类似。

2.4　修复工艺方法的选择

修复工艺主要包括修补固化工艺和施工保障工艺。胶接修补固化的主要控制因素是压力、温度和时间。由于被修补部位与周围结构组成了一个庞大的热导体，而且待修补结构形式往往多样，因此需要专用热补设备（热补仪）、配套材料以及修补工具对待修补区提供持续的温度和压力保障。

胶接修补过程中根据补片处理的不同，又可以分为共固化修补（也称为湿补法）和二次固化修补（预固化修补，也称为干补法、贴补法）两种。

2.4.1　共固化修补

胶接共固化修补是指在结构的损伤区域粘贴胶膜和一定层数的预浸料使得胶粘剂和预浸料同时固化。共固化修补使得补片与被修补表面连接性能较好，而且能够适应结构较为复杂的损伤结构。修补过程中根据施工现场的情况，其损伤部位可以保留，也可以切除。腐蚀损伤区域往往形状不规则且残留有腐蚀性物质。为了降低损伤区的应力集中，在实施修补之前，需要将损伤部位进行打磨，切割成光滑圆孔或者椭圆孔。对打磨区一般可以采用"涂料胶"或者"成型的补块"填实，避免胶接修补过程中打磨区上方的补片发生塌陷，影响修复质量。

补片边缘要尽量做出楔形，有利于降低修复结构的剥离应力。预浸料的裁剪十分重要，它保证了补片形状和锥度比。裁剪前，需要用丙酮将裁剪样板、钢板尺、剪刀等裁剪工具擦拭干净。然后用锋利的剪刀按照所要求的方向将预浸料裁剪成一定的形状和尺寸。裁剪时，样板（或钢板尺）与预浸料之间要有"离型纸"隔开,以免样板直接接触预浸料产生黏结现象,不利于操作。裁剪好的预浸料应该在双面带离型纸的情况下平放保存待用。铺贴预浸料时,注意不要使纤维产生弯折、撕裂等损伤或者纤维的排列方向产生偏差,避免裹入空气,用压辊滚压使其与修理表面或者前一层铺层完全贴合,然后将表面的离型纸或者离型塑料薄膜去掉再贴补下一层,不可将离型纸遗留在两个铺层之间。这种方法可以用于单面修补,也可以用于双面修补。其工艺流程如图2-2和图2-3所示。

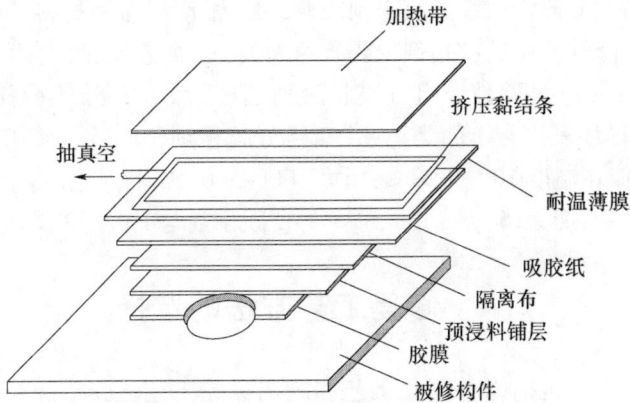

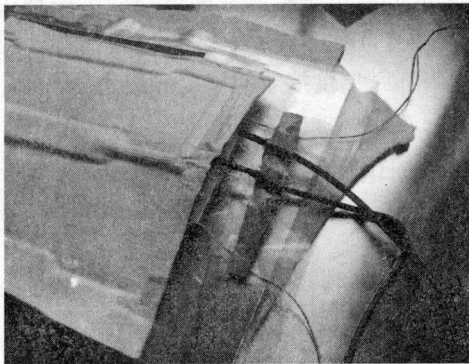

图2-2 胶接共固化修补示意图及现场照片

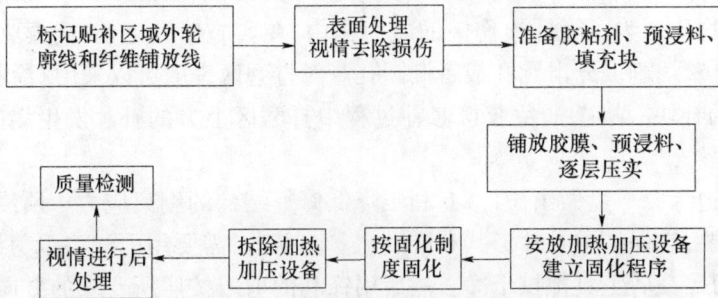

图2-3 胶接共固化修补流程图

2.4.2 二次固化修补

二次固化修补(胶接贴补)是将 B 阶段的预固化复合材料成型板用胶粘剂贴补到损伤板上,修复时只需要使胶粘剂固化。这种方法优点是补片制作相对容易,质量比较好控制;施工简单,便于外场操作。二次固化修补结构类似于单面搭接接头,补片边缘的楔形角度设计至关重要。但是对于曲率比较大的结构,该方法难以实施。

固化制度是固化过程中的压力和温度随着时间变化的组合,如图 2 – 4 所示。胶粘剂的固化需要按照一定的固化制度进行。合理的固化制度是保证胶层连接强度的前提。采用预固化的复合材料补片进行二次固化修补主要是胶粘剂的固化,因此固化制度主要是根据胶粘剂的固化特性而制定的。不同胶粘剂的固化制度是不同的,同一种胶粘剂也可以采用不同的固化制度。但是为了尽量降低固化热应力对修补结构的影响,修补时应该尽量选择温度较低的固化制度。

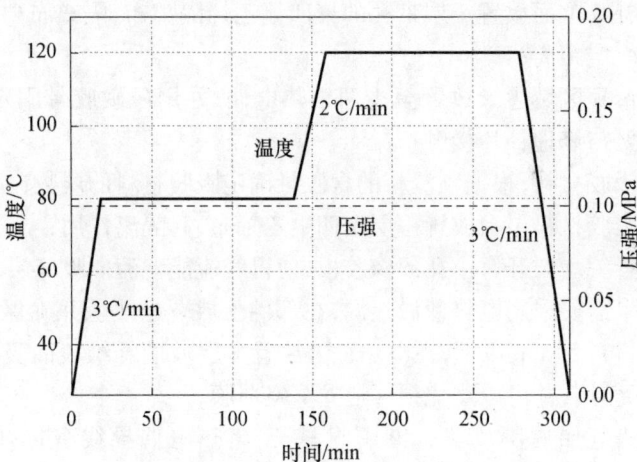

图 2 – 4　复合材料修补固化制度参数示意图

2.4.3 加温加压方法

胶接修补中采用的胶粘剂一般是热固性的环氧树脂,其固化过程必须在一定的温度下完成。可以采用的加热方法很多,如电吹风加热法、红外加热法、高频电加热法、电子束加热法。由于金属件导热速度较快,尤其是在外场环境下在一个大尺寸飞机结构上进行局部损伤修复时,控制良好的固化温度并保持恒定的温度场是保证修复效果的关键和难点。固化时,要随时监控修复区域温度分布以保证复合材料补片和损伤母板之间能够实现均匀的连接。为了对修补区提供连续的温度,保证需要通过专用修补设备(如热补仪)、配套材料以及特配设备。

胶粘剂在固化过程中需要施加一定的压力,能增强胶粘剂的流动、浸润、渗透和扩散,保证胶层和被粘物接触紧密,防止气孔、空洞的产生,使得胶层的厚度分布均匀。固化加压的方法很多,如压机加压、真空袋加压、气囊加压等,需要根据情况进行合理选择。

真空袋加压修复工艺相对简单,应用较广,而且较容易控制温度。在加热之前需要先抽真空检查真空袋的密封是否完好,如有漏气现象立即停止操作并排除故障。当真空度达到 -0.08 MPa 以上时,才能开始加温固化。在整个固化过程中需要监控压力和温度信息。固化结束后,必须待温度降低到一定温度以下时(比如 50℃),才能够卸载真空压力。为了使得加温均匀,真空袋内通常要预置多个热电偶。本书中的胶接修补试件均采用该种方法进行加温加压,其典型程序如下所述。

1. 真空袋系统铺放程序

(1)在补片上面放置一层带孔的聚四氟乙烯隔离布,隔离布要超过修理区域边缘保持一定距离;

(2)在修理区域边缘放置至少两根热电偶,并用压敏胶带固定,注意热电偶和胶带不要与修理补片接触;

(3)放吸胶材料,根据预浸料的含胶量确定吸胶材料的层数;

(4)在吸胶材料层上放置一层聚四氟乙烯布,起隔离作用;

(5)放置一均匀开有小孔的橡胶板,使得气流能够流向吸气层;

(6)如果需要采用电热毯做热源,在部件上放置电热毯并确保电热毯超出需要固化的材料 50mm 以上,在电热毯上放置多层玻璃纤维表面吸气层或透气毡,起到绝缘作用,并可以避免损坏尼龙真空薄膜;

(7)在吸气层周围放置一圈密封腻子,将热电偶导线密封好,以免真空泄漏;

(8)用一个合适的真空袋覆盖,减少皱纹;

(9)真空插座与真空源相连接,抽取真空过程中,用手施加压力抚平真空袋,检查有无泄漏,如有泄漏需要进行密封,至少抽取 -0.08 MPa 的真空;

(10)在真空袋上放置绝缘材料,避免热量的流失。

2. 固化程序

树脂基复合材料典型的固化过程一般包括升温、保温、降温三个阶段。对于具体的材料,每一个阶段的要求不同:

(1)固化过程中,升温、降温速率一般不得高于 3℃/min;

(2)固化温度必须在材料要求的极限固化温度范围内,温度过高或者过低

都会引起原结构的损伤或者材料的固化度不够,影响修理质量;

（3）固化时间不包括加热到固化温度所需要的时间,指的是到达固化温度后稳定保持的时间;

（4）固化结束后,胶接结构在降温过程中保持真空;

（5）当修理区域冷却至规定温度之下时,取消真空压力,去掉真空袋及其他辅助材料。

真空袋加压修复如图 2-5 和图 2-6 所示。

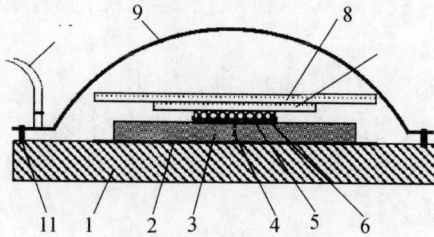

图 2-5　真空袋加压修复示意图

1—平钢板;2—脱模纸;3—损伤板;4—损伤部位;5—胶粘剂;6—复合材料补片;
7—无孔分离膜;8—多孔透气毛毡;9—真空袋;10—真空管及真空头;11—真空密封胶带。

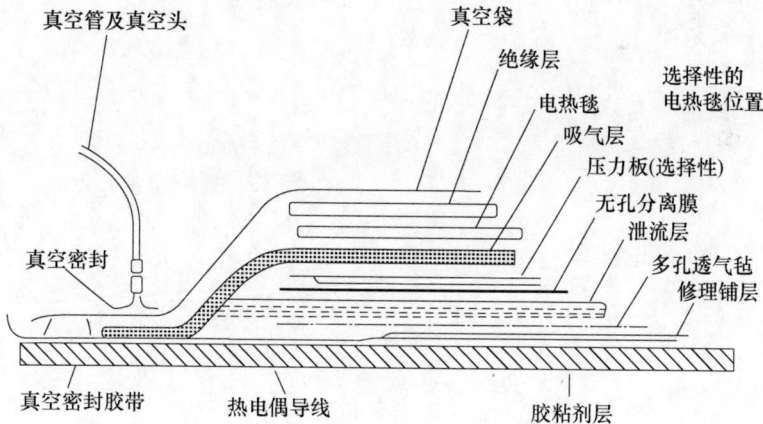

图 2-6　真空袋材料铺放示意图

2.4.4　典型施工流程

典型的复合材料胶接修复含损伤金属结构的施工流程(以真空袋加压为例)如下:

（1）损伤区域的确定:根据试验目的和要求确定修复区域并用记号笔标记;

（2）待修补结构的表面处理：用粗砂纸将修复区域内的杂质、腐蚀区域打磨掉，然后再用细砂纸交叉打磨并用丙酮清洗、晾干；

（3）复合材料补片的准备：确定采用共固化还是预固化修补、铺层方案、补片尺寸；

（4）粘接：将胶粘剂均匀涂敷在补片（共固化补片或预固化补片）和经过表面处理的母板待修补表面上，冷却片刻后粘接；

（5）封装：将粘有补片（共固化补片或预固化补片）的铝合金板放置于平坦的金属基板上，进行封装，抽真空检验密封情况，真空度应达到 −0.08MPa以上；

（6）固化：按照修复工艺固化制度进行固化；

（7）脱模、修整及检测：固化完成后，去除真空袋压工艺所用材料，铲除修复试件上多余的树脂，观察修复试件的表观质量，补片应没有明显的错动、脱粘和纤维弯曲等缺陷即为合格；

（8）涂防腐漆，提高修复结构的抗腐蚀环境能力。

第三章 复合材料胶接修补结构的试验研究

复合材料胶接修复金属损伤技术作为一项新型、快速的飞机结构修复技术,受到世界各国的广泛关注,并已应用于军用和民用领域。在当前理论研究和数值计算不完善的条件下,试验成为指导工程实践最有效的研究方法。通过试验筛选对比对修复效果进行评定,以获得高效可靠的修复工艺方法。

本章以含损伤 LY12CZ 铝合金板模拟飞机上的受损伤金属结构,采用碳纤维复合材料补片、利用热压修复工艺对其进行了胶接修复,分别制备了含穿透性和半穿透性损伤铝合金板复合材料胶接修补试件。进行了对比验证试验,分析在静拉伸和疲劳载荷作用下修补结构的破坏模式、失效机理,评定修补效能。

3.1 试验材料

3.1.1 被修复材料

航空结构中铝合金是应用最多的金属材料,其中以 LD2、LD5、LY12CZ、LC2 和 LC4 等最为常见。本章试验选用 Cu – Mg – Mn 系铝合金 LY12CZ 板材作为修复对象,其基本力学性能和化学成分见表 3 – 1 和表 3 – 2。

表 3 – 1 LY12CZ 基本性能

型号	屈服极限/MPa	抗拉强度/MPa	断裂延伸率 / %
LY12CZ	275	431	20.8

表 3 – 2 LY12CZ 化学成分

成分	Cu	Mg	Mn	Fe	Si	Zn	Ti	Al
含量 / %	3.8 ~ 4.9	1.2 ~ 1.8	0.3 ~ 0.9	0.5	0.5	0.3	0.15	余量

3.1.2 补片以及粘胶剂

复合材料补片采用碳/环氧单向纤维片材:增强材料为碳纤维 T300,密度 1.76g/cm³,单丝强度 3530MPa,单丝模量 235GPa,K 数为 3,基体材料为环氧树脂 E51,为橙黄色透明黏稠液体。T300/E51 预浸料的单层厚度大约为 0.1mm,基本力学性能见表 3 – 3。

表 3 – 3　T300 复合材料单向板的力学性能

参数	T300/E51
E_{11} /GPa	134
E_{22} /GPa	10.3
E_{23} /GPa	10.3
G_{12} /GPa	5.5
G_{13} /GPa	5.5
G_{23} /GPa	3.2
ν_{12}	0.33
ν_{13}	0.33
ν_{23}	0.33

采用选择 B 阶段的 T300/E51 复合材料单向预浸料和 J150 中温固化胶粘剂修补 LY12CZ 母板,选用中航工业 605 所提供的复合材料热补仪进行修补操作。热补仪是集加热、温度过程控制与真空过程控制于一体的综合性复合材料修理设备。它可以根据需要设定真空固化所需的升温速率、升温过程、温度维持时间及冷却速度,提供理想的真空状态并进行精确的压力检查和调整。固化过程可由其内部程序设定和控制来完成,保证修复质量和效率。设备轻便,可以便携,适合于外场修理时使用,如图 3 – 1 所示。

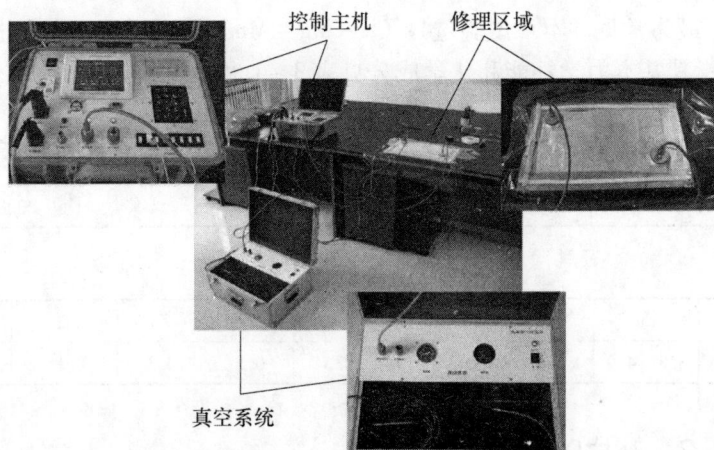

图 3 – 1　试件制备过程

根据补片的刚度与母板的刚度比为 1 的设计准则,对于所选择的试件母板若双面胶接修补,每一面的补片为 4 层,铺层顺序为 0°/45°/ – 45°/90°;若采用单面胶接修补,修补面的补片铺层为 8 层,铺层顺序为[0°/45°/ – 45°/90°]$_2$。

J150 为中温固化高强度胶粘剂,无色透明状液体,剪切强度为 20MPa,浮辊剥离强度 3.5MPa。采用 80℃ × 4h + 120℃ × 2h 的二阶段固化制度,如图 3 - 2 所示。在第一阶段,预浸料和胶粘剂平缓固化,第二阶段通过提高固化温度提高预浸料和胶粘剂的固化度,提高修理质量。修理过程中,通过抽真空来保持修理区域 - 0.1MPa 的负压。

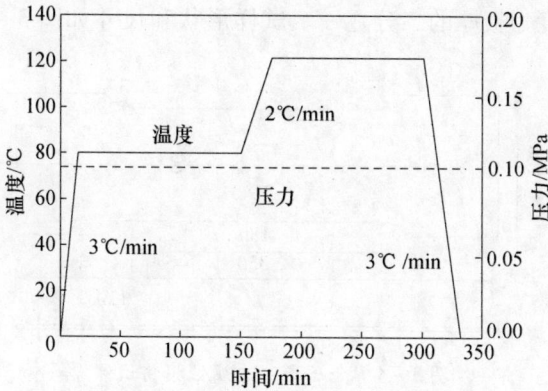

图 3 - 2　复合材料修理工艺参数

3.2　试件设计

3.2.1　完好试件的制备

金属母板选用厚度为 3mm 的 LY12CZ 铝合金平板,加工成 350mm × 100mm 的狗骨板状试件,中部试验段宽度为 60mm,表面进行磷酸阳极化处理,如图 3 - 3 所示。试件不预制损伤,其静拉伸试验和疲劳试验结果作为评价含损伤试件以及修复试件的静强度和疲劳强度的基准值。试件类型编号为 A。

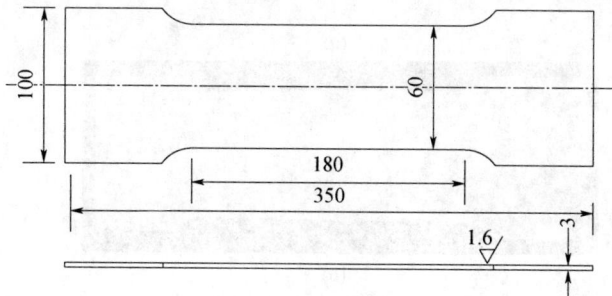

图 3 - 3　完好试件

3.2.2 含损伤金属母板的制备

根据飞机金属结构在服役期间因为环境和载荷作用下形成损伤的结构特点，将结构所受损伤分为半穿透损伤(模拟腐蚀坑)和穿透性损伤(模拟疲劳裂纹)。

1. 金属半穿透损伤件的制备

损伤件长度为 350mm，厚度为 3 mm，工作段宽度为 60mm，中心孔径为 $\Phi20$，中心孔深度为板厚的二分之一。试样形状和尺寸如图 3-4 所示，试件类型编号为 BI。

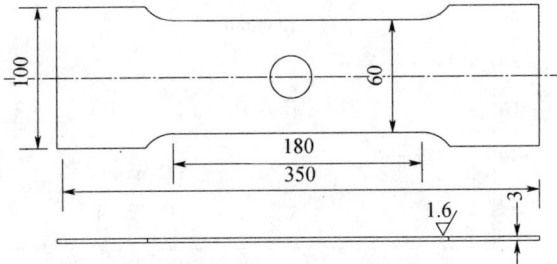

图 3-4　金属半穿透腐蚀损伤试件

2. 金属穿透性损伤件的制备

在 A 类试件的中心钻直径 1mm 的孔，并在孔的两侧沿垂直试件载荷方向采用线切割制作长度 $2a = 10$mm、宽度为 0.2mm 的贯穿整个试验件厚度方向的缺口(图 3-5)，试件类型编号为 BII。

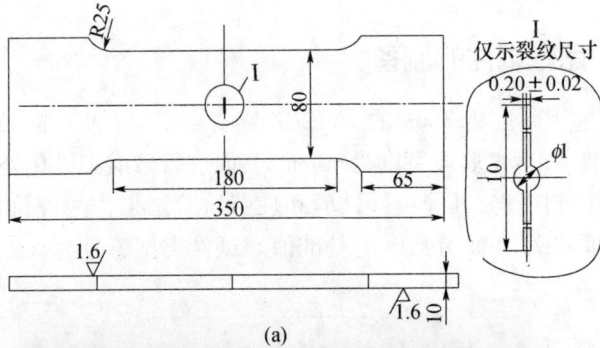

图 3-5　含中心穿透性腐蚀损伤承力试样
(a)试件设计图；(b)试件成品图。

24

3.2.3 复合材料修补试件的制备

将铺层顺序为[0°/45°/−45°/90°]₂(0°铺层角的纤维方向平行于载荷方向,垂直于裂纹方向),尺寸为60mm×80mm的T300/E51补片和J150通过真空袋压共固化方式贴补在BI和BII类试件含损伤区域单侧,制备具有补片锥度比为16∶1的准各向同性单面胶接修补试件(图3−6、图3−7)。此类试件因为修补固化时的热应力,使得母板两侧受热不均匀,因此在平放状态下会产生一定的弯曲挠度,修补面凸出。试件类型编号分别为CI和CII。

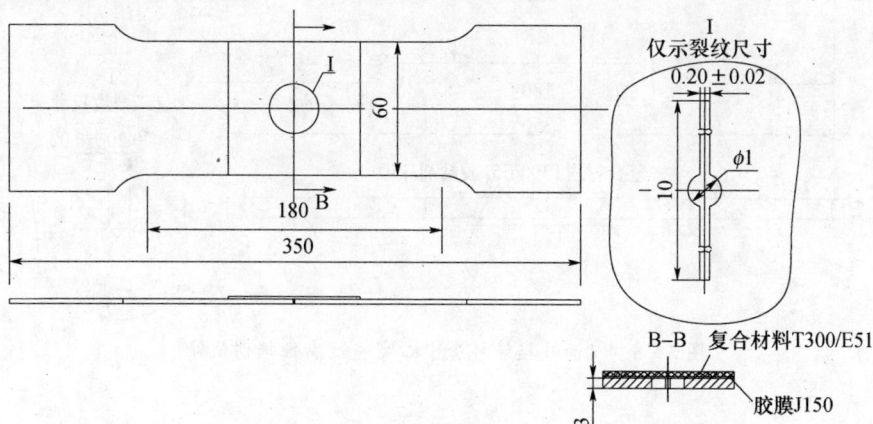

图3−6 单面胶接修补含中心穿透性腐蚀损伤试件

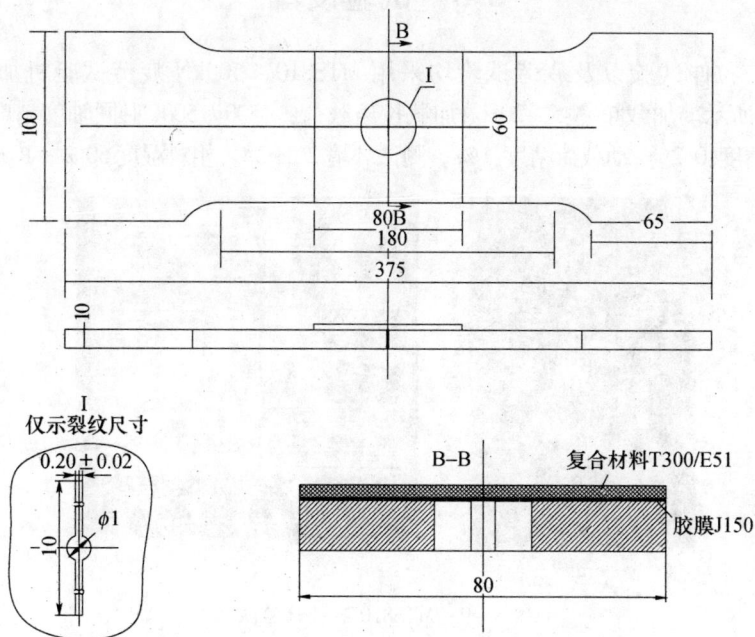

图3−7 单面胶接修补含半穿透性腐蚀损伤试件

将铺层顺序为[0°/45°/–45°/90°]，尺寸为60mm×80mm，边缘锥度比为16∶1的准各向同性T300/E51预浸料和J150胶粘剂通过共固化方式分别贴补在BII类试件含损伤区域两侧，成为双面胶接修补试件（图3-8）。试件类型编号为DII。

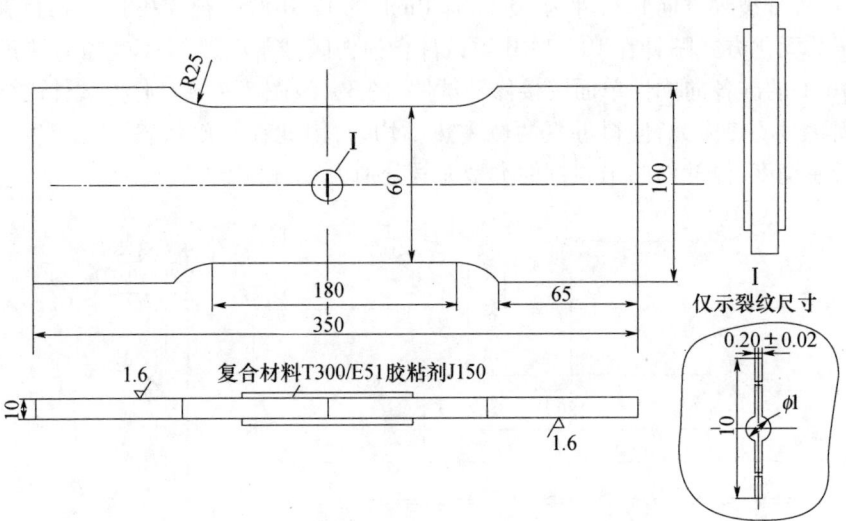

图3-8　双面胶接修补含中心穿透性腐蚀损伤试件

3.3　试验设备

静态拉伸试验以及疲劳试验均采用MTS810-500kN疲劳试验机加载，如图3-9所示。加载频率：5~20Hz；加载拉压载荷：–500~500kN；同轴度精度：2%；静载荷精度：0.2%；动载荷精度：1%。测试环境26±2℃，相对湿度50%±10%。

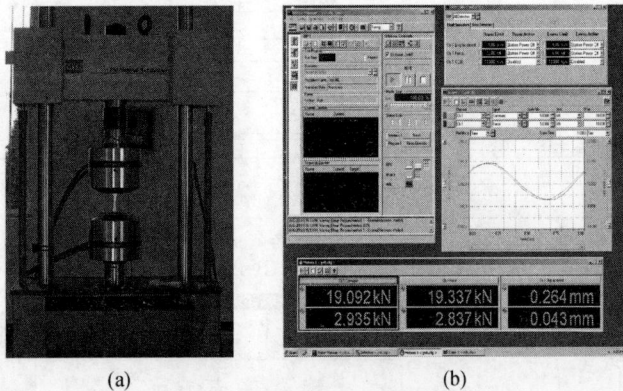

(a)　　　　　　　　　(b)

图3-9　MTS810疲劳试验机
(a)疲劳试验机；(b)试验控制界面。

针对工程中关心的问题，对各类试件主要进行两种试验。

静拉伸试验：准静态拉伸性能反映了结构材料抵抗破坏的能力，是结构材料的一个重要性能。复合材料补片胶接修复铝合金板结构件要求具有一定的抵抗变形或破坏的能力，准静态拉伸性能也就成为衡量修复结构修复效果的一个重要指标。通过静力试验，可以很直接、简便地测试复合材料胶接修理铝合金的力学行为和修理效果，静力拉伸试验参照 GB/T 1447—2005 和 GB/T 228—2002 进行，轴向拉伸速率设定为 0.5mm/min，试件断裂为试验终止判据，连续加载并绘制载荷 - 位移曲线，直至试件断裂，记录试件破坏形式。载荷与位移的测量误差均不超过 1%。

疲劳加载试验：复合材料补片修复铝合金板结构件在使用过程中除了承担静态载荷外还承担交变载荷，且修复结构主要是在交变载荷作用下发生结构失效，因此疲劳性能也是复合材料补片胶接修复铝合金板结构的一个重要性能。试验参照 GB/T 3075—2008 和 GB/T 6398—2000 在 MTS810 - 500kN 试验机上进行，轴向最大载荷为 BII 试件拉伸静强度的 75%，基准应力比为 0.1，正弦波加载，频率 10Hz，交变动载误差不超过 2%。试验中观察修补结构疲劳失效模式，记录其疲劳寿命，记录裂纹长度随循环周次的变化。单面修补试件裂纹长度可以通过染色法观察疲劳裂纹的萌生与扩展，并记录相关数据。双面修补试件裂纹长度采用射线无损探伤方法进行检测，如图 3 - 10 所示。

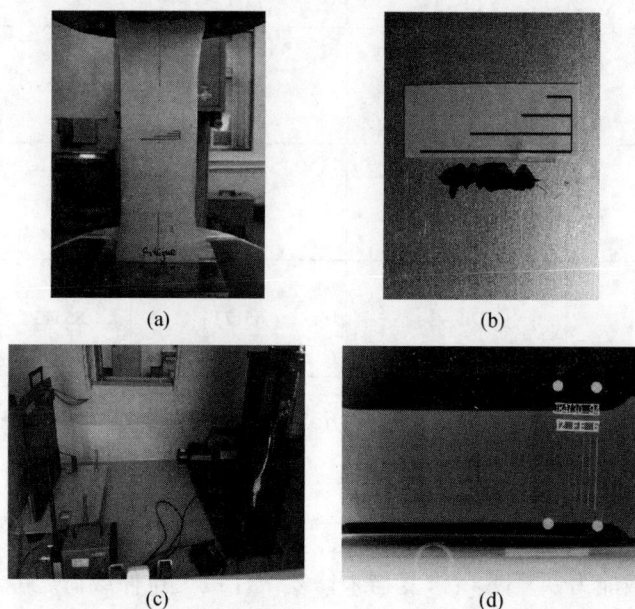

(a)   (b)

(c)   (d)

图 3 - 10　疲劳试验中疲劳裂纹长度的跟踪方法

(a)染色法观察疲劳裂纹；(b)染色法观察疲劳裂纹放大示意；

(c)V - FR 便携式 X 射线透射实时成像无损检测仪；(d)复合材料双面修补试件成像图。

3.4 试验结果分析

3.4.1 静拉伸试验结果分析

静拉伸试验能够直观地反映试件的抗拉伸强度,试验结果见表3.4,载荷位移曲线如图 3 - 11 和图 3 - 12 所示。为了将穿透性损伤试件的修复效果和非穿透性试件的修复效果与完好试件进行对比,定义如下两个评价指标:

表 3 - 4　试件抗拉伸强度试验结果

试件类别	试件编号	最终载荷/N	载荷平均值	变异系数
完好	A - 1 A - 2 A - 3	84939 84680 84219	84604	0.43%
半穿透未补	BI - 1 BI - 2 BI - 3	48913 51602 50161	50225	2.68%
半穿透单补	CI - 1 CI - 2 CI - 3	72171 72062 72112	72115	0.076%
穿透未补	BII - 1 BII - 2 BII - 3	51426 51325 51627	51459	0.30%
穿透单补	CII - 1 CII - 1 CII - 1	71245 70993 73124	71454	0.83%
穿透双补	DII - 1 DII - 2 DII - 3	86905 85173 84553	85543	2.98%

(1)承载能力保留率 η:试件(损伤或者修补试件)的最大拉伸载荷与完好试件的最大拉伸载荷的百分比。

$$\eta = \frac{P_{\text{test}}}{P_{\text{perfect}}} \times 100\% \qquad (3-1)$$

(2)承载能力恢复率 χ:修复与未修复试件最大拉伸载荷之差与完好试件最大拉伸载荷的百分比。

$$\chi = \frac{P_{\text{bonded}} - P_{\text{cracked}}}{P_{\text{perfect}}} \times 100\% \qquad (3-2)$$

28

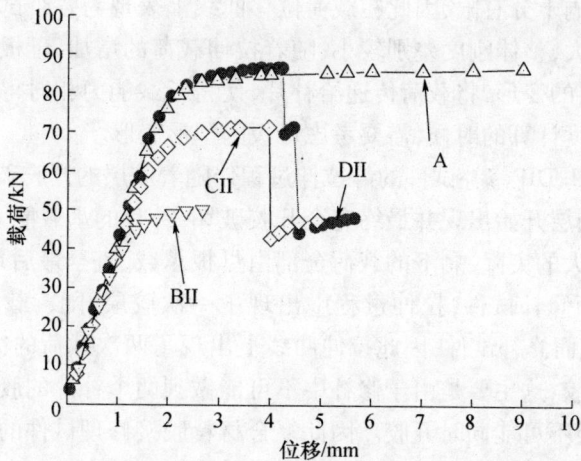

图 3-11　穿透性损伤试件单面修补、双面修补载荷位移曲线

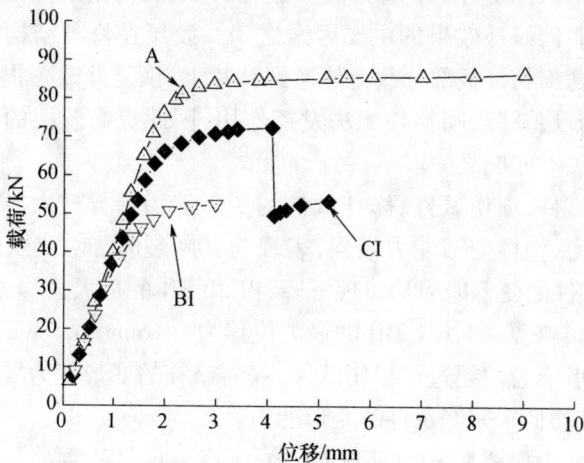

图 3-12　非穿透性损伤试件单面修补载荷位移曲线

　　和无损伤试件相比,由于承载的净截面积减小,含有半穿透性损伤(BI)和穿透性损伤(BII)未修理铝合金试件承载能力的保留率仅为 59.4% 和 60.8%。说明模拟的损伤形式使得母板的承载能力大幅度下降。经过修理后,CI、CII 和 DII 的承载能力保留率提高到 85.2%、84.5% 和 101.1%,相对于各自的损伤母板的承载能力的恢复率分别为 25.8%、23.6%、40.3%。修复后的试件的承载能力相对于损伤母板均有大幅度提高,双面修补效果(DII)明显优于单面修补效果(CII),其承载能力已经达到或者超过完好试件(A)的承载能力。

　　载荷位移曲线所反映出的信息说明以下几点:

　　(1) 当拉伸载荷较小时,母板材料处于弹性阶段,母板变形较小,载荷主要由母板承担,胶层变形很小,由胶层传递到补片的载荷并不大,补片的刚度对于母板的刚度影响十分有限,因此在载荷位移曲线上表现为各个试件的载荷 - 位移曲线相差不大,整体刚度差别较小;随着拉伸载荷的增加,母板逐渐进入塑性变形,通过胶层的变形,将载荷传递给补片,使得承载能力相对得到了提升。在进行相关静强度计算的时候,需要考虑母板的塑形变形。

(2) CI、CII、DII 修补试件的静拉伸过程伴随着胶层的开胶破坏。当载荷达到一定值后,胶层开始出现并最终完全开胶破坏,补片的承载能力随之消失,载荷此时会出现大的突降,剩下的载荷全部由母板承载,直至最后母板断裂。CI、CII 由于是单面修补试件,拉伸过程中出现了一次胶层开胶,载荷出现一次突降,而 DII 是双面修补试件,因此拉伸曲线上出现了两次载荷的突降,两面修补的胶层先后开胶,这主要是由于修补中不可能做到两个补片的胶接强度完全一致,胶层实际上不可能同时开胶。因此复合材料胶接修理试件的静拉伸破坏形式为分步渐进式失效而非突发性破坏。

(3) 试验中未见复合材料补片发生破坏,说明补片的强度是足够的。胶层的承载能力是制约修补效果的主要因素之一。胶层在修补结构中通过其自身的剪切变形将含损伤母板部分载荷传递到补片上,恢复并改善损伤区域载荷传递路线。如果胶层开胶,则补片无法发挥作用,因此提高胶层的承载能力是保证修补效果的关键问题之一。

(4) 完好试件、损伤试件、修补试件的变形能力差异较大。完好试件具有最好的变形能力,塑性变形能力最强,表现为其断裂时加载夹头的位移达到了 9.1mm,损伤试件的变形能力均出现下降,BI 和 BII 的最大位移分别为 2.97mm 和 2.66mm,经过修复,CI、CII、DII 的最大位移为 5.16mm、4.9mm、5.66mm,修补试件的最大变形能力均超过了损伤试件,双面修补的变形能力要明显优于单面修补试件,但是均低于完好试件的变形能力。

(5) 承载能力保留率 η 和承载能力恢复率 χ 仅仅从载荷角度考察损伤和修复效果,但是从载荷位移曲线可以看出,损伤和修复试件能够承受形变的能力差别很大。为了综合反映试件承载能力和变形能力的差别,本书依据材料力学中的应变能概念从能量角度综合考察修复效果。在载荷 - 位移曲线下所包含的面积为试件在破坏过程中吸收的外部能量,该面积越大,说明试件能够吸收的能量就越强。定义如下两个参数表征修复的效果:

能量保留率 λ:试件(损伤或者修补)载荷位移曲线下包围的面积与完好试件载荷位移曲线下包围面积的百分比。

$$\lambda = \frac{E_{\text{test}}}{E_{\text{perfect}}} \times 100\% \qquad (3-3)$$

能量恢复率 γ:修复与未修复试件静拉伸吸收能量之差与完好试件静拉伸吸收能量的百分比。

$$\gamma = \frac{E_{\text{bonded}} - E_{\text{cracked}}}{E_{\text{perfect}}} \times 100\% \qquad (3-4)$$

对每个试件的载荷位移曲线面积进行数值积分,并对每类试样三个样本进行平均,结果见表3-5。可以看出,损伤试件的 λ 在15%左右,相对 η(BI:59.4%,BII:60.4%),该参数表明损伤造成拉伸载荷和变形能力同时下降。经过修补以后,单面修补 λ 提升到40%左右,而双面修补则超过50%以上。双面修补的 γ 也高出单面修补10个百分点以上。这两个参数从能量角度表征了复合材料胶接修补对损伤母板性能的增强效果。

表3-5 各类试件静拉伸破坏吸收能量

试样种类	A	BI	CI	BII	CII	DII
能量/J	675.88	112.9	275.9	96.7	257.4	345.1
λ	100%	16.7%	40.8%	14.3%	38.1%	51.1%
γ	无	无	24.1%	无	23.8%	36.8%

静拉伸试验表明,当拉伸载荷较小时,力与位移符合线性关系,并且所有试件的刚度差别较小,如图3-11和图3-12所示。随着拉伸载荷的增加,铝合金板逐步产生塑性变形,铝合金板和胶层的变形能力差距逐步增大,胶层脱粘,补片的承载能力随之降低,铝合金板断裂。对于双面修补试样,载荷位移曲线出现两次载荷的突降。由于粘接过程中,两个补片的胶接强度不能做到完全一致,因此胶层破坏时间有先后之区别。因此,复合材料胶接修理试件的破坏形式为分步渐进式失效而非突发性破坏。拉伸试验中未见复合材料补片发生破坏,说明复合材料补片的强度是足够的,所以胶层的承载能力是制约修补效果的最主要因素,在对静强度进行预测的时候必须考虑胶层的剪切失效。

3.4.2 疲劳试验结果与分析

疲劳加载的最大载荷设置为BII试件静拉伸载荷的70%,即 $P_{\text{max}} = 36\text{kN}$。如果试件疲劳寿命超过 10^6,则终止试验。疲劳试验结果见表3-6。

表3-6 疲劳试验结果

试件类型	试件编号	疲劳寿命	寿命均值	分散系数
完好	A-4	144551	—	—
	A-5	189521		
	A-6	253697		
	A-7	10^6, stop		
	A-8	10^6, stop		

试件类型	试件编号	疲劳寿命	寿命均值	分散系数
半穿透未补	BI – 4	12552	10696	41.5%
	BI – 5	3819		
	BI – 6	26496		
	BI – 7	7289		
	BI – 8	3323		
半穿透单补	CI – 4	65706	62046	16.9%
	CI – 5	56035		
	CI – 6	48340		
	CI – 7	64057		
	CI – 8	76092		
穿透未补	BII – 4	3512	4262	15.7%
	BII – 5	2995		
	BII – 6	4672		
	BII – 7	8534		
	BII – 8	1598		
穿透单补	CII – 4	29260	35753	50.2%
	CII – 5	38015		
	CII – 6	65177		
	CII – 7	17850		
	CII – 8	28462		
穿透双补	DII – 4	59615	42400	38.1%
	DII – 5	42951		
	DII – 6	20823		
	DII – 7	50763		
	DII – 8	37850		

试验表明经过修复,半穿透性损伤件的疲劳寿命为未修补试验件的6倍,穿透性损伤试验件修复后寿命达到未修复试验件的9倍。

对于半穿透性损伤未修补试样,由于在铝合金板凹坑处形成严重的应力集中,在疲劳载荷的作用下,极易形成疲劳源,并迅速扩展断裂,其疲劳寿命仅为完好件的1%。而对修补试样,由于复合材料补片分担了部分载荷,改善了损伤区域的受力状况,延长了裂纹形成寿命。对于疲劳断口形貌分析发现,未修补试样疲劳源主要在试样凹坑底部中心线附近,此处为应力集中最严重的地方,如图3-13(a)所示。修补后,应力集中得到缓解,由于胶层和补片的影响,应力集中最严重的位置分散在凹坑底部周围,形成了如图3-13(b)~(d)所示的三种典型失效模式。所有修补试样均为中心线一侧首先开胶,继而扩展,补片和修补区域均留有胶痕,另一侧胶层完好,补片未出现分层、开裂等损伤。金属板疲劳断口留下明显的裂纹萌生和裂纹扩展痕迹,从疲劳源处开始出现较为光滑的裂纹缓慢扩展区,而后出现较为粗糙的裂纹快速扩展区,最后由于过载发生瞬间韧性断裂,断口呈现韧窝。断口观察表明,修补后试样的裂纹扩展区域面积要大于未修补试样,裂纹扩展寿命也相应增加。

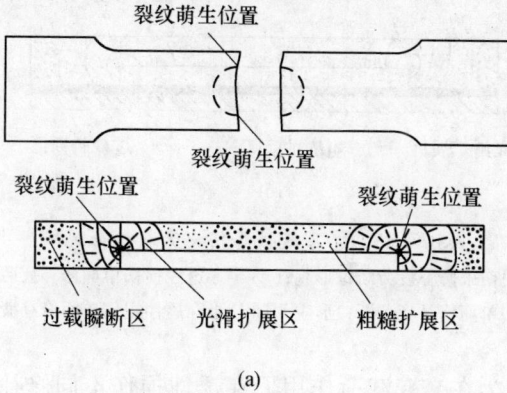

(a)

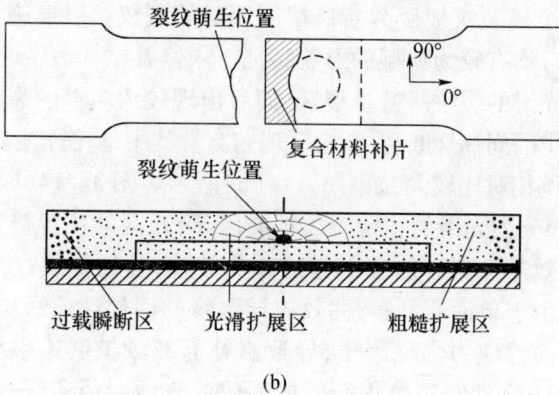

(b)

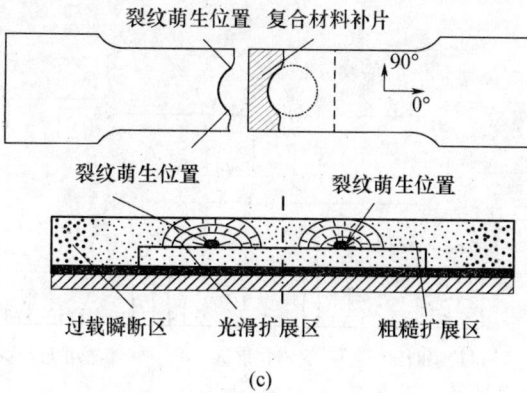

(c)

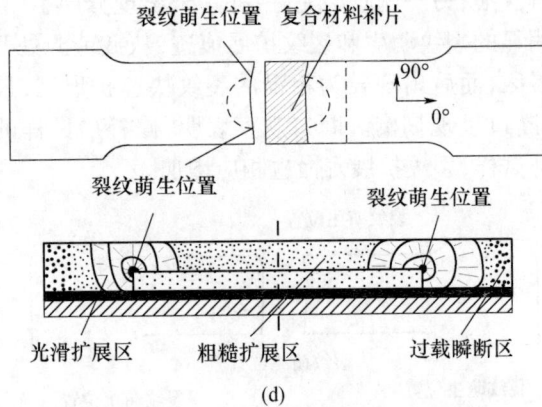

图 3 – 13 半穿透性损伤疲劳断口形貌

(a)半穿透性损伤未修补疲劳断口形貌;(b)半穿透性损伤单面修补疲劳断口形貌Ⅰ;
(c)半穿透性损伤单面修补疲劳断口形貌Ⅱ;(d)半穿透性损伤单面修补疲劳断口形貌Ⅲ。

图 3 – 14 所示为在交变载荷作用下穿透性损伤不同修补方式疲劳失效模式和断口形貌。金属裂纹板疲劳断口留下明显的裂纹扩展痕迹,并且双面和单面修补方式的断口均有较为典型的形貌特征。未修补试样疲劳断口从预置裂纹处开始出现较为光滑的裂纹缓慢扩展区,而后出现较为粗糙的裂纹快速扩展区,最后由于过载发生瞬间韧性断裂,断口呈现韧窝。其中,稳态扩展区相对比较小,瞬断区所占的比例相对比较大,如图 3 – 14(a)所示。图 3 – 14(b)所示为双面修补断口形貌,大部分为光滑的稳定裂纹扩展区,瞬断区的位置接近金属板边缘。双面修补可以有效避免偏心加载引起的弯曲效应,裂纹扩展纹线呈直线,且垂直于载荷方向。由于单面修补,弯曲效应导致修补面裂纹前缘应力强度因子小于未修补面裂纹前缘应力强度因子,导致修补面裂纹扩展速率小于未修补面,裂纹扩展纹线由未修理时裂纹均衡扩展形成的直线变成曲线,如图 3 – 14(c)所示。

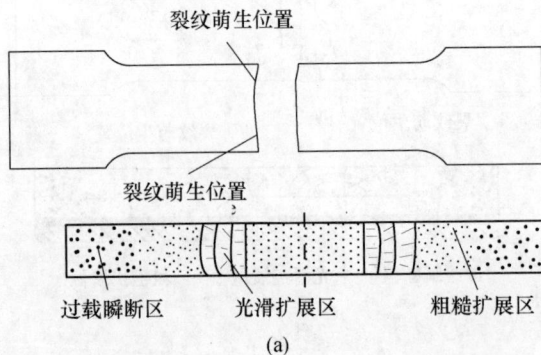

(a)

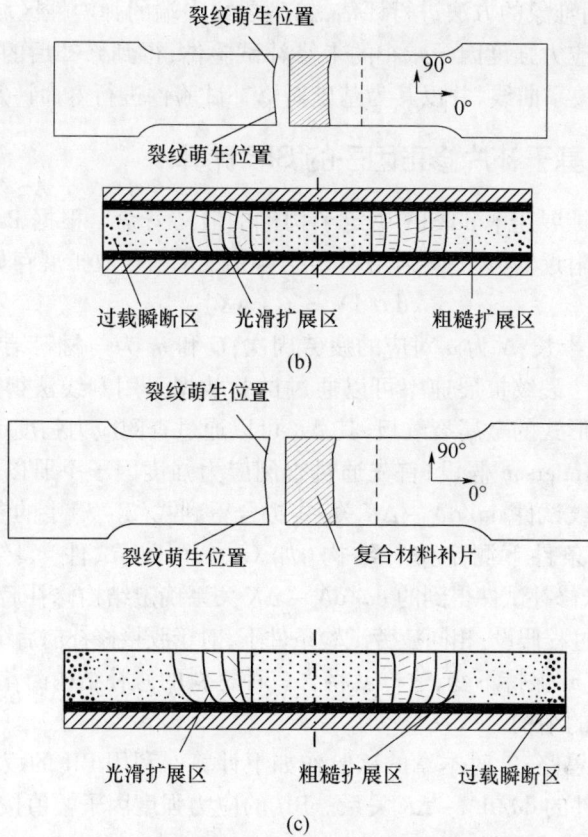

裂纹萌生位置

裂纹萌生位置

90°

0°

(b)

裂纹萌生位置

裂纹萌生位置

复合材料补片

90°

0°

过载瞬断区　　光滑扩展区　　粗糙扩展区

光滑扩展区　　粗糙扩展区　　过载瞬断区

(c)

图 3 – 14　穿透性损伤疲劳断口形貌

(a)穿透性损伤未修补疲劳断口形貌;(b)穿透性损伤双面面修补疲劳断口形貌;
(c)穿透性损伤单面修补疲劳断口形貌。

3.5　线弹性疲劳裂纹扩展寿命简化预测模型

利用力学理论和有限元计算对胶接修补结构的疲劳裂纹扩展进行分析可以得到比较精确的结果,但是耗时耗力。如果能够根据少量的试验结果建立一种唯象的扩展表征模型,进行裂纹扩展寿命预测,虽然精度相对理论分析或者有限元分析要差一些,但是计算过程却大大简化,在某些场合这也是有意义的。

从线弹性断裂力学观点来看,应力强度因子(SIF)描述了弹性裂纹尖端应力场的强弱,是线弹性裂纹扩展的驱动力。含损伤裂纹板经过修补以后,在相同远场载荷下,由于胶层将一部分载荷传递给补片,损伤金属裂纹板的应力强度因子会降低,导致修补以后裂纹扩展变慢,疲劳寿命增加。基于这一直观的

35

考虑,本节采用唯象的方法进行评估,忽略裂纹尖端的弹塑性区域的影响,将修补试验件视为应力强度因子减小的未修补试验件,得到修补后的 SIF 和未修补的 SIF 之间的关系曲线,并以其为基础对修补试验件进行寿命评定。

3.5.1 基于补片修正因子的 SIF 计算

疲劳裂纹扩展速率 da/dN 决定了构件的疲劳寿命。根据 Paris 公式,金属构件裂纹尖端附近的应力强度因子(SIF)幅值 ΔK 与裂纹扩展存如下的关系:

$$da/dN = C(\Delta K)^m \qquad (3-5)$$

式中:a 为裂纹半长;N 为 a 对应的疲劳周次;C 和 m 为与材料结构以及试验环境有关的常数。裂纹扩展速率可以通过试验数据采用割线法得到。对于含中心裂纹等特定形式的金属裂纹板,其 ΔK 可以通过查阅应力强度因子手册获得。基于 James – Anderson 假设,首先通过查阅应力强度因子手册以及疲劳试验获得未修补含裂纹试件 $da/dN - \Delta K$ 关系,拟合得到式(3-5)中的参数 C 和 m,然后在相同加载条件下测定修补结构(如 CI、CII、DII 试件)裂纹的扩展速率 da/dN,并用未修补试件得到的 $da/dN - \Delta K$ 关系确定结构修补后的等效应力强度因子。上述过程假设:相同疲劳试验条件下,对于胶接修补前后结构,式(3-5)中的参数 C 和 m 保持不变,这样就将含三种材料的修补结构简化为 SIF 减小的只有母板材料的结构。

按照上述思路,针对本章的试验作如下计算。利用 BII 的疲劳试验结果确定 LY12CZ 试件的 $da/dN - \Delta K$ 关系。BII 的应力强度因子幅值按照中心裂纹试件(CCT 试件)公式获得

$$\Delta K_{\text{unpatched}} = \Delta \sigma \sqrt{\pi a \left[\sec(\pi a/W) \right]} \qquad (3-6)$$

其中裂纹长度 a 可测,W 为试件宽度。则

$$(da/dN)_{\text{unpatched}} = C(\Delta K_{\text{unpatched}})^m \qquad (3-7)$$

其中,$(da/dN)_{\text{unpatched}}$ 可以通过试验数据得到 $N - a$ 关系差分得到。则通过拟合可以得到中常数 C 和 m 的值。根据修补件的裂纹扩展速率 $(da/dN)_{\text{patched}}$ 获得修补后的 SIF 幅值:

$$\Delta K_{\text{patched}} = \sqrt[m]{(da/dN)_{\text{patched}}/C} \qquad (3-8)$$

这样就可以由此确定 $\Delta K_{\text{unpatched}}$。为了简化这一过程,直接寻求建立 $\Delta K_{\text{unpatched}} - \Delta K_{\text{patched}}$ 的函数关系。联立式(3-7)和式(3-8),则

$$\Delta K_{\text{patched}}/\Delta K_{\text{unpatched}} = \sqrt[m]{\left[(da/dN)_{\text{patched}}/(da/dN)_{\text{unpatched}} \right]} \qquad (3-9)$$

CCT 修补件的裂纹尖端 SIF 除了铝板两端外载荷的贡献外,主要受补片的影响,因此可以考虑在标准 CCT 的 SIF 幅值 $\Delta K_{\text{unpatched}}$ 基础上引入一个计入补片影响的修正因子得到 $\Delta K_{\text{patched}}$。已有的研究表明,复合材料补片宽度对铝板裂纹尖端 SIF 影响较大,而补片的长度(大于裂纹长度的一半以上)对 SIF 影响较

小,因此合理假定该修正因子为裂纹长度 a 和补片宽度的函数,本节的试验中补片的宽度与试件宽度相同均为 W,无量纲化处理后设补片修正因子具有如下形式:

$$\Delta K_{\text{patched}}/\Delta K_{\text{unpatched}} = Y(a/W) \qquad (3-10)$$

显然补片修正因子 $Y(a/W) \leqslant 1$。根据式(3-10),利用修补和未修补试件的 SIF 可以得到 Y 的值,见表 3-7 和表 3-8。由于裂纹长度的捕捉时机不相同,表中数据为进行过插值计算后的结果。

表 3-7　单面修补前后应力强度因子以及补片修正因子

$\Delta K_{\text{unpatched}}/(\text{MPa} \cdot \text{m}^{1/2})$	$\Delta K_{\text{patched}}/(\text{MPa} \cdot \text{m}^{1/2})$	$Y(a/W)$	a/W
37.46	31.56	0.84242	0.0625
54.5	45.15	0.82848	0.125
60.89	48.71	0.8	0.15
69.0	53.52	0.77567	0.2
77.19	57.96	0.75085	0.25
81.69	64.85	0.79384	0.28
84.56	64.86	0.76695	0.3

表 3-8　双面修补前后应力强度因子以及补片修正因子

$\Delta K_{\text{unpatched}}/(\text{MPa} \cdot \text{m}^{1/2})$	$\Delta K_{\text{patched}}/(\text{MPa} \cdot \text{m}^{1/2})$	$Y(a/W)$	a/W
37.46	31.17534	0.83223	0.0625
54.5	42.99233	0.78885	0.125
60.89	49.26366	0.77282	0.15
69.0	54.14844	0.77117	0.2
77.19	57.95966	0.75087	0.25
81.69	61.42434	0.74852	0.28
84.56	60.93055	0.72056	0.3

从图 3-15 和图 3-16 可以发现,无论对于单面修补还是双面修补,$Y(a/W)$ 均随着裂纹相对长度的增加呈现线性减小的趋势。这表明裂纹长度越长,母板裂纹尖端的 SIF 降低越显著,修复效果越好。在裂纹相对长度相同的情况下,除了个别试验点外,双面修补的 $Y(a/W)$ 明显低于单面修补的 $Y(a/W)$,这说明双面修补能够更为有效地改善裂纹尖端的应力场,缓解应力集中,从而

降低 SIF,进而使得裂纹扩展速率下降,延长试件的疲劳寿命。

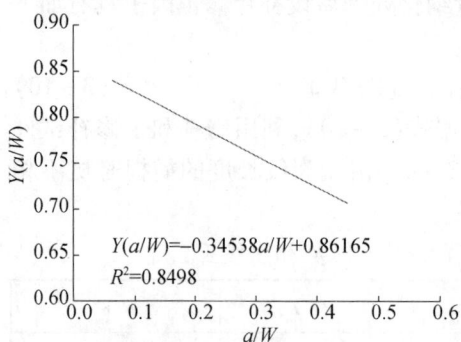

$Y(a/W)=-0.34538a/W+0.86165$
$R^2=0.8498$

图 3-15　单面修补补片修正因子
　　　　随裂纹长度变化曲线

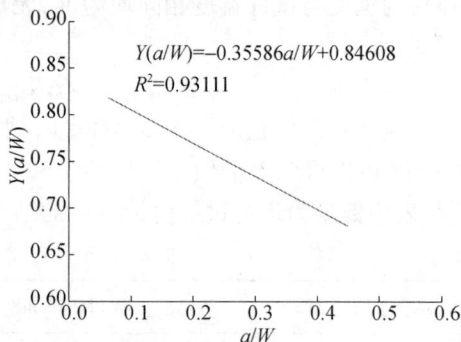

$Y(a/W)=-0.35586a/W+0.84608$
$R^2=0.93111$

图 3-16　双面修补补片修正因子
　　　　随裂纹长度变化曲线

3.5.2　线弹性疲劳裂纹扩展寿命预测

将 Paris 公式进行积分可以得到结构的疲劳裂纹扩展寿命,即

$$N_f = \int_{a_0}^{a_f} \frac{\mathrm{d}a}{C(\Delta K)^m} \qquad (3-11)$$

式中:N_f 代表结构中裂纹长度从 a_0 增加到临界长度 a_f 的循环周次。对于本试验中的试件,a_0 为预制裂纹的半长度,对于本部分试验 a_0 为 5mm。临界长度 a_f 为裂纹尖端 SIF 幅值 ΔK 达到母板材料断裂韧性 K_{IC} 时所对应的裂纹长度。即

$$\Delta K(a_f) = K_{IC} \qquad (3-12)$$

显然对于不同的修补形式,a_f 的值不同。在不考虑胶接截面脱粘的情况下,SIF 幅值 ΔK 与裂纹长度的定量关系已经通过前面的经验公式回归计算得到。将结构中整个裂纹扩展长度 Δa 划分为 n 个较小的扩展增量步 Δa_1,Δa_2,$\cdots$,Δa_j,Δa_{j+1},$\cdots$,Δa_n 之和,即

$$\Delta a = \Delta a_1 + \Delta a_2 + \cdots + \Delta a_j + \Delta a_{j+1} + \cdots + \Delta a_n \qquad (3-13)$$

则结构的疲劳寿命为每个增量步消耗的裂纹扩展周次之和,即

$$N_f = N_{f1} + N_{f2} + \cdots + N_{fj} + N_{fj+1} + \cdots + N_{fn} \qquad (3-14)$$

由于每一个增量步 Δa_j 的裂纹扩展长度较小,因此在该增量步内裂纹尖端 SIF 幅值 ΔK_j 保持不变,仅为 Δa_j 的函数。在该增量步内的裂纹扩展寿命 N_{fj} 可以用式(3-15)表示。

$$N_{fj} = \frac{\Delta a_j}{C(\Delta K_j(a_j))^m} \qquad (3-15)$$

则可以根据如图 3-17 所示的流程计算总的疲劳寿命。

开始计算

输入初始裂纹长度 a, $N=0$

计算 ΔK

$\Delta K < K_{IC}$ 是 → $a=a+\Delta a$ 计算 Δa 对应的 ΔN $N=N+\Delta N$

否

累加所有的 ΔN, 输出疲劳寿命 N

结束

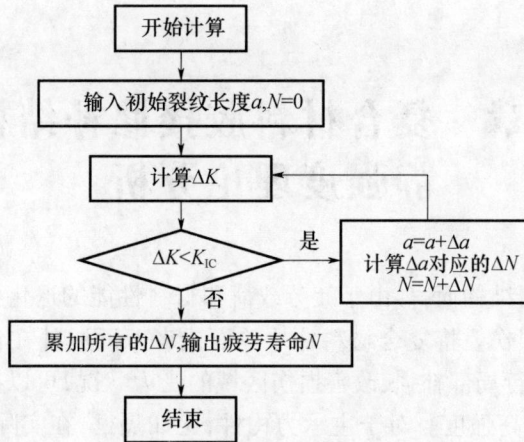

图 3-17　结构疲劳性能计算流程图

利用该流程预测的结果与试验结果对比如图 3-18 所示。

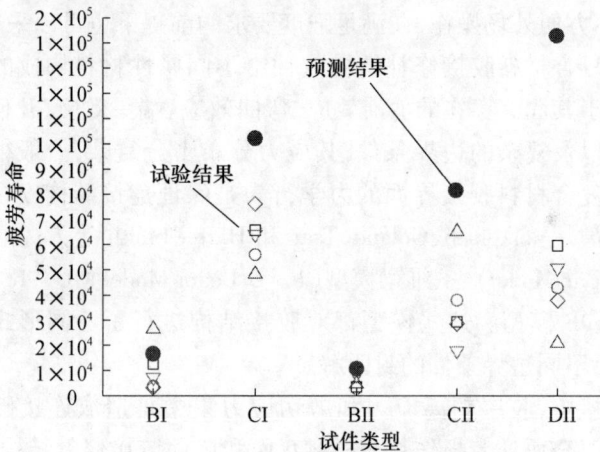

图 3-18　预测结果与试验结果

对于含损伤未修补的试件,预测结果与试验结果差别不大,但是对于胶接修补试件,预测结果都高于试验结果。造成这种差别的原因可能是:

(1)在修补过程中,修补件不可避免存在原始缺陷,这会使得修补件的寿命要低于理想的修补试件,造成估算寿命偏高。

(2)修补试件在裂纹扩展一段时间后会逐步出现胶层开裂、脱粘现象,这会导致补片传力功能的缓慢下降。上述计算流程中未考虑到脱粘的影响,这也会造成对修补结构寿命的高估。

该方法相对本书后续章节给出的计算方法而言过程大为简化,而且估算出来的寿命量级没有差别,在进行粗略计算的时候具有比较大的应用价值。

第四章 复合材料胶接修补结构的
静强度理论分析

对于飞机金属结构而言,由于疲劳载荷和材料性能的退化会不可避免产生裂纹等各种形式损伤。将复合材料补片单面或者双面胶补在含穿透性损伤的飞机结构表面,进行局部补强,改善损伤区域的受力状况,可以有效降低裂纹尖端的应力集中,提高强度。对于主承力构件,比如隔框,在实际结构开敞性、可达性具备的条件下,优先采用复合材料双面修补。复合材料双面胶接修补结构在受面内载荷的情况下,不存在传载路径偏心,不会产生弯曲变形,避免了单面修补引起的弯曲效应。但是对于有些修复操作可达性较差的结构,比如飞机蒙皮,双面修复不方便外场操作,在满足强度要求的前提下也可以采用单面修补。

损伤金属复合材料胶接修补结构这种由不同属性材料构成的多层复合胶接修补构件由于其固有存在的剪滞效应、弯曲效应、端头效应、几何和材料非线性效应等因素以及复杂的边界条件,其应力分布十分复杂,一般很难得到解析解。而金属和复合材料胶接界面的力学行为是保证连接结构安全性、耐久性/损伤容限的关键。Volkersen、Goland、Tsai 和 Hart – Smith 等人先后提出了一维杆模型(1 – D Bar Model)、一维梁模型(1 – D Beam Model)、G – R 模型、TOM 模型和 Hart – Smith 模型。这些模型都对胶接结构进行了不同形式的假设和简化,以得到满足不同边界条件的封闭解。

在胶接连接中,胶层剥离应力和剪切应力集中是造成连接破坏的主要原因。本章以飞机金属疲劳损伤复合材料双面和单面胶接修复结构为研究对象,考虑复合材料胶接修补金属结构的胶层材料非线性、几何非线性和边界条件,建立金属裂纹板复合材料双面和单面胶接修补结构的力学分析模型,推导出修补结构胶层剪应力和剥离应力的解析解以及胶层剪切破坏的结构失效载荷表达式,并与有限元数值结果进行对比,验证模型的有效性。利用模型研究其破坏模式与失效机理,分析胶层和补片参数对胶接强度的影响,为胶接修补结构的承载能力分析以及结构改进优化设计提供理论依据。

4.1　复合材料双面胶接修补力学模型

图 4 – 1 所示为飞机金属疲劳损伤复合材料双面胶接修理结构的典型示意

图,由三部分组成:金属裂纹板、复合材料补片和胶层。针对复合材料双面胶接修补金属穿透性损伤的特点,做如下基本假设:

（1）由于双面对称修补,忽略横向载荷、弯曲变形以及横向的高阶剪切变形,认为补片和金属板剪应力在厚度方向线性变化;

（2）在板宽方向,认为结构处于平面应变状态,并得到含裂纹与不含裂纹的两类边界裂纹板条,如图4-1(b)和(c)所示;

（3）金属板和复合材料板为理想线弹性材料,胶层为理想弹塑性材料,如图4-2所示,胶层不存在缺陷,即结合面位移函数保持连续。

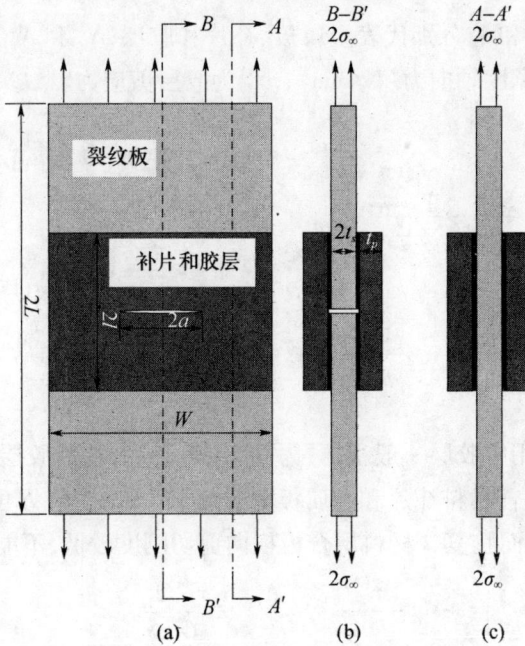

图4-1 飞机金属疲劳损伤复合材料双面胶接修理结构

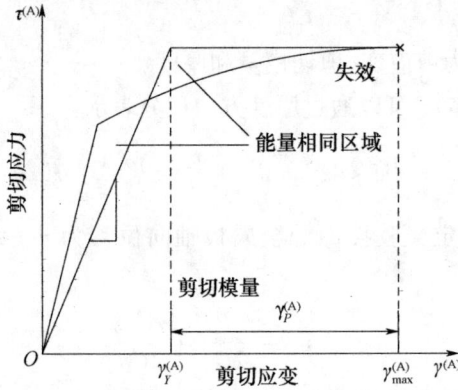

图4-2 理想等效弹塑性剪切应力-应变关系

41

4.1.1 面内剪切应力力学模型

如图 4-3 所示,考虑搭接中金属板横向剪切变形和胶层轴向变形,认为金属板横向剪应力沿厚度方向线性变化,利用经典胶接接头一维梁模型应力分析方法,对母板、胶层和补片取微小单元 Δy,由 y 方向力平衡可得

$$\begin{cases} \dfrac{\mathrm{d}N_{\mathrm{p}}}{\mathrm{d}y} - \tau^{(\mathrm{A})} = 0 \\[3mm] \dfrac{\mathrm{d}N_{\mathrm{s}}}{\mathrm{d}y} + \tau^{(\mathrm{A})} = 0 \end{cases} \qquad (4-1)$$

式中:上下标 s、p 和 A 分别代表金属板、补片和胶层;N_{s} 和 N_{p} 为金属板和补片沿 y 方向的单位宽度轴向力(N/mm);$\tau^{(\mathrm{A})}$ 为胶层剪应力。

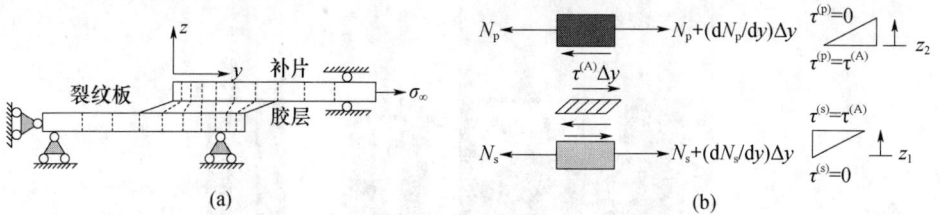

图 4-3 胶接接头一维梁模型应力分析方法

实际工程应用中胶层一般很薄,为 0.1~0.2mm,认为胶层剪应力 $\tau^{(\mathrm{A})}$ 在厚度上均匀分布,复合材料补片和金属板剪应力 $\tau^{(\mathrm{p})}$ 和 $\tau^{(\mathrm{s})}$ 在厚度上线性分布,如图 4-3(b)所示,而且复合材料层合板横向剪切刚度较低,不能忽略 1 阶项。

$$\begin{cases} \tau^{(\mathrm{s})} = \dfrac{\tau^{(\mathrm{A})} z_1}{t_{\mathrm{s}}}, \qquad \gamma^{(\mathrm{s})} = \dfrac{\tau^{(\mathrm{A})} z_1}{G_{\mathrm{s}} t_{\mathrm{s}}} \\[3mm] \tau^{(\mathrm{p})} = \dfrac{\tau^{(\mathrm{A})}(t_{\mathrm{p}} - z_1)}{t_{\mathrm{p}}}, \gamma^{(\mathrm{p})} = \dfrac{\tau^{(\mathrm{A})}(t_{\mathrm{p}} - z_1)}{G_{\mathrm{p}} t_{\mathrm{p}}} \end{cases} \qquad (4-2)$$

式中:γ、G 和 t 分别为剪应变、剪切模量和厚度。

金属板轴向位移 u_{s} 可以通过厚度方向积分表示:

$$u_{\mathrm{s}} = \int \dfrac{\mathrm{d}u_{\mathrm{s}}}{\mathrm{d}z_1} \mathrm{d}z_1 = \int \gamma^{(\mathrm{s})} \mathrm{d}z_1 = u_{\mathrm{so}} + \int_0^{z_1} \gamma^{(\mathrm{s})}(z'_1) \mathrm{d}z'_1 = u_{\mathrm{so}} + \dfrac{\tau^{(\mathrm{A})} z_1^2}{2G_{\mathrm{s}} t_{\mathrm{s}}} \quad (4-3)$$

式中:u_{so} 为常数项。定义胶接面处金属板轴向位移为 u_{si},则式(4-3)可以表示为

$$u_{\mathrm{s}} = u_{\mathrm{si}} - \dfrac{\tau^{(\mathrm{A})} t_{\mathrm{s}}}{2G_{\mathrm{s}}} + \dfrac{\tau^{(\mathrm{A})} z_1^2}{2G_{\mathrm{s}} t_{\mathrm{s}}} \qquad (4-4)$$

同样道理,补片轴向位移也可以表示为

$$u_p = u_{pi} + \int_0^{z_2} \gamma^{(p)}(z'_1) dz'_1 = u_{pi} + \frac{\tau^{(A)}}{G_p}\left(z_2 - \frac{z_2^2}{2t_p}\right) \quad (4-5)$$

式中:u_{pi}和u_{si}为胶接面补片和金属板的轴向位移。

则金属板和补片的轴向内力可以表示为

$$\begin{cases} N_s = E'_s \int_0^{t_s} \frac{du_s}{dy} dz_1 = E'_s t_s \left(\frac{du_{si}}{dy} - \frac{t_s}{3G_s}\frac{d\tau^{(A)}}{dy}\right) \\ N_p = E'_p \int_0^{t_p} \frac{du_p}{dy} dz_2 = E'_p t_p \left(\frac{du_{pi}}{dy} + \frac{t_p}{3G_p}\frac{d\tau^{(A)}}{dy}\right) \end{cases} \quad (4-6)$$

由于板宽方向为平面应变状态,则

$$E'_{s,p} = \frac{E_{s,p}}{1-\nu_{s,p}^2}$$

其中:u_{pi}和u_{si}分别为胶接面补片和金属板的轴向位移。

胶层剪应变可由补片和金属板 y 方向上的位移之差求得,其变形位移协调方程为

$$\tau^{(A)} = G_A\gamma^{(A)} = -\frac{G_A}{t_A}(u_{si} - u_{pi}) \quad (4-7)$$

根据经典层合板理论,补片的拉伸弹性模量 E_p 的值为层合板中面应变的刚度系数 A_{11} 与层合板厚度的比值,而当补片 ±45°/90°/0° 铺层时,为准各向同性,面内各个方向的弹性模量相同。

对式(4-7)求导,与式(4-6)联立,可得到关于胶层剪应力 τ 的 2 阶常系数的齐次微分方程:

$$\frac{d^2\gamma^{(A)}}{dy^2} - \beta_A^2\gamma^{(A)} = 0 \quad (4-8)$$

式中:

$$\beta_A = \sqrt{\frac{G_A}{t_A}\left(\frac{1}{E'_p t_p} + \frac{1}{E'_s t_s}\right)\Big/1 + \frac{G_A}{t_A}\left(\frac{t_p}{3G_p} + \frac{t_s}{3G_s}\right)}$$

β_A^{-1} 定义为胶层剪应力传递宽度,剪应力在胶层自由边处取得最大值 $\tau_{max}^{(A)}$,并以指数形式递减为零,当不考虑金属板横向剪切效应时,有

$$\beta_A = \sqrt{\frac{G_A}{t_A}\left(\frac{1}{E'_p t_p} + \frac{1}{E'_s t_s}\right)}$$

对式(4-8)进行求解,可得胶层材料在弹性和弹塑性响应下的剪应变表达式为

$$\gamma^{(A)} = \begin{cases} A\sinh(\beta_A y) + B\cosh(\beta_A y), & |\tau^{(A)}| < \tau_Y^{(A)} \\ \frac{\beta_A^2\tau_Y^{(A)}}{2G_A}y^2 + Cy + D, & |\tau^{(A)}| = \tau_Y^{(A)} \end{cases} \quad (4-9)$$

43

式中:A、B、C 和 D 为待定系数,根据边界条件求得。

根据图 4-1 所示,该模型具有如图 4-4(a)和图 4-4(b)所示的两类边界条件。

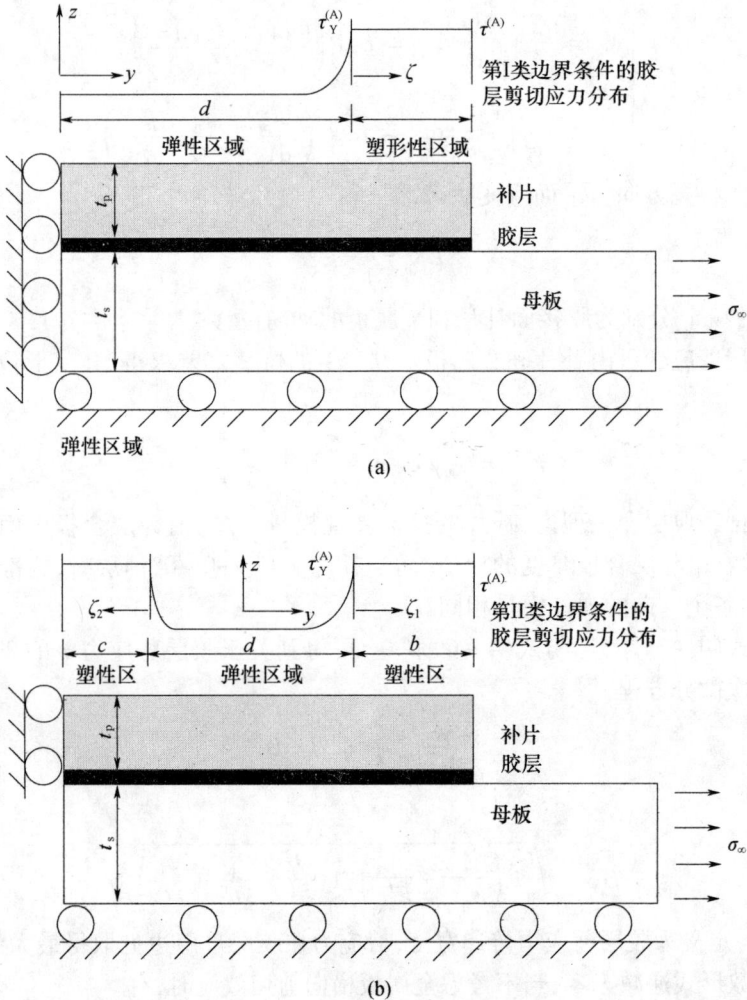

(a)

(b)

图 4-4　双面修补两类边界条件

(a)$A-A'$界面的第 I 类边界条件;(b)$B-B'$界面的第 II 类边界条件。

1. 第 I 类边界条件

(1)胶层处于弹性阶段。

根据胶层剪应力的分布特点,剪应力集中分布在连接两端,中间是低应力弹性槽,如图 4-4(a)所示,力边界条件为

$$\begin{cases} \tau^{(A)}(0) = 0 \\ N_s(l) = 2\sigma_\infty t_s \\ N_p(l) = 0 \end{cases} \qquad (4-10)$$

根据边界条件,求得待定系数:

$$A = -\frac{G_A}{\beta_A t_A \cosh(\beta_A l)} \cdot \frac{\sigma_\infty}{E'_s}$$
$$B = 0$$

因此,胶层弹性响应下剪应力表达式为

$$\tau^{(A)} = -\frac{G_A \sigma_\infty \sinh(\beta_A y)}{\beta_A t_A E'_s \cosh(\beta_A l)} \qquad (4-11)$$

(2) 胶层进入塑性阶段。

胶层的剪应力和剪应变满足理想的弹塑性模型,如图 4-2 所示。$\tau_Y^{(A)}$ 是屈服剪切强度,胶层应变 $\gamma^{(A)}$ 分布应为光滑曲线,其边界条件为

$$\begin{cases} \gamma^{(A)} = -\dfrac{\tau_Y^{(A)}}{G_A} = -\gamma_Y^{(A)}, \quad y = d \quad 或 \quad \zeta = 0 \\[2mm] \dfrac{\mathrm{d}\gamma^{(A)}}{\mathrm{d}x} = \dfrac{\mathrm{d}\gamma^{(A)}}{\mathrm{d}\zeta}, \qquad\quad y = d \quad 或 \quad \zeta = 0 \end{cases} \qquad (4-12)$$

根据边界条件,求得待定系数:

$$A = -\frac{\gamma_Y^{(A)}}{\sinh(\beta_A d)}$$
$$B = 0$$
$$C = -\frac{\beta_A \gamma_Y^{(A)}}{\tanh(\beta_A d)}$$
$$D = -\gamma_Y^{(A)}$$

式中:d 由根据边界条件式(4-12)建立的方程(4-13)决定。

$$\frac{\beta_A d \tanh(\beta_A d) - 1}{\tanh(\beta_A d)} - \frac{\sigma_\infty}{\beta_A t_A E'_s \gamma_Y^{(A)}} = \beta_A l \qquad (4-13)$$

因此当胶层开始发生塑性变形后,胶层应变和应力表达式为

$$\gamma^{(A)} = \begin{cases} -\dfrac{\gamma_Y^{(A)}}{\sinh(\beta_A d)}\sinh(\beta_A y) & , \quad |y| \leq d \\[3mm] -\gamma_Y^{(A)}\left[1 + \dfrac{\beta_A}{\sinh(\beta_A d)}\zeta + \dfrac{\beta_A^2}{2}\zeta^2\right] & , \quad 0 \leq \zeta < l-d \end{cases} \qquad (4-14)$$

$$\tau^{(A)} = \begin{cases} -\dfrac{\gamma_Y^{(A)}}{G_A \sinh(\beta_A d)}\sinh(\beta_A y) & , \quad |y| \leq d \\[3mm] -\tau_Y^{(A)} & , \quad 0 \leq \zeta < l-d \end{cases} \qquad (4-15)$$

45

2. 第Ⅱ类边界条件

（1）胶层处于弹性阶段。

金属板与补片力边界条件为

$$\begin{cases} N_{\mathrm{s}}(0) = 0 \\ N_{\mathrm{s}}(l) = 2\sigma_{\infty}t_{\mathrm{s}} \\ N_{\mathrm{p}}(l) = 0 \\ N_{\mathrm{p}}(0) = 2\sigma_{\infty}t_{\mathrm{s}} \end{cases} \tag{4-16}$$

根据边界条件，求得待定系数：

$$A = \frac{G_{\mathrm{A}}}{\beta_{\mathrm{A}}t_{\mathrm{A}}} \cdot \frac{\sigma_{\infty}}{E'_{\mathrm{s}}S}$$

$$B = -\frac{G_{\mathrm{A}}}{\beta_{\mathrm{A}}t_{\mathrm{A}}\sinh(\beta_{\mathrm{A}}l)} \cdot \frac{\sigma_{\infty}}{E'_{\mathrm{s}}}\Big[1 + \frac{\cosh(\beta_{\mathrm{A}}l)}{S}\Big]$$

因此，胶层剪应力表达式为

$$\tau^{\mathrm{A}} = \frac{G_{\mathrm{A}}\sigma_{\infty}\sinh(\beta_{\mathrm{A}}y)}{S\beta_{\mathrm{A}}t_{\mathrm{A}}E'_{\mathrm{s}}} - \frac{G_{\mathrm{A}}\sigma_{\infty}\cosh(\beta_{\mathrm{A}}y)}{S\beta_{\mathrm{A}}t_{\mathrm{A}}E'_{\mathrm{s}}\sinh(\beta_{\mathrm{A}}l)} \cdot [S + \cosh(\beta_{\mathrm{A}}l)] \tag{4-17}$$

（2）胶层进入塑性阶段。

当胶层屈服进入塑性区，胶层剪应力 $\tau^{(\mathrm{A})}$ 保持不变，为屈服应力，胶层应变 $\gamma^{(\mathrm{A})}$ 继续增加，其分布应为光滑曲线（导数连续），其边界条件可以表示为

$$\begin{cases} \gamma^{(\mathrm{A})} = -\dfrac{\tau_{\mathrm{Y}}^{(\mathrm{A})}}{G_{\mathrm{A}}} = -\gamma_{\mathrm{Y}}^{(\mathrm{A})} &, \quad \zeta_1 = 0 \\[2mm] \gamma^{(\mathrm{A})} = -\dfrac{\tau_{\mathrm{Y}}^{(\mathrm{A})}}{G_{\mathrm{A}}} = -\gamma_{\mathrm{Y}}^{(\mathrm{A})} &, \quad \zeta_2 = 0 \\[2mm] \dfrac{\mathrm{d}\gamma^{(\mathrm{A})}}{\mathrm{d}y} = \dfrac{\mathrm{d}\gamma^{(\mathrm{A})}}{\mathrm{d}\zeta} &, \quad \zeta_1 = 0 \\[2mm] \dfrac{\mathrm{d}\gamma^{(\mathrm{A})}}{\mathrm{d}y} = \dfrac{\mathrm{d}\gamma^{(\mathrm{A})}}{\mathrm{d}\zeta} &, \quad \zeta_2 = 0 \end{cases} \tag{4-18}$$

根据边界条件（4-18）进行求解，可得胶层应变分段函数表达式为

$$\gamma^{(\mathrm{A})} = \begin{cases} -\dfrac{\gamma_{\mathrm{Y}}^{(\mathrm{A})}}{\cosh\Big(\dfrac{\beta_{\mathrm{A}}d}{2}\Big)}\cosh(\beta_{\mathrm{A}}y), & -\dfrac{d}{2} \leqslant y \leqslant \dfrac{d}{2} \\[4mm] \gamma_{\mathrm{Y}}^{(\mathrm{A})}\Big(\dfrac{\beta_{\mathrm{A}}^2}{2}\zeta_1^2 - \beta_{\mathrm{A}}\tanh\Big(\dfrac{\beta_{\mathrm{A}}d}{2}\Big)\zeta_1 - 1\Big), & 0 \leqslant \zeta_1 \leqslant c \\[4mm] \gamma_{\mathrm{Y}}^{(\mathrm{A})}\Big(\dfrac{\beta_{\mathrm{A}}^2}{2}\zeta_2^2 - \beta_{\mathrm{A}}\tanh\Big(\dfrac{\beta_{\mathrm{A}}d}{2}\Big)\zeta_2 - 1\Big), & 0 \leqslant \zeta_2 \leqslant b \end{cases} \tag{4-19}$$

46

式中:b、c、d由边界条件$(4-18)$中关于胶层应变导数连续确定的方程$(4-20)$联合求得。

$$\begin{cases} c = \dfrac{\sigma_\infty}{t_A \beta_A^2 \tau_Y^{(A)}} \cdot \dfrac{t_s}{E_p' t_p} - \dfrac{1}{\beta_A} \cdot \tanh\left[\dfrac{\beta_A(l-b-c)}{2}\right] \\[4mm] b = \dfrac{\sigma_\infty}{t_A \beta_A^2 \tau_Y^{(A)}} \cdot \dfrac{1}{E_s'} - \dfrac{1}{\beta_A} \cdot \tanh\left[\dfrac{\beta_A(l-b-c)}{2}\right] \end{cases} \quad (4-20)$$

4.1.2 面外剥离应力力学模型

一般而言,较厚的补片会产生较高的剥离应力,虽然双面胶接修补结构形式对称,没有总体的弯曲变形,但是通过端头几何非线性细节分析发现,胶层剪应力流F_{sh}在补片端部相对于金属板中性轴会产生力矩M_{sh}因此在胶层中会产生正应力以平衡所产生的力矩,如图$4-5$所示,并且胶层正应力可能导致结构在发生剪切破坏前发生剥离失效。如图$4-6$所示,考虑胶层所受的剥离应力,取微小单元体,并将微小单元作为梁单元进行分析。

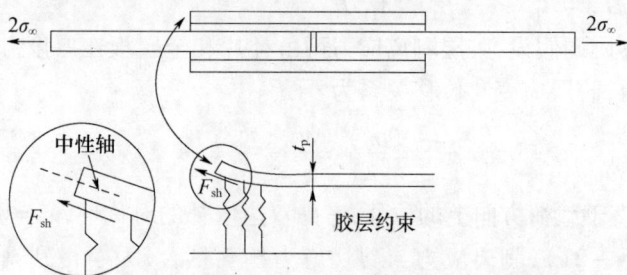

图4-5 双面修补自由端剥离应力形成示意图

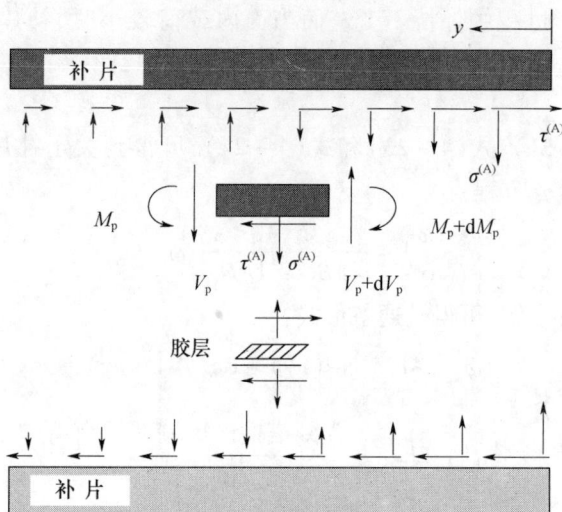

图4-6 自由端附近剥离应力分析

力和力矩平衡方程为

$$\begin{cases} \dfrac{dV_p}{dy} - \sigma^{(A)} = 0 \\ \dfrac{dM_p}{dy} + \dfrac{\tau^{(A)} t_p}{2} - V_p = 0 \end{cases} \qquad (4-21)$$

根据经典层合板理论，层合板中面应变 ε^0、曲率 K 与面内载荷 N、面外载荷 M 间的关系为

$$\begin{cases} N = A\varepsilon^0 + BK \\ M = B\varepsilon^0 + DK \end{cases} \qquad (4-22)$$

式中：$K_y = -\dfrac{d^2 w}{dy^2}$。根据式（4-22），补片挠曲线微分方程为

$$\frac{d^2 w_p}{dy^2} = F_1 M_p + F_2 N_p \qquad (4-23)$$

式中：$F_1 = \dfrac{A_{11}}{A_{11} D_{11} - B_{11}^2}$；$F_2 = \dfrac{B_{11}}{B_{11}^2 - A_{11} D_{11}}$。

根据位移协调假设，胶层剥离应力可由补片和金属板在厚度方向 y 方向上的位移差求得，胶层应变与位移关系为

$$\varepsilon^{(A)} = \frac{\sigma^{(A)}}{E_A} = \frac{w_p - w_s}{t_A} = \frac{w_p}{t_A} \qquad (4-24)$$

式中：ω 为垂直于载荷方向上的位移，考虑双边修补的对称性，$w_s = 0$。

分析式（4-21），剥离应力与剪切应力相互耦合，为了得到剥离应力显式解，重点考虑当面内载荷较大时，搭接区域两端胶层会首先屈服，并且胶层剪应力在塑性变形过程中保持不变。而当面内载荷较小时，补片自由端的几何非线性影响很小，剥离应力对强度没有影响，所以只计算端部屈服区域的剥离应力。

联立式（4-21）、式（4-23）和式（4-24），可得到关于补片横向挠度的 4 阶常系数齐次微分方程：

$$\frac{d^4 \omega_p}{dx^4} + \frac{E_A A_{11}}{t_A (B_{11}^2 - A_{11} D_{11})} \omega_p = 0 \qquad (4-25)$$

对方程进行求解，可得其通解形式：

$$\omega_p = Ae^{-\hat{\nu}x} \cos(\hat{\nu}y) + Be^{-\hat{\nu}x} \sin(\hat{\nu}y) \qquad (4-26)$$

式中：$\hat{\nu} = \left(\dfrac{E_A A_{11}}{4 t_A (B_{11}^2 - A_{11} D_{11})} \right)^{1/4}$，$x$ 为到搭接区域端部的距离，如图 4-6 所示，A 和 B 为待定系数。

根据力和力矩边界条件有

48

$$\begin{cases} M_p(y=0)=0 \\ V_p(y=0)=0 \end{cases} \tag{4-27}$$

根据边界条件,确定 $A = \dfrac{A_{11}\tau^{(A)}t_p}{4(B_{11}^2-A_{11}D_{11})\widehat{\nu^3}}$, $B=0$。

根据式(4-26),得到补片自由端附近胶层剥离应力表达式为

$$\sigma^{(A)} = \frac{\tau^{(A)}E_A A_{11}t_p}{4t_A(B_{11}^2-A_{11}D_{11})\widehat{\nu}^3}\mathrm{e}^{-\widehat{\nu}x}\cos(\widehat{\nu}y) \tag{4-28}$$

当复合材料补片 ±45°/90°/0° 铺设时,面内为准各向同性时,补片抗弯刚度可近似按照各向同性的抗弯刚度计算,即

$$D_p = \frac{E_p' t_p^3}{12}$$

按照类似的推导过程,当补片为各向同性时,可以计算得到式(4-26)中的待定系数:$A = \dfrac{\tau^{(A)}t_p}{4D_p\widehat{\nu}}$;$B=0$。

补片自由端附近胶层剥离应力表达式为

$$\sigma^{(A)} = \frac{\tau^{(A)}t_p}{4D_p\widehat{\nu}^3}\mathrm{e}^{-\widehat{\nu}x}\cos(\widehat{\nu}y)\frac{E_A}{t_A} \tag{4-29}$$

4.1.3 拉伸极限载荷

为了保证修补效果,在工程应用中补片长度一般设计较长,在第Ⅱ类边界中裂纹和补片自由端相距较远,远大于载荷传递区域尺寸,即

$$l \gg \beta_A^{-1}, b, c$$

因此,可以忽略裂纹处胶层应力分布和自由端胶层应力分布之间的相互影响。对于自由端附近可以将Ⅰ和Ⅱ类边界条件看作是统一自由端边界条件。依据前面所建立的胶层弹塑性应力分析模型,如果计算得到的塑性区域尺寸 b、c 值小于0,说明远端载荷较小,胶层自由端对应区域没有产生塑性变形。当承受较大载荷时,补片自由端胶层出现屈服,发生塑性变形,当胶层剪切应变大于极限剪切应变时,端部胶层首先脱粘失效,补片失去承载功能,从而导致整个修补结构破坏。

当 $d \gg \beta_A^{-1}$ 时,有

$$\tanh(\beta_A d) \rightarrow 1$$

根据式(4-19)和式(4-20),按照最大剪应变准则可以近似得到胶层允许剪应变表示的极限载荷:

$$\sigma_\infty^{\max} = \frac{E_s'\beta_A t_A \gamma_Y^{(A)}}{t_s}\sqrt{\frac{2\gamma_{\max}^{(A)}}{\gamma_Y^{(A)}}-1} \tag{4-30}$$

4.2 复合材料单面胶接修补力学模型

单面修补与双面修补存在明显的差异,单面的贴补会改变修补区域中性轴的位置,在承受面内载荷时,传载路径的偏心会在修补区域产生弯矩,从而发生弯曲变形甚至会影响到修复的效果。复合材料单面胶接修补结构可以看作是一种胶接单搭接接头,在受面内载荷的情况下,由于弯曲效应,金属板、补片以及胶层的应力状态更为复杂。

图4-7所示为飞机金属疲劳损伤复合材料单面胶接修理结构的典型示意图,与双面修补基本假设不同的是由于单面修补,考虑横向载荷和弯曲变形,在板宽方向,得到如图4-7(b)所示边界的裂纹板条,并满足欧拉·伯努利假设条件,即变形前垂直于梁中心线的横截面,变形后仍然为平面(刚性横截面假设);变形后横截面仍与变形后的轴线相垂直。金属板、复合材料补片和胶层均为理想线弹性材料,认为胶层和金属板的应力在厚度方向均匀分布,忽略横向的高阶剪切变形。本节首先推导出修补结构的弯矩和挠度的分布,然后建立胶层面内和面外应力模型,将推导出的弯矩作为边界条件,得到胶层剪切应力和剥离应力表达式,最后计算出裂纹面的张开位移。

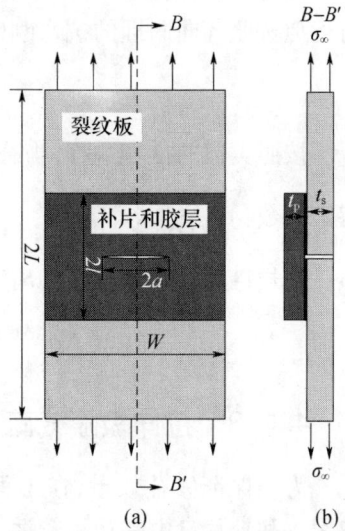

图4-7 飞机金属疲劳损伤
复合材料单面胶接修理结构

4.2.1 修补结构弯矩和挠度计算

单面修补会形成偏心加载,导致金属板与补片产生弯曲变形。补片自由端处结构的抗弯刚度和中性轴位置突然变化,这种几何非线性导致在补片和金属板连接不连续的胶层处产生明显的附加弯矩,对补片和母板的脱粘产生不利的影响,从而降低了修补效率。计算胶层应力前,必须先求解出自由端和裂纹处力矩边界条件。

图4-8为单面修补结构受远端载荷的示意图,搭接区域外金属板的弯矩 M_H 可以表示为

$$M_H(y) = -Pw_H(y), \quad |y| > l \qquad (4-31)$$

式中:w_H 为搭接区域外的横向挠度;P 为面内单位宽度上的载荷,满足

$$P = \sigma_\infty t_s$$

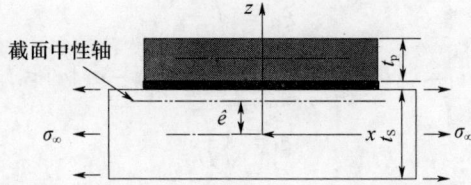

图 4-8　金属板复合材料补片单面修补示意图

搭接区域内的弯矩 M_I 可以表示为

$$M_I(y) = -P(w_I(y) + \hat{e}), \ |y| \leq l \qquad (4-32)$$

$$\begin{cases} \hat{e} = \left(\dfrac{t_s + t_p}{2}\right)\dfrac{S}{1+S} \\[2mm] S = \dfrac{E_p' t_p}{E_s' t_s} \end{cases} \qquad (4-33)$$

式中:w_I 为搭接区域内的横向挠度;$\hat{e}$ 为偏心距;S 为补片与金属板刚度比。

修补区域内外的挠曲线微分方程分别为

$$M_H(y) = -D_s \frac{\mathrm{d}^2 w_H(y)}{\mathrm{d}y^2} \qquad (4-34)$$

$$M_I(y) = -D_I \frac{\mathrm{d}^2 w_I(y)}{\mathrm{d}y^2} \qquad (4-35)$$

式中:D_s 为金属板抗弯刚度;D_I 为修补区域抗弯刚度。

$$D_s = \frac{E_s' t_s^3}{12} \qquad (4-36)$$

$$D_I = D_s' + D_p' \qquad (4-37)$$

式中:D_p' 为复合材料补片对修补区域中性轴的抗弯刚度 D_{11},而对于准各向同性的补片 $D_p' = \dfrac{E_p' t_p^3}{12}$。

$$D_s' = E_s'\left(\frac{t_s^3}{12} + t_s \hat{e}^2\right) \qquad (4-38)$$

结合式(4-31)、式(4-32)、式(4-34)和式(4-35),可得到关于 w_H 和 w_I 的 2 阶常系数微分方程:

$$\frac{\mathrm{d}^2 w_H(y)}{\mathrm{d}y^2} - \frac{P}{D_s} w_H(y) = 0 \qquad (4-39)$$

$$\frac{\mathrm{d}^2 w_I(y)}{\mathrm{d}y^2} - \frac{P}{D_I} w_I(y) = \frac{P\hat{e}}{D_I} \qquad (4-40)$$

其通解分别为

$$w_H = A\cosh(\xi_H y) + B\sinh(\xi_H y), \ |y| > l \qquad (4-41)$$

$$\xi_H = \sqrt{\frac{P}{D_s}} \tag{4-42}$$

$$w_I = C\cosh(\xi_I y) + F\sinh(\xi_I y) - \hat{e}, |y| \leqslant l \tag{4-43}$$

$$\xi_I = \sqrt{\frac{P}{D_I}} \tag{4-44}$$

式中：A、B、C、F 为待定系数。

单面修补结构关于挠度 w_H 和 w_I 边界条件如下：

（1）对称边界条件：

$$\frac{\mathrm{d}w_I}{\mathrm{d}y}\Big|_{y=0} = 0 \tag{4-45}$$

（2）位移连续边界条件：

$$w_H(l) = w_I(l) \tag{4-46}$$

（3）斜率连续边界条件：

$$\frac{\mathrm{d}w_H}{\mathrm{d}y}(l) = \frac{\mathrm{d}w_I}{\mathrm{d}y}(l) \tag{4-47}$$

（4）金属板载荷作用点固定边界：

$$w_H(L) = 0 \tag{4-48}$$

根据挠度 w_H 和 w_I 边界条件，求得待定系数，分别为

$$A = \frac{\hat{e}\xi_I\sinh(\xi_H l)\tanh(\xi_H L)}{\xi_I\tanh(\xi_H l)\left[\tanh(\xi_H l) - \tanh(\xi_H L)\right] - \xi_H\left[1 - \tanh(\xi_H l)\tanh(\xi_H L)\right]}$$

$$B = \frac{\hat{e}\xi_I\tanh(\xi_H l)}{\xi_H\cosh(\xi_H l)\left[1 - \tanh(\xi_H l)\tanh(\xi_H L)\right] - \xi_I\sinh(\xi_H l)\left[\tanh(\xi_H l) - \tanh(\xi_H L)\right]}$$

$$C = \frac{\hat{e}\xi_I\tanh(\xi_H l)\left[\tanh(\xi_H l) - \tanh(\xi_H L)\right]}{\xi_I\sinh(\xi_H l)\left[\tanh(\xi_H l) - \tanh(\xi_H L)\right] - \xi_H\cosh(\xi_I l)\left[1 - \tanh(\xi_H l)\tanh(\xi_H L)\right]}$$

$$F = 0$$

结构的弯矩通过式（4-31）和式（4-32）求得，搭接区域补片自由端和裂纹处的弯矩分别为

$$M_H(l) = -\frac{P\hat{e}\xi_I\tanh(\xi_I l)}{\xi_H + \xi_I\tanh(\xi_I l)} \tag{4-49}$$

$$M_I^p(y=0) = -P\hat{e}\left(\frac{\xi_H}{\xi_H\cosh(\xi_I l) + \xi_I\sinh(\xi_I l)} - \frac{1}{S}\right) \tag{4-50}$$

$$M_I^s(y=0) = 0 \tag{4-51}$$

4.2.2　面内剪切应力模型

单面胶接修补结构在受面内偏心载荷时，会在胶层的自由端和裂纹处产生较大的横向弯矩，如图 4-9 所示，M_p、N_p 分别为补片的弯矩和轴向力。对母

52

板、胶层和补片取微小单元 Δy，如图 4 - 10 所示，V_p 为补片的剪力，M_s、N_s 和 V_s 为金属板的弯矩、轴向力和剪力，$\sigma^{(A)}$ 和 $\tau^{(A)}$ 为胶层剪应力和剥离应力，力矩平衡方程为

$$\begin{cases} \dfrac{\mathrm{d}M_p(y)}{\mathrm{d}y} + \dfrac{\tau^{(A)} t_p}{2} - V_p = 0 \\[3mm] \dfrac{\mathrm{d}M_s(y)}{\mathrm{d}y} + \dfrac{\tau^{(A)} t_s}{2} - V_s = 0 \end{cases} \qquad (4-52)$$

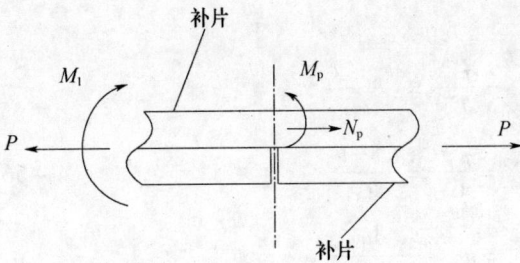

图 4 - 9　裂纹附近受力分析

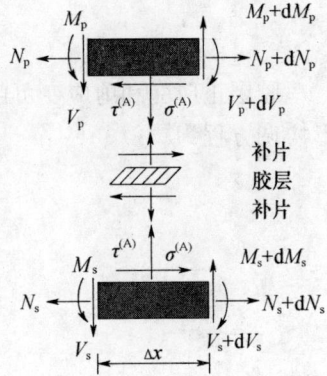

图 4 - 10　微单元受力图

微元体力平衡方程为

$$\begin{cases} \dfrac{\mathrm{d}N_p}{\mathrm{d}y} - \tau^{(A)} = 0 \\[3mm] \dfrac{\mathrm{d}N_s}{\mathrm{d}y} + \tau^{(A)} = 0 \\[3mm] \dfrac{\mathrm{d}V_p}{\mathrm{d}y} - \sigma^{(A)} = 0 \\[3mm] \dfrac{\mathrm{d}V_s}{\mathrm{d}y} + \sigma^{(A)} = 0 \end{cases} \qquad (4-53)$$

根据经典层合板理论，层合板横向挠度 w_p、轴向位移 u_p 与载荷 M_p 和 N_p 间的关系为

$$\begin{cases} \dfrac{\mathrm{d}^2 w_p}{\mathrm{d}y^2} = \lambda_3 M_p(y) - \lambda_1 N_p(y) \\[3mm] \dfrac{\mathrm{d}u_p}{\mathrm{d}y} = \lambda_3 M_p(y) - \lambda_2 N_p(y) \end{cases} \qquad (4-54)$$

式中：

$$\lambda_1 = \frac{B_{11}}{B_{11}^2 - A_{11} D_{11}}$$

$$\lambda_2 = \frac{D_{11}}{B_{11}^2 - A_{11}D_{11}}$$

$$\lambda_3 = \frac{A_{11}}{B_{11}^2 - A_{11}D_{11}}$$

金属板轴向位移 u_s、横向挠度 w_s 与载荷 M_s 和 N_s 间的关系为

$$\begin{cases} \dfrac{\mathrm{d}^2 w_s(y)}{\mathrm{d}y^2} = -\dfrac{M_s(y)}{D_s} \\[3mm] \dfrac{\mathrm{d}u_s}{\mathrm{d}y} = \dfrac{N_s}{E'_s t_s} + \dfrac{M_s t_s}{2D_s} \end{cases} \tag{4-55}$$

胶层正应变和剪应变可由补片和损伤在 z 和 y 方向上的位移差求得,其变形协调方程为

$$\begin{cases} \varepsilon^{(A)} = \dfrac{\sigma^{(A)}}{E_A} = \dfrac{w_p - w_s}{t_A} \\[3mm] \gamma^{(A)} = \dfrac{\tau^{(A)}}{G_A} = \dfrac{u_p - u_s}{t_A} \\[3mm] u_{p,s} = u_{oi} + \dfrac{t_{p,s}}{2}\dfrac{\mathrm{d}w_{p,s}}{\mathrm{d}y} \end{cases} \tag{4-56}$$

将式(4-54)和式(4-55)代入式(4-56)并求导得到

$$\frac{\mathrm{d}\tau^{(A)}}{\mathrm{d}y} = \frac{G_A}{t_A}\left(\frac{\mathrm{d}u_p}{\mathrm{d}y} - \frac{\mathrm{d}u_s}{\mathrm{d}y}\right) = \frac{G_A}{t_A}\left[\left(\lambda_1 + \frac{t_p}{2}\lambda_3\right)M_p - \left(\lambda_2 + \frac{t_p}{2}\lambda_1\right)N_p - \frac{N_s}{E'_s t_s} - \frac{t_s M_s}{2D_s}\right] \tag{4-57}$$

对式(4-57)继续求导,得到

$$\frac{\mathrm{d}^2\tau^{(A)}}{\mathrm{d}y^2} = \frac{G_A}{t_A}\left[\left(\lambda_1 + \frac{t_p}{2}\lambda_3\right)\left(V_p - \frac{\tau^{(A)}t_p}{2}\right) - \left(\lambda_2 + \frac{t_p}{2}\lambda_1\right)\tau^{(A)}\right. \tag{4-58}$$
$$\left. + \frac{\tau^{(A)}}{E'_s t_s} - \frac{t_s}{2}\frac{1}{D_s}\left(V_s - \frac{\tau^{(A)}t_s}{2}\right)\right]$$

整理后得到

$$\frac{\mathrm{d}^2\tau^{(A)}}{\mathrm{d}y^2} = \frac{G_A}{t_A}\left[\left(\frac{4}{E'_s t_s} - t_p\lambda_1 - \lambda_2 - \frac{1}{4}t_p^2\lambda_3\right)\tau^{(A)} + \left(\lambda_1 + \frac{t_p}{2}\lambda_3\right)V_p - \frac{t_s}{2D_s}V_s\right] \tag{4-59}$$

对式(4-59)继续求导,得到

$$\frac{\mathrm{d}^3\tau^{(A)}}{\mathrm{d}y^3} = \frac{G_A}{t_A}\left[\left(\frac{4}{E'_s t_s} - t_p\lambda_1 - \lambda_2 - \frac{1}{4}t_p^2\lambda_3\right)\frac{\mathrm{d}\tau^{(A)}}{\mathrm{d}y} + \left(\lambda_1 + \frac{t_p}{2}\lambda_3\right)\sigma^{(A)} + \frac{t_s}{2D_s}\sigma^{(A)}\right] \tag{4-60}$$

令

$$\chi = \frac{4}{E'_s t_s} - t_p \lambda_1 - \lambda_2 - \frac{1}{4} t_p^2 \lambda_3$$

则胶层的剪应力微分方程可以简化为

$$\frac{\mathrm{d}^3 \tau^{(A)}}{\mathrm{d} y^3} - \chi \frac{G_A}{t_A} \frac{\mathrm{d} \tau^{(A)}}{\mathrm{d} y} = \frac{G_A}{t_A} \left[\left(\lambda_1 + \frac{t_p}{2} \lambda_3 \right) \sigma^{(A)} + \frac{t_s}{2 D_s} \sigma^{(A)} \right] \quad (4-61)$$

为了得到封闭形式的剪应力解,令等式右边为0,忽略剥离应力,则得到关于胶层剪应力的2阶常系数非齐次微分方程:

$$\frac{\mathrm{d}^2 \tau^{(A)}}{\mathrm{d} y^2} - 4 \tilde{\beta}_A^2 \tau^{(A)} = \mathrm{const} \quad (4-62)$$

式中:

$$\tilde{\beta}_A = \sqrt{\frac{G_A}{t_A} \left(\frac{1}{E'_s t_s} - \frac{t_p \lambda_1 + \lambda_2}{4} - \frac{t_p^2 \lambda_3}{16} \right)}$$

若补片为各向同性材料,横向挠度 w_p、轴向位移 u_p 与载荷 M_p 和 N_p 间的关系按金属板处理,则

$$\tilde{\beta}_A = \sqrt{\frac{G_A}{t_A} \left(\frac{1}{E'_s t_s} + \frac{1}{E'_p t_p} \right)}$$

对方程进行求解,可得到其解形式为

$$\tau^{(A)} = A \cosh(2 \tilde{\beta}_A y) + B \sinh(2 \tilde{\beta}_A y) + C \quad (4-63)$$

由于补片自由端和金属板裂纹附近胶层会产生较大应力集中,应分别计算出这两种位置胶层剪应力。

1. 补片自由端附近

根据胶层剪应力的分布特点,剪应力集中分布在连接两端,中间是低应力弹性槽,补片自由端边力和力矩边界条件为

$$\tau^{(A)}(0) = 0 \quad (4-64)$$

$$\begin{cases} N_s(l) = P \\ N_p(l) = 0 \end{cases} \quad (4-65)$$

$$\begin{cases} M_s(l) = M_H(l) \\ M_p(l) = 0 \end{cases} \quad (4-66)$$

由于修补结构关于 z 轴对称,补片中点位置载荷方向的内力等于胶层剪应力从中点到端点的合力:

$$\int_0^l \tau^{(A)} \mathrm{d} y = N_p(0) \quad (4-67)$$

假设补片与金属板刚性连接,补片和金属板应变相等,即

$$\varepsilon_s = \varepsilon_p \quad (4-68)$$

$$E'_s \varepsilon_s t_s + E'_p \varepsilon_p t_p = \sigma_\infty t_s \quad (4-69)$$

55

联立式(4-68)和式(4-69),求得

$$\varepsilon_{s,p} = \frac{\sigma_\infty t_s}{E'_s t_s + E'_p t_p} \qquad (4-70)$$

$$\begin{cases} \sigma_s(0) = E'_s \varepsilon_{s,p} = \dfrac{\sigma_\infty E'_s t_s}{E'_s t_s + E'_p t_p} \\[3mm] \sigma_p(0) = E'_p \varepsilon_{s,p} = \dfrac{\sigma_\infty E'_s t_s}{E'_s t_s + E'_p t_p} \end{cases} \qquad (4-71)$$

$$\begin{cases} N_s(0) = t_s \sigma_s(0) = \dfrac{\sigma_\infty t_s}{1+S} \\[3mm] N_p(0) = t_p \sigma_p(0) = \dfrac{S t_s \sigma_\infty}{1+S} \end{cases} \qquad (4-72)$$

为了保证修补效果,搭接部分足够长,有 $l \gg \beta_A^{-1}$,因此有

$$e^{-2\beta_A l} \approx 0$$

根据式(4-63)搭接区域端部附近胶层剪应力可以近似表示为

$$\tau^{(A)} = B e^{-\tilde{\beta}_A \zeta} + C \qquad (4-73)$$

取

$$\zeta = l - y$$

则根据边界条件可求得待定系数:

$$B = \frac{G_A}{2\tilde{\beta}_A t_A}\left[\frac{t_s M_H(l)}{2D_s} + \frac{\sigma_\infty}{E'_s}\right]$$

$$C = \frac{S}{1+S}\left(\frac{\sigma_\infty t_s}{l}\right) - \frac{1}{4\tilde{\beta}_A^2 l}\left(\frac{t_s M_H(l)}{2D_s} + \frac{\sigma_\infty}{E'_s}\right)\frac{G_A}{t_A}$$

根据式(4-73),胶层端部剪应力取最大值为

$$\tau_{max}^{(A)} = \frac{S}{1+S}\left(\frac{\sigma_\infty t_s}{l}\right) + \frac{G_A}{\tilde{\beta}_A t_A E'_s}\left(\frac{6M_H(l)}{t_s^2} + \sigma_\infty\right)\left(1 - \frac{1}{\tilde{\beta}_A l}\right) \qquad (4-74)$$

2. 金属板裂纹附近

裂纹相当于金属板自由边界,其边界条件在修补区域相应为

$$\int_0^l \tau^{(A)} \mathrm{d}y = \frac{\sigma_\infty t_s}{1+S} \qquad (4-75)$$

$$\begin{cases} N_s(0) = P \\ N_p(0) = 0 \end{cases} \qquad (4-76)$$

$$\begin{cases} M_p(0) = M_1^p(0) \\ M_s(0) = 0 \end{cases} \qquad (4-77)$$

金属板裂纹附近胶层剪应力表达式与搭接区域端部附近胶层剪应力表达

形式相同,见式(4-73)。

根据边界条件可求得待定系数:

$$B = \frac{G_A}{2\tilde{\beta}_A t_A E_p' t_p}\left[\frac{6M_I^p(0)}{t_p} - \sigma_\infty t_s\right]$$

$$C = \frac{1}{1+S}\left(\frac{\sigma_\infty t_s}{l}\right) - \frac{G_A}{\tilde{\beta}_A{}^2 l E_p' t_p t_A}\left(\frac{6M_I^p(0)}{t_p} - \sigma_\infty t_s\right)$$

根据式(4-73),裂纹附近胶层剪应力取最大值 $\tau_{max}^{(A)}$ 为

$$\tau_{max}^{(A)} = \frac{1}{1+S}\left(\frac{\sigma_\infty t_s}{l}\right) + \frac{G_A}{\tilde{\beta}_A t_A E_p' t_p}\left(\frac{6M_I^p(0)}{t_p} - \sigma_\infty t_s\right)\left(1 - \frac{1}{\tilde{\beta}_A l}\right) \quad (4-78)$$

4.2.3　面外剥离应力模型

为了方便将面外应力和面内应力进行解耦,在计算补片弯曲变形时,认为复合材料 ±45°/90°/0° 铺设,为准各向同性,则补片轴向位移 u_p、横向挠度 w_p 与载荷 M_p 和 N_p 间的关系为

$$\begin{cases} \dfrac{d^2 w_p(y)}{dy^2} = -\dfrac{M_p(y)}{D_p} \\[3mm] \dfrac{du_p}{dy} = \dfrac{N_p}{E_p' t_p} + \dfrac{M_p t_p}{2D_p} \end{cases} \quad (4-79)$$

补片抗弯刚度按照各向同性的抗弯刚度计算,即

$$D_p = \frac{E_p' t_p^3}{12}$$

对式(4-52)求导后得到

$$\frac{d^2 M_s}{dy^2} - \frac{d^2 M_p}{dy^2} = \frac{dV_s}{dy} - \frac{dV_p}{dy} \quad (4-80)$$

对金属板和补片横向位移 w_s、w_p 进行变形,分解为两部分:

$$\begin{cases} w_s = \dfrac{1}{2}(w_s - w_p) + w_I \\[3mm] w_p = -\dfrac{1}{2}(w_s - w_p) + w_I \end{cases} \quad (4-81)$$

式中:$w_I = \dfrac{1}{2}(w_s + w_p)$ 为修补区域挠度,见式(4-43)。而 $\dfrac{1}{2}(w_s - w_p)$ 与胶层面外的应变有关。

联合式(4-55)和式(4-79)可以得到关于 w_s、w_p 的微分方程:

$$D_s \frac{d^4 w_s}{dy^4} - D_p \frac{d^4 w_p}{dy^4} - 2\sigma^{(A)} = 0 \quad (4-82)$$

将式(4-81)代入式(4-82),整理后得到关于$\frac{1}{2}(w_s - w_p)$的4阶常系数非齐次微分方程:

$$\frac{\mathrm{d}^4}{\mathrm{d}y^4}\frac{(w_s - w_p)}{2} + \frac{4E_A}{t_A(D_s + D_p)}\left(\frac{w_s - w_p}{2}\right) = -\left(\frac{D_s - D_p}{D_s + D_p}\right)\frac{\mathrm{d}^4 w_I}{\mathrm{d}y^4} \quad (4-83)$$

式中:

$$\frac{\mathrm{d}^4 w_I}{\mathrm{d}y^4} = \frac{\xi_I^4 \xi_H \cosh(\xi_I y)}{\xi_H \cosh(\xi_I l) + \xi_I \sinh(\xi_I l)}$$

将式(4-83)转化为胶层剥离应力$\sigma^{(A)}$方程:

$$\frac{\mathrm{d}^4 \sigma^{(A)}}{\mathrm{d}y^4} + \frac{4E_A}{t_A(D_s + D_p)}\sigma^{(A)} = \frac{2E_A}{t_A}\frac{\xi_I^4 \xi_H \cosh(\xi_I y)}{\xi_H \cosh(\xi_I l) + \xi_I \sinh(\xi_I l)}\left(\frac{D_s - D_p}{D_s + D_p}\right)$$

$$(4-84)$$

对方程进行求解,考虑胶层剥离应力的变化规律,从最大值以指数形式下降,其通解形式可以近似表示为

$$\sigma^{(A)} \approx \mathrm{e}^{-v\zeta}[A\cos(v\zeta) + B\sin(v\zeta)] \quad (4-85)$$

式中:

$$v^4 = \frac{E_s'}{t_A(D_s + D_p)}$$

其特解形式可以表示为

$$\sigma^{(A)} = Q\cosh(\xi_I y) \quad (4-86)$$

式中:

$$Q = \frac{-2\hat{e}E_A(D_s - D_p)}{[\xi_H \cosh(\xi_I l) + \xi_I \sinh(\xi_I l)]} \cdot \frac{\xi_I^4}{(D_s + D_p)t_A \xi_I^4 + 4E_A}$$

由于补片自由端和金属板裂纹附近胶层会产生较大应力集中,分别计算出这两种位置胶层剥离应力。

1. 补片自由端附近

对于修补区域足够长的结构,$\xi_I l \gg 1$,因此有

$$\sinh(\xi_I l) \approx \cosh(\xi_I l) \approx \frac{\mathrm{e}^{\xi_I l}}{2} \quad (4-87)$$

取$\zeta = l - y$,在搭接区域端部附近特解可以表示为

$$\sigma^{(A)} \approx Q_c \mathrm{e}^{-\xi_I \zeta} \quad (4-88)$$

式中:

$$Q_c = \frac{-2\hat{e}(D_s - D_p)\xi_I^4 \xi_H E_A}{[(D_s + D_p)t_A \xi_I^4 + 4E_A](\xi_H + \xi_I)}$$

在搭接区域端部附近完全解可以近似表示为

$$\sigma^{(A)} = \mathrm{e}^{-v\zeta}[A\cos(v\zeta) + B\sin(v\zeta)] + Q_c \mathrm{e}^{-\xi_I \zeta} \quad (4-89)$$

58

根据垂直于面内载荷方向的内力合力为 0，可以得到

$$\int_0^\infty \sigma^{(A)} \mathrm{d}z = 0 \tag{4-90}$$

搭接区域端部边界条件：

$$\frac{M_p(l)}{D_p} - \frac{M_s(l)}{D_s} = -\frac{M_H(l)}{D_s} \tag{4-91}$$

$M_H(l)$ 的表达式见式（4-49），整理后得到式（4-89）的待定系数 A、B 为

$$A = \frac{-E_A \xi_I \hat{e}}{2v^2 t_A} \cdot \left[\frac{P\tanh(\xi_I l)}{D_s[\xi_H + \xi_I \tanh(\xi_I l)]} - \left(\frac{\xi_I^2}{2v^2} - \frac{2v}{\xi_I} \right) \frac{(D_s - D_p)(\xi_I^3 - 4v^3) t_A \xi_I^2 \xi_H}{v^2 [(D_s + D_p) t_A \xi_I^4 + 4E_A](\xi_H + \xi_I)} \right]$$

$$B = \frac{-E_A \hat{e}}{t_A v^2} \cdot \left[\frac{P\tanh(\xi_I l) \xi_I}{2D_s[\xi_H + \xi_I \tanh(\xi_I l)]} + \frac{t_A (D_s - D_p) \xi_H \xi_I^6}{(\xi_H + \xi_I)[(D_s + D_p) t_A \xi_I^4 + 4E_A]} \right]$$

当 $\xi = 0$ 或 $y = l$ 时，胶层剥离应力 $\sigma^{(A)}$ 取得最大值：

$$\sigma_{max}^{(A)} == \frac{PE_A \tanh(\xi_I l) \xi_I \hat{e}}{4D_s v^2 (\xi_H + \xi_I \tanh(\xi_I l))} + \frac{\hat{e} E_A}{4v^4} \cdot \frac{(D_s - D_p)(\xi_I^3 - 4v^3) \xi_H \xi_I^3}{[(D_s + D_p) \xi_I^3 t_A + 4E_A](\xi_H + \xi_I)}$$

$$\cdot \left(\frac{\xi_I^2}{2v^2} - \frac{4v}{\xi_I} + 2 \right) \tag{4-92}$$

2. 金属板裂纹附近

由于裂纹相当于自由边界，因此裂纹处也会产生较大的剥离应力。对于式（4-86），Q 为有限项，$y \to 0$ 时，有

$$Q\cosh(\xi_I y) \to 0$$

因此，特解可以近似为 0，即

$$\sigma^{(A)} = e^{-v\zeta} [A\cos(v\zeta) + B\sin(v\zeta)] \tag{4-93}$$

金属板裂纹附近补片和金属板力矩边界条件为

$$\begin{cases} M_p = M_I^p (y = 0) \\ M_s = 0 \end{cases} \tag{4-94}$$

根据边界条件（4-99）确定待定系数 A 和 B 为

$$A = \frac{M_p^I(0) E_A}{2v^2 D_p t_A} = -\frac{P\hat{e} E_A}{v^2 D_p t_A} \cdot \left[\frac{\xi_H}{\xi_H \cosh(\xi_I l) + \xi_I \sinh(\xi_I l)} - \frac{1}{S} \right]$$

$$B = \frac{-M_p^I(0) E_A}{2v^2 D_p t_A} = \frac{P\hat{e} E_A}{2v^2 D_p t_A} \cdot \left[\frac{\xi_H}{\xi_H \cosh(\xi_I l) + \xi_I \sinh(\xi_I l)} - \frac{1}{S} \right]$$

$y = 0$ 时，裂纹附近胶层剥离应力取得最大值，为

$$\sigma_{max}^{(A)} = -\frac{E_A P\hat{e}}{2v^2 D_p t_A} \cdot \left[\frac{\xi_H}{\xi_H \cosh(\xi_I l) + \xi_I \sinh(\xi_I l)} - \frac{1}{S} \right] \tag{4-95}$$

4.2.4 裂纹张开位移

图 4 – 11 为远端受面内载荷 σ_∞ 时结构的变形图,修补结构裂纹处胶层变形最大,根据式(4 – 78)胶层最大剪应力表达式,计算最大胶层剪应变为

$$\gamma_{max}^{(A)} = \frac{1}{1+S}\left(\frac{\sigma_\infty t_s}{l}\right)\frac{1}{G_A} + \frac{1}{\tilde{\beta}_A t_A E'_p t_p}\left(\frac{6M_I^p(0)}{t_p} - \sigma_\infty t_s\right)\left(1 - \frac{1}{\tilde{\beta}_A l}\right) \quad (4-96)$$

金属板裂纹面的转角可以表示为

$$\theta_0 = \frac{\partial w_s}{\partial y}\bigg|_{y=0} = \frac{\partial(w_s - w_p)}{\partial y}\bigg|_{y=0} = \frac{P\dot{e}}{vD_p}\left[\frac{\xi_H}{\xi_H\cosh(\xi_I l) + \xi_I\sinh(\xi_I l)} + \frac{1}{S}\right]$$

$$(4-97)$$

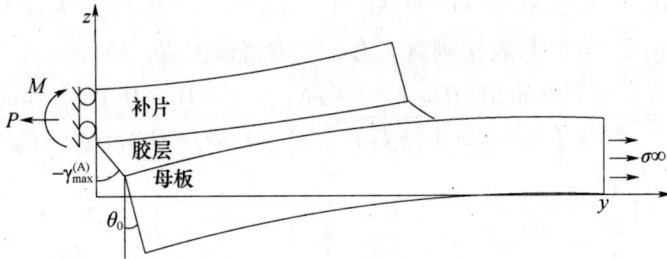

图 4 – 11 金属裂纹板复合材料单面修补裂纹张开位移

裂纹的张开位移表达式为

$$u_0 = -\gamma_{max}^{(A)}t_A + \theta_0\frac{t_s}{2} \quad (4-98)$$

4.3 单双面胶接修补力学模型结果的数值验证与分析

现有的试验条件无法连续测量修补结构胶层的应力/应变场,因此有限元数值计算是验证胶层应力/应变模型的有效途径。

有限元法的第一步是将具有实际几何形状的结构离散化为一个具有有限单元的集合。其中每一个单元代表了这个实际结构的离散部分,单元与单元之间通过共用节点来连接,节点和单元的集合称作为网格。第二步是进行单元分析。利用能量关系式或者虚功原理建立起单元中每个节点的集中力和位移的关系式,用单元节点位移来描述节点集中力,得到节点位移与节点等效集中载荷之间的关系式。第三步是把所有节点的关系式集合起来,得到整个结构体节点载荷与节点位移的整体平衡关系式组。解出以节点位移为未知量的关系式组,求出每个节点的位移,并按选定的单元位移函数求出每个单元内的应力和应变。在现有的有限元分析软件中,ABAQUS 具有强大的工程模拟能力。它的

60

主要优点是:具备大量的单元库,可以模拟连续体的任意形状;可以模拟复杂的非线性问题(其非线性涵盖材料的非线性、几何非线性、状态非线性等方面);单独设置了相互作用模块,可以较好地模拟工程实际中所存在的复杂接触问题。

本节利用 ABAQUS 有限元平台对含穿透性损伤金属裂纹板复合材料双面和单面修补结构进行建模,计算出 T300/E51 复合材料双面和单面胶接修补含中心贯穿裂纹航空铝合金 LY12CZ 金属板的应力分布。所涉及材料力学性能见表 4 - 1。补片采用单向层合板,纤维方向与载荷方向一致。

表 4 - 1　LY12CZ、T300/E51 和 J150 材料属性

LY12CZ	T300/E51	胶层 J150
$E = 73.8\text{GPa}$ $v = 0.33$ $t = 3.0\text{mm}$	$E_1 = 136.2\text{GPa}$ $E_2 = E_3 = 9.5\text{GPa}$ $G_{12} = G_{23} = 6.9\text{GPa}$ $v = 0.33$ 每层 $t = 0.1\text{mm}$ 15 层(0°单向层合板)	$E = 2.9\text{GPa}$ $G = 1.09\text{GPa}$ $v = 0.33$ $\tau_Y^{(A)} = 10\text{MPa}$ $\gamma_{max}^{(A)} = 0.028$ $t = 0.2\text{mm}$

4.3.1　双面胶接修补

针对航空铝合金 LY12CZ 裂纹板 T300/E51 复合材料双面胶接修补结构的几何、边界和材料对称特点,为了减小计算的工作量,对第 I 和第 II 类边界(图 4 - 4),采用细化的平面应变界面单元处理多相材料结构中不连续问题,几何尺寸及有限元网格划分如图 4 - 12 所示。

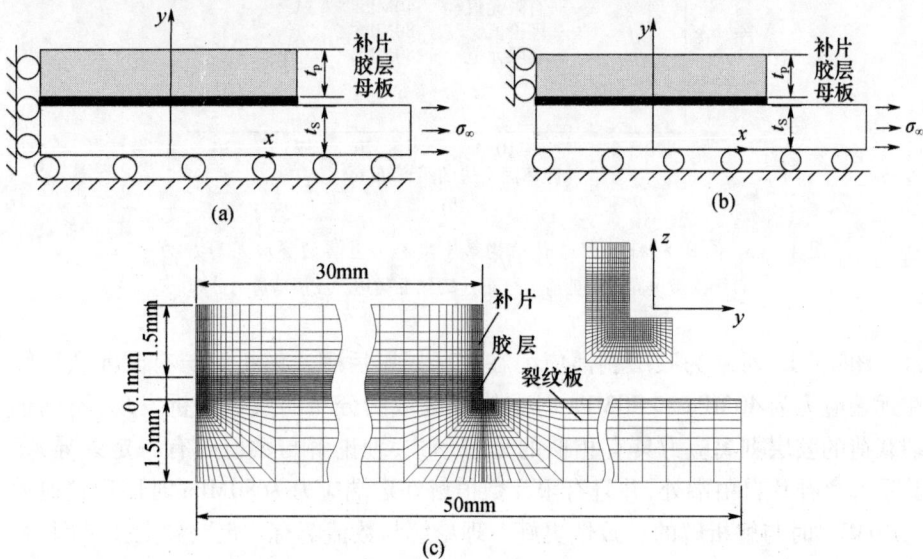

图 4 - 12　有限元模型

(a)有限元分析第 I 类边界;(b)有限元分析第 II 类边界;(c)双面修补几何尺寸及网格划分。

复合材料双面修补结构第 I 类和第 II 类边界胶层剪应力和剪应变分布如图 4 - 13 和图 4 - 14 所示。

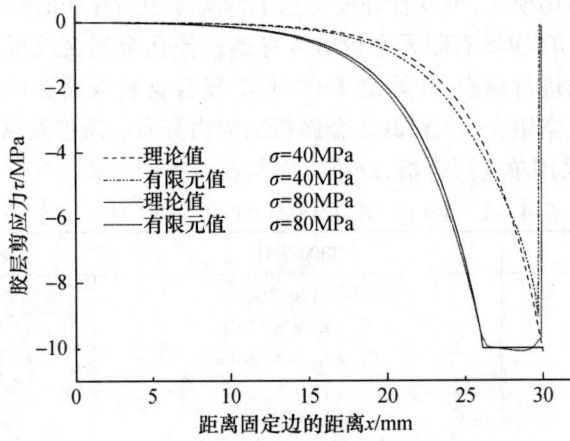

(a)

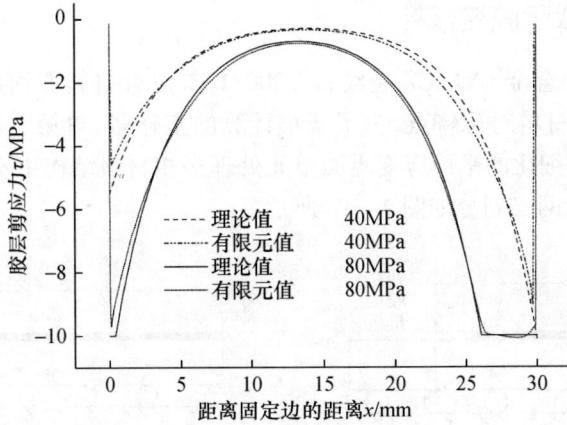

(b)

图 4 - 13　复合材料双面修补结构第 I 类和第 II 类边界胶层剪应力分布

(a)第 I 类边界胶层剪应力分布;(b)第 II 类边界胶层剪应力分布。

图 4 - 15 所示为胶层剥离应力在胶层屈服后理论解析解与有限元数值解在远端应力为 40MPa 和 80MPa 时在修补区域的分布曲线。分析发现,不同远端载荷的胶层剥离应力具有相似的分布形式,理论解与数值解有一定差异,尤其是远离补片自由端处,并且有限元数值解在远端应力为 80MPa 时比远端应力为 40MPa 时与解析解的一致性更好。理论解与数值解有一定差异主要是因为,为了方便剪应力和剥离应力解耦,得到剥离应力显式解,认为考虑当面内载荷较大时胶层屈服,剪应力均匀分布且为屈服应力,但是实际在远离自由端的弹

62

性区域剪应力分布是变化的。有限元数值解在远端应力为 80MPa 时比远端应力为 40MPa 时与解析解的一致性更好这是因为,在远端应力为 80MPa 时比远端应力为 40MPa 时塑性区域更大,如果塑性区域足够大,则有限元解与数值解将更加吻合。

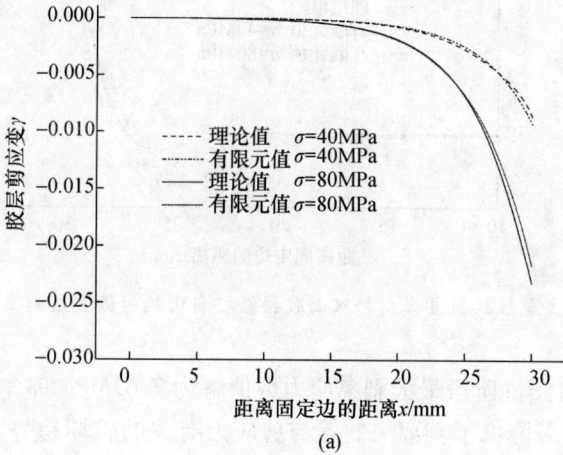

(a)

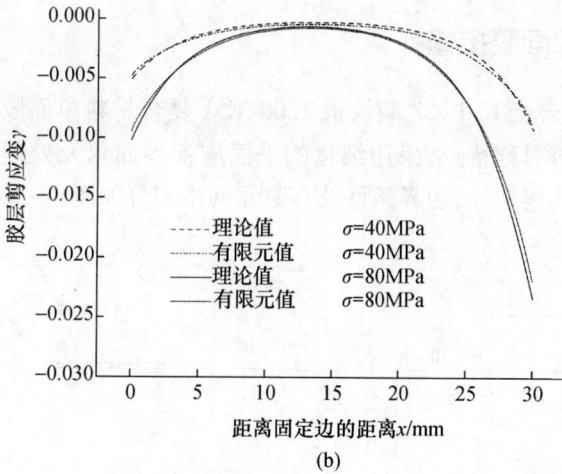

(b)

图 4-14　复合材料双面修补结构第 Ⅰ 类和第 Ⅱ 类边界胶层剪应变分布
(a)第 Ⅰ 类边界胶层剪应变分布;(b)第 Ⅱ 类边界胶层剪应变分布。

当胶层自由端进入塑性区,剥离应力对远端载荷大小并不敏感,将保持恒定,这是因为剥离应力取决于自由端胶层的剪应力的大小,而胶层进入塑性区后剪应力保持不变,从图 4-13(a)中可以发现,远端载荷 40MPa 时胶层剪应力达到 10MPa,开始进入塑性区,弹性阶段最大剥离应力数值解为 6.37MPa,而远

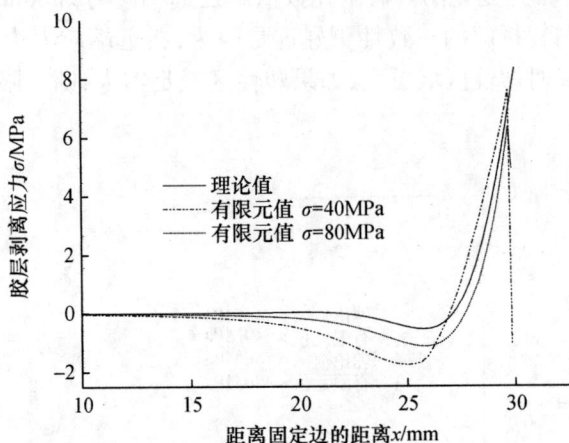

图 4-15 金属裂纹板复合材料双面胶接修补自由端附近胶层剥离应力分布

端载荷 80MPa 时塑性阶段最大剥离应力数值解为 7.63MPa,基本保持不变。胶层的塑性响应显著降低了剥离失效等与剪应力有关的破坏趋势,并且胶层剥离应力比剪应力更集中分布在端部附近。

4.3.2 单面胶接修补

针对航空铝合金 LY12CZ 裂纹板 T300/E51 复合材料单面胶接修补结构的几何、边界和材料对称特点,采用细化的平面应变界面单元处理多相材料结构中不连续问题,几何尺寸、边界条件及有限元网格划分如图 4-16 所示。

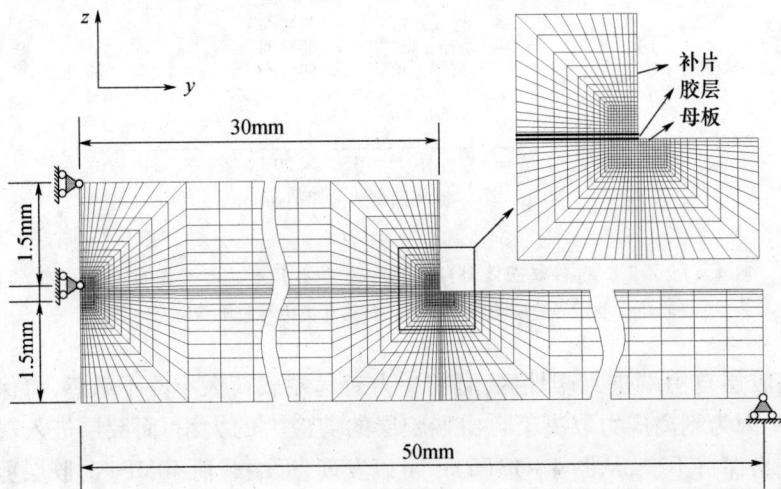

图 4-16 单面修补边界、几何尺寸及网格划分

图 4 - 17 所示为在远端应力为 40MPa 时结构弯矩和挠度分布规律,在补片自由端出现弯矩的跳跃,弯矩由 5.8440N·mm 变为 -56.4189N·mm,跳跃值恰好为 $P\hat{e}$,这是因为补片的存在改变了修补区域的中性轴位置,传载路径的偏心使结构产生弯曲变形,如图 4 - 17(b) 所示,在修补区域内产生凹向上弯曲变形,在修补区域外产生凸向上弯曲变形。当金属板足够长,载荷 P 足够大时,结构由于变形中性轴逐渐靠近载荷作用线甚至共线,偏心加载的现象随之消失。

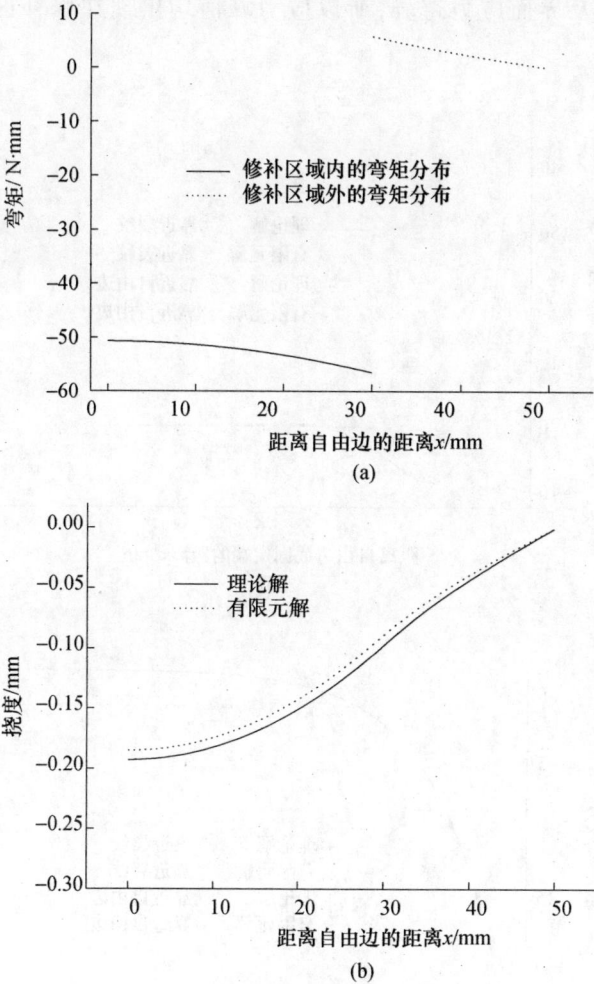

(a)

(b)

图 4 - 17　复合材料单面修补结构弯矩和挠度分布
(a) 弯矩分布;(b) 挠度分布。

图 4 - 18(a) 所示为胶层剥离应力理论解析解与有限元数值解在远端应力为 40MPa 时在补片自由端和金属板裂纹附近的分布曲线,理论解析解与有限元数值解吻合较好。而图 4 - 18(b) 显示胶层剪应力分布解析解与有限元解差别

65

相对较大,原因是推导过程中假设修补区域足够长,端部附近和裂纹附近的胶层应力之间没有影响,将端部附近和裂纹附近的胶层作为单独研究对象。并且,在理论模型中为了对剪应力和剥离应力解耦,得到封闭形式的解,在满足解的形式不变和结果精度较好的前提下,认为补片和金属是等刚度连接。以上两种近似给理论计算结果带来了一定的误差,尤其是在裂纹附近,变化趋势一致,但是数值相差10%左右。解析模型和有限元模型都没有考虑胶层自由端为应力自由边界以及界面应力奇异,所以应力峰值均出现在修补区域端部和裂纹处。

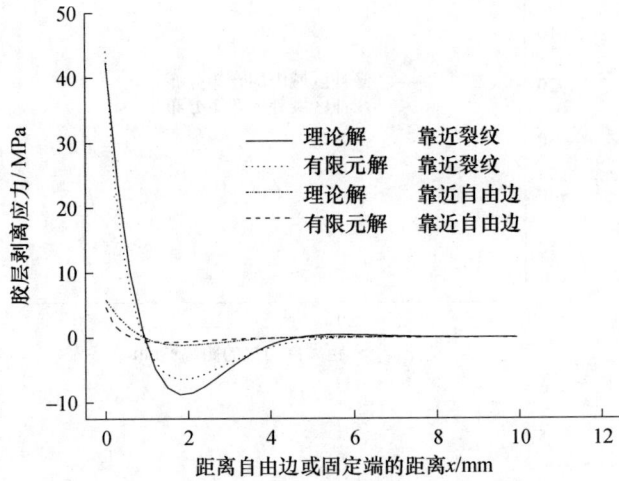

(a)

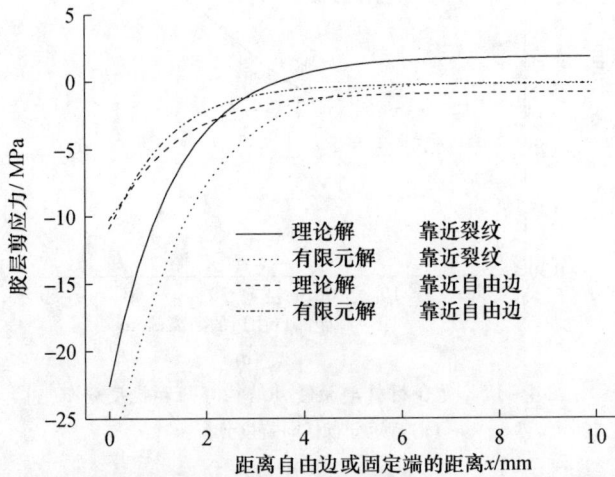

(b)

图4-18　复合材料单面胶接修补胶层剥离应力和剪应力分布

(a)胶层剥离应力分布;(b)胶层剪应力分布。

比较裂纹处和补片自由端胶层应力,裂纹处的剪切应力和剥离应力均大于补片自由端的胶层应力,所以,对于胶层主导的破坏模式最先发生失效的位置在裂纹处。在不考虑胶层弹塑性响应的假设下,分别采用最大剥离应力准则和最大剪切应力准则,计算出胶层发生剥离破坏和剪切破坏的极限载荷。

$$P_{max}^{peel} = \tau_{max}^{(A)} / \frac{1}{(1+S)l} + \frac{G_A}{2\beta_A t_A}\left(\frac{kt_p}{2D_p} - \frac{1}{E_p' t_p}\right)\left(1 - \frac{1}{2\beta_A l}\right) \tag{4-99}$$

$$P_{max}^{shear} = 2\sigma_{max}^{(A)} v^2 D_p \frac{t_A k}{E_A} \tag{4-100}$$

式中:

$$k = \frac{\hat{e}}{\cosh(\xi_I \ell) + \frac{\xi_I}{\xi_H}\sinh(\xi_I l)} + \frac{t_p + t_s}{2} - \hat{e} \tag{4-101}$$

对式(4-99)和式(4-100)分析发现,极限载荷与胶层厚度平方根成正比,即

$$P_{max}^{(A)} \propto \sqrt{t_A}$$

根据单面修补力学模型计算结果,胶层最大剥离应力值和最大剪应力值与胶层弹性模量和剪切模量成正比,与胶层厚度平方根成反比,即

$$\sigma_{max}^{(A)} \propto \frac{E_A}{2v^2 D_p t_A} \propto \frac{E_A}{\sqrt{t_A}}$$

$$\tau_{max}^{(A)} \propto \frac{G_A}{\beta_A t_A} \propto \frac{G_A}{\sqrt{t_A}}$$

因此在实际修补过程中,选择弹性模量和剪切模量较小的胶粘剂,并在保证胶层工艺质量的前提下可以适当增加胶层厚度,可以有效增加结构的承载能力。

图4-19为裂纹的张开位移沿厚度方向的变化曲线,非对称修补导致未修补面的张开位移大于修补面的张开位移。因此,裂尖前缘应力强度因子在厚度方向不一致,从修理面到未修理面一侧递增。在疲劳载荷作用下,未修补面裂纹扩展速率大于修补面,裂纹扩展纹线由未修理时裂纹均衡扩展形成的直线变成曲线。

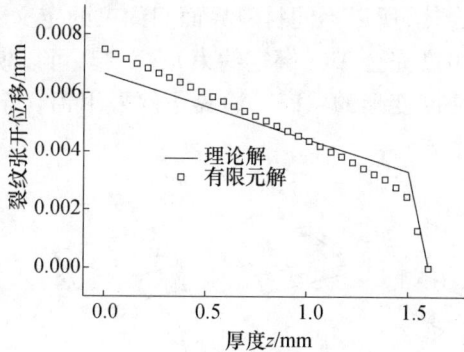

图4-19 金属裂纹板复合材料单面
胶接修补厚度方向裂纹张开位移

67

4.4 金属裂纹板复合材料胶接修补静强度的弹塑性有限元预测

对于含裂纹金属板复合材料胶接修补问题,往往假设金属板为线弹性材料,按照线弹性断裂力学理论进行研究。然而,通过第三章的试验发现金属板在其缺陷区域或裂纹尖端区域往往存在着较大的塑性变形,从而使得复合材料修补结构存在较强的材料非线性,因此适合从弹塑性断裂力学来角度进行研究。

4.4.1 有限元模型

模型中各组件力学参数分别采用 LY12CZ、J150 环氧树脂、T300/E51 碳纤维/环氧树脂材料的性能参数。

铝合金母板的尺寸如图 3 - 3 所示。采用正方形补片,尺寸为 60mm(长) × 60mm(宽)。按照等刚度修补原则,当采用单面修补时,补片厚度设定为 3.2mm,补片铺层为 [0°/45°/ - 45°/90°]$_8$,双面修补时,补片厚度设定为 1.6mm,补片铺层为 [0°/45°/ - 45°/90°]$_4$。胶层厚度为 0.2mm。修复结构仅受远场均匀载荷作用。垂直于载荷方向的中心穿透裂纹长度为 $2a = 20$ mm。

对金属板的建模采用适合弹塑性分析的 C3D8R 三维实体单元,这是由于该单元具有位移求解结果精确、不容易体积自锁等特点;补片的厚度和面内尺度之比大于 1/15,属于厚壳问题,采用 SC8R 单元(8 节点连续壳单元);胶层网格采用 COH3D8 单元(8 节点 3 维粘性单元)模拟,如图 4 - 20 所示。布局全局种子大小为 3mm,设置裂纹处网格密度大小为 0.25mm,进行网格密度细化,得到修补结构的有限元模型,如图 4 - 21 所示。由于有限元模型是不同材料的组合体,所以不同材料界面间约束的定义十分关键。将不同材料的界面节点自由度完全 Tie(绑定约束)在一起,可以模拟补片与胶层、胶层与铝合金板之间协同变形的状态。边界条件采用铝合金板一端固定,另一端施加载荷的约束形式。

C3D8R	SC8R	COH3D8	

裂纹尖端

图 4 - 20　各组件单元示意图　　图 4 - 21　复合材料修补结构的有限元模型

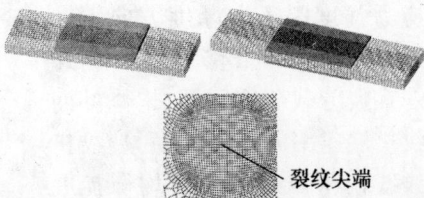

金属板的塑性应力应变数据如图 4 - 22 所示。

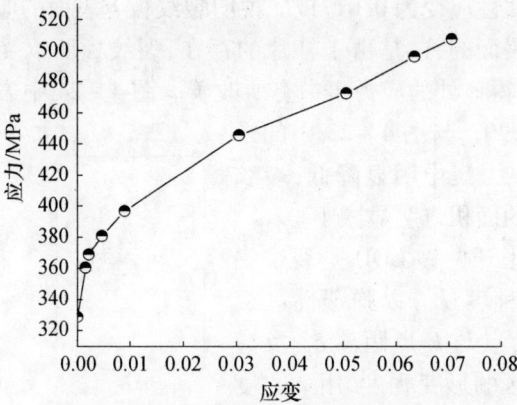

图 4 - 22　金属板塑性应力应变曲线

图 4 - 23、图 4 - 24 分别给出了单、双面修复结构中裂纹板在远场应力 150MPa 的情况下的 Mises 等效塑性应变云纹图。图 4 - 23(a)表示靠近补片位置裂纹板上表面的应变云纹图,图 4 - 23(b)表示裂纹板下表面的应变云纹图。从应变云纹图可以看出,除去图 4 - 23(a),金属板的裂纹尖端都出现了明显的应力集中,且应力集中部位的等效塑性应变都大于零,这说明材料在此发生了屈服。

(a)　　　　　　　　　　　　　　　　(b)

图 4 - 23　单面修补裂纹板的等效塑性应变分布
(a)上表面;(b)下表面。

当裂纹尖端的塑性区尺寸与裂纹长度之比大于 1/10 时,可以采用线弹性断裂力学进行研究。然而,经计算求得修复结构中在 150MPa 的远场载荷作用下裂纹尖端的塑性区半径与裂纹长度之比大于 1/10,材料在裂纹尖端发生了较大的塑性变形,因此,在预测修复结构的静拉伸强度极限的时候必须考虑裂纹尖端

图 4 - 24　双面修补裂纹板的
等效塑性应变分布

的弹塑性变形。图 4-23 中裂纹板上表面的最大等效塑性应变为 0.001431,下表面的最大等效塑性应变为 0.01717。说明裂纹板上表面的应力集中和塑性应变要明显小于下表面的,这是由于补片的存在,裂纹板所承受的一部分力由胶层传递到补片,使得该处的应力集中有所改善。图 4-24 中裂纹板的最大等效塑性应变为 0.002907,与图 4-23 中的未修补面相比较,应力集中明显降低,裂纹尖端产生屈服区的面积也明显减小。

裂纹尖端的张开位移 COD 是裂纹尖端塑性应变的一种度量。以弹塑性区交点 B 为测量点,B 点与 E 点距离 δ_{BE} 反应了裂纹尖端塑性区的形变程度,用 $2\delta_{BE}$ 度量裂纹尖端的张开位移 COD,如图 4-25 所示。

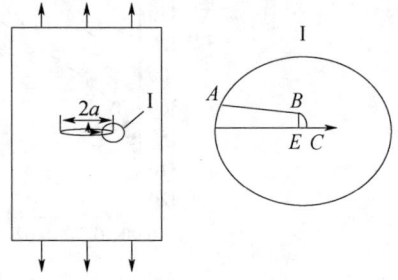

图 4-25　裂纹尖端示意图

由修补前后裂纹尖端的 COD 变化,可以判断复合材料补片的修补效果。图 4-26 给出了 150MPa 远场应力下裂纹尖端的 COD 沿金属板厚度方向的变化曲线。

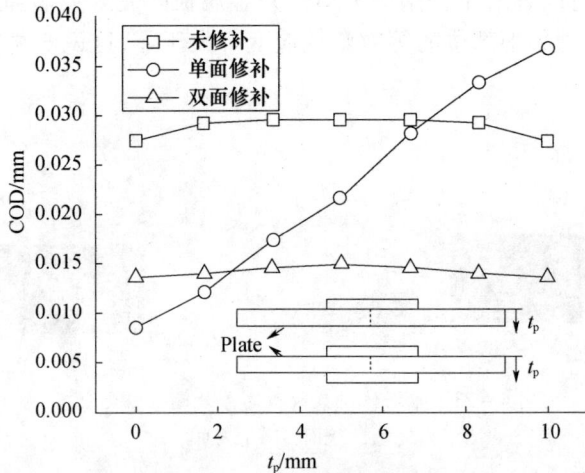

图 4-26　裂纹尖端的 COD 沿金属板厚度方向的变化曲线

从图 4-26 中可以看出,无论是单面修复结构,还是双面修复结构,裂纹尖端的张开位移 COD 在靠近修复面处的值都小于远离修复面处的值,这是由于补片发挥了作用。与未修复结构相比,双面修复后,裂纹尖端的平均张开位移下降了 50%;单面修复后,裂纹尖端的平均张开位移下降了 20%。然而值得注意的是,在单面修复结构中,裂纹尖端 COD 的值在修复面位置和未修复面位置的差值达 80%,甚至在未修复面位置出现大于未修复结构中 COD 值的现象,这将使得单面修复的修复效果大大降低。引起该现象的原因是单面修复方式带来的结构不对称性,引入了偏心载荷作用,在该侧形成较大的弯曲变形,如图 4－27 所示(图中,载荷方向始终与受力面垂直),使得该侧裂纹尖端的 COD 急剧增大。

图 4－27　单面修复结构中的弯曲变形

4.4.2　静强度预测

根据弹塑性断裂力学理论,当裂纹尖端的 COD 达到材料的某一临界值时,裂纹即发生失稳扩展,即 $\delta = \delta_m$(其中,δ_m 表示裂纹失稳张开位移的临界值),这是 COD 判据的实质。因此,将 COD 判据应用到复合材料修补结构中,可以预测修补试件的静拉伸强度。

具体做法是:首先由试验获得未修补金属裂纹板的极限载荷,通过有限元分析计算,求得裂纹板在极限载荷作用下裂纹尖端 COD 在厚度方向的平均值,根据第三章的试验结果计算得到裂纹板 COD 的平均值为 0.0629mm,根据 COD 判据,认为该值为金属裂纹板的临界 COD 值。

其次,对单双面修复结构进行逐级施加载荷,并在各级载荷作用下利用建立的有限元模型计算金属板裂纹尖端的 COD 值。图 4－28 为单、双面修复结构不同拉伸载荷下裂纹尖端的 COD 值。由于单面修复结构中裂纹尖端 COD 在厚度方向上的差别较大,因此,分别列出了裂纹尖端 COD 在厚度方向上的平均值(COD_{ave})与最大值(COD_{max})在各级载荷下的变化,而对于双面修复结构,只给出了裂纹尖端 COD 在厚度方向上的平均值的变化。

最后,通过多项式拟合出 COD 与载荷之间的关系,拟合曲线如图 4－28 中虚线所示。

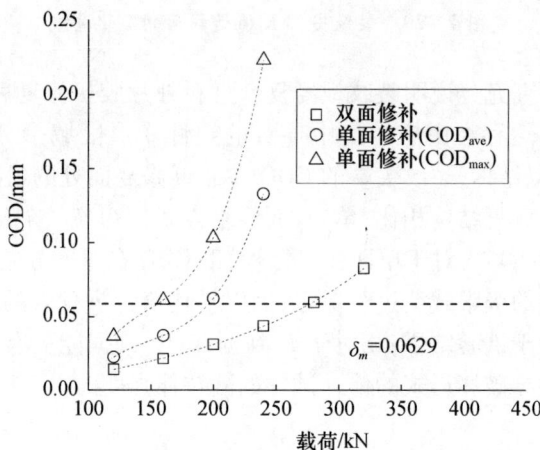

图 4－28　裂纹尖端的 COD 值随载荷的变化曲线

由图 4 - 28,当纵坐标的值达到 $\delta_m = 0.0629$mm 时,所对应的横坐标值即为修复结构的极限载荷。因此,基于 COD 判据预测的单面修复结构的极限载荷与试验结果的误差分别为 4.3% 和 23.4%,这说明采用 COD 在厚度方向上的平均值判据能更准确地预测修复试件的极限载荷,而以最大值判据预测的修复试件的极限载荷过于保守;双面修复结构的极限载荷与试验结果的误差为 1.8%。由此可见,COD 判据是有效的。

按照线弹性断裂理论方法,基于 K 判据,对单双面修复结构的极限载荷进行预测。图 4 - 29 为单、双面修复结构中裂纹尖端应力强度因子在厚度方向上的平均值随载荷的变化曲线,图中 $K_m = 43.33$MPa·$m^{1/2}$ 为该批次金属板供货方提供的材料临界 K 值。从图中可以求得单、双面修复结构极限载荷结果与试验结果的误差分别为 4.4%、10.9%,大于 COD 判据的预测误差。需要注意的是,从安全评估的角度考虑,K 判据预测出的结果偏危险。

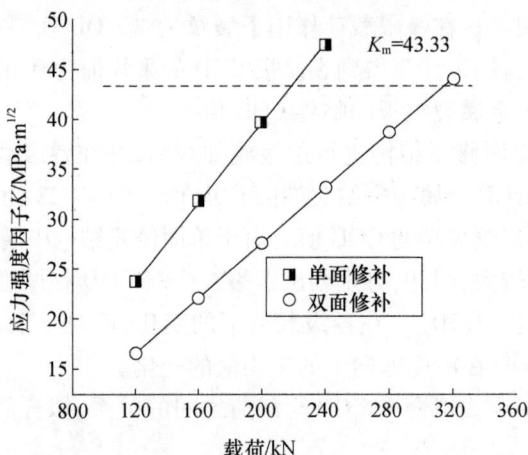

图 4 - 29　裂纹尖端 K 值随载荷的变化曲线

本部分的研究充分说明裂纹板经复合材料补片胶接修复后,其裂纹尖端在高载荷状态下仍然存在由应力集中导致的塑性变形区域;无论是单面修复结构,还是双面修复结构,裂纹尖端的 COD 在靠近修复面处的值要小于远离修复面处的值。与未修复结构相比,单、双面修复方式使得裂纹尖端的平均 COD 分别下降了 20% 和 50%;对于单面修复结构,以 COD 在厚度方向上的最大值判据预测的修复试件的极限载荷过于保守,而以平均值判据预测的修复试件的极限载荷结果更接近于试验结果;相对于 K 判据,COD 判据能更有效地预测以金属裂纹板失效为主导破坏形式的修补试件的静拉伸强度。

第五章 含穿透性损伤复合材料胶接
修补结构的应力强度因子

　　含穿透性裂纹损伤金属板在单面或双面修补之后,裂纹依旧存在,复合材料补片的引入只是改变了原结构的受力特点、传力路线和应力/应变场,裂纹尖端应力奇异性依然存在。应力强度因子描述了弹性裂纹尖端应力场的强弱,此参数的引入消除了裂纹引起的应力奇异性所带来的数学上的困扰。应力强度因子的确定是对任何含裂纹结构进行断裂分析和裂纹扩展寿命计算的前提。通常复杂形状结构的应力强度因子的计算是相当复杂的,尤其像复合材料胶接修补金属裂纹板这样的多层结构。由于胶层和各向异性复合材料的引入,使得裂纹板胶接修补层合结构的断裂失效问题更加复杂。

　　随着断裂力学的发展,目前已经出现了许多行之有效的计算方法,比如复变函数法、边界配置法、权函数法、积分变换法、奇异积分方程法等解析方法,以及虚拟裂纹闭合法、等效区域积分法等有限元数值方法。在解析方法中,断裂力学中许多裂纹问题的数学模型都可以归结为超奇异积分方程(Hyper-singular Integral Equation,HsIE),其基本思想是利用没有裂纹情况下,体中应力场与由未知裂纹表面位移间断诱发的应力场叠加使裂纹表面应力自由的原理。本章利用应力强度因子在线弹性断裂力学范围内具有可叠加性,将金属裂纹板复合材料双面和单面修补结构进行简化,在表面裂纹线弹簧模型的基础上建立了基于超奇异积分方程的线弹簧模型。利用第二类 Chebyshev 多项式展开的方法,将超奇异积分方程转化为线性方程组,推导出以裂纹面位移表示的应力强度因子表达式,进一步提高了计算精度,并利用虚拟裂纹闭合法和有限元技术加以验证。最后,利用所建立的应力强度因子线弹簧模型对双面和单面修补参数进行了分析。

5.1 复合材料胶接修补线性叠加模型

　　线弹性断裂力学认为当裂纹体受几种载荷联合作用时,其裂尖应力场可以通过对每种载荷单独作用下的场线性叠加求得,即应力强度因子具有可叠加性。叠加原理的一个重要应用是用一个具有简单边界的裂纹问题来等效取代体内和边界上受复杂加载条件的裂纹问题。根据应力强度因子线弹性叠加原理,将复合材料补片胶接修补金属裂纹板单向加载问题等效分解为如图 5 - 1 所示的两类问题。第一类问题,假设复合材料补片胶接到一块没有损伤的金属板上,并计算出胶接区域内金属板裂纹所在位置的应力值 σ_0;第二类问题,金属板上引入长度为 $2a$ 的裂纹,并在裂纹面上施加载荷 σ_0。

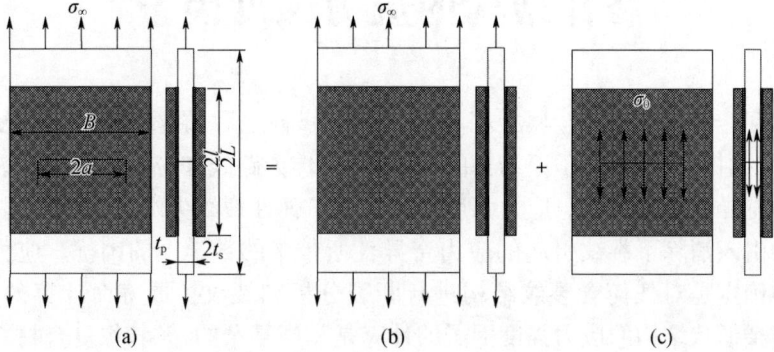

图 5 - 1　裂纹修补线性叠加模型

(a)远场拉伸应力作用下的修补裂纹版;(b)无裂纹板;(c)承受内部应力的修补裂纹板。

从第四章分析中可以得出,胶层有效载荷传递区域尺寸 β_A^{-1} 相对于补片尺寸较小,忽略补片自由边对裂纹附近胶层应力的影响,因此,可以假设补片和金属板均为无限大板,如图 5 - 2 所示。利用线弹性断裂力学与奇异积分方程相结合的方法,建立含穿透性损伤复合材料双面和单面胶接修补结构的应力强度因子数学模型。

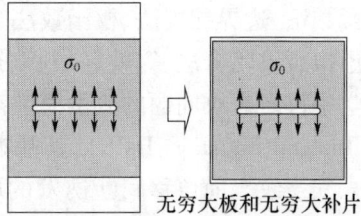

图 5 - 2　裂纹板修补等效

5.2　双面胶接修补线弹簧模型

由于双面对称修补,在承受面内载荷时,结构不会产生弯矩和弯曲变形,在厚度方向上应力均匀分布。根据复合材料胶接修补线性叠加模型,金属裂纹板复合材料双面胶接修补结构承受远端载荷 $2\sigma_\infty$ 的裂纹问题可以等效为图 5 - 3 所示裂纹面承受 σ_0 裂纹张开力的断裂问题。

第四章的分析已经证明胶层应力/应变分布集中在胶层端部。假设补片和金属板为无限大时,可以近似认为补片与金属板刚性连接,则金属板和补片应变相等。

$$\varepsilon_s = \varepsilon_p \tag{5-1}$$

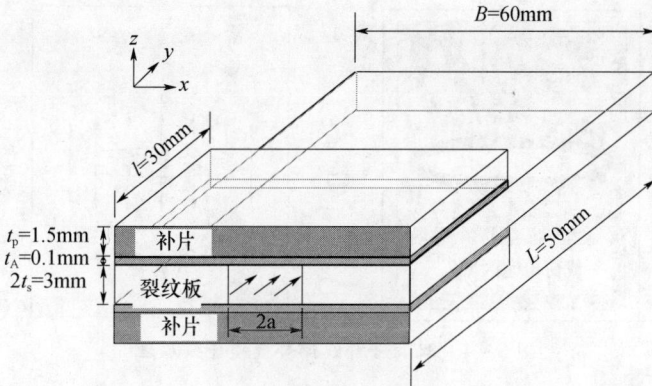

图 5 - 3 金属裂纹板复合材料双面修补结构

$$E_s' \varepsilon_s t_s + E_p' \varepsilon_p t_p = \sigma_\infty t_s \qquad (5-2)$$

式中:下标 s 和 p 分别代表金属板和补片;E 和 t 分别为弹性模量和厚度。

联立式(5-1)和式(5-2),求得金属板和补片应变为

$$\varepsilon_{s,p} = \frac{\sigma_\infty t_s}{E_s' t_s + E_p' t_p} \qquad (5-3)$$

在金属板上贴补补片后,裂纹位置的应力为

$$\sigma_0 = E_s' \varepsilon_s = \frac{\sigma_\infty E_s' t_s}{E_s' t_s + E_p' t_p} = \frac{\sigma_\infty}{1+S} \qquad (5-4)$$

5.2.1 线弹簧弹性系数

Rice 和 Levy 提出的线弹簧模型(Line Spring Model, LSM)用于分析板壳表面裂纹或非穿透裂纹问题,把三维裂纹问题有效地简化为含穿透裂纹的板壳和平面应变状态下裂纹板条两个较为简单的二维问题,交叉辅助求解。为了得到含中心贯穿裂纹修补结构的应力强度因子的解析解,根据双面胶接修补结构胶层剪应力分布规律,有效剪应力传递区域远远小于补片尺寸,即 $\beta_A^{-1} \ll l$,可以将补片的功能等效于作用在裂纹面上连续分布的线性抗拉伸弹簧,在裂纹张开力 σ_0 的作用下,该弹簧对裂纹面施加了一定的闭合力,如图 5-4 所示。

线弹簧的本构关系可由相应位置切出的平面应变裂纹板条所受的广义力和由于裂纹存在而引起的广义附加位移的关系来模拟。根据第四章双面胶接修补胶层剪应力力学模型,胶层剪应力在载荷传递区域内 β_A^{-1} 以指数形式变化,如图 5-5 所示。因此,可以表示为

$$\tau^{(A)}(y) = \tau_{max}^{(A)} \exp^{-\beta_A y} \qquad (5-5)$$

式中:$\tau_{max}^{(A)}$ 为最大胶层剪应力;β_A^{-1} 代表有效剪应力传递区域,在不考虑金属板的横向剪切效应时,有

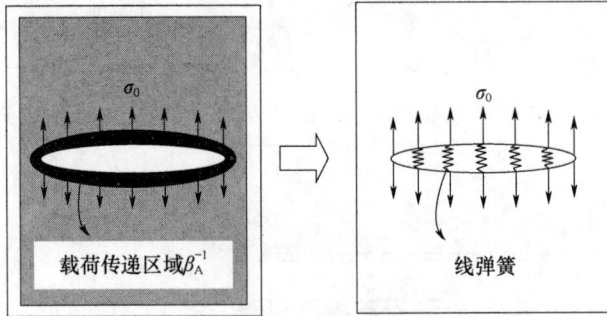

图 5-4 双面修补线弹簧模型等效原理

$$\beta_A = \sqrt{\frac{G_A}{t_A}\left(\frac{1}{E_p't_p} + \frac{1}{E_s't_s}\right)}$$

根据结构对称性和力平衡方程,有

$$\sigma_0 t_s = \int \tau^{(A)}(y)\,\mathrm{d}y \tag{5-6}$$

则在裂纹处剪应力取得最大值:

$$\tau_{\max}^{(A)} = \beta_A t_s \sigma_0 \tag{5-7}$$

如图 5-5 所示,根据对称性裂纹处补片位移 $u_p = 0$,金属板裂纹处的位移 $u_s(0)$ 可以表示为

$$u_s(0) = -\tau^{(A)}(x=0) \cdot \frac{t_A}{G_A} = \sigma_0 \cdot \frac{\beta_A t_A t_s}{G_A} \tag{5-8}$$

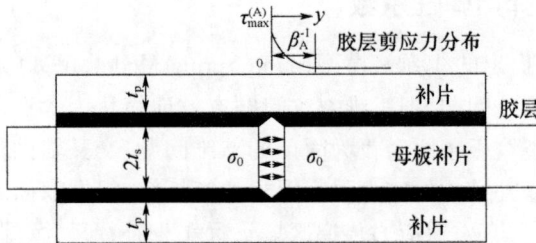

图 5-5 双面胶接胶层剪应力分布

定义裂纹中心张开位移 δ 为

$$\delta = 2u_s(0) \tag{5-9}$$

可以得到裂纹张开位移 δ 与载荷 σ_0 的关系:

$$\sigma_0 = \frac{1}{2}\Lambda E_s'\delta \tag{5-10}$$

式中:

$$\Lambda = \frac{1}{\beta_A} \cdot \frac{G_A}{t_A} \cdot \frac{1}{t_s E_s'}$$

76

5.2.2 超奇异积分方程

金属板裂纹面上承受两种类型的载荷,一是外界施加的载荷 σ_0,二是由于裂纹面张开而使弹簧在裂纹面产生的作用反力。

双面修补结构 $y = 0$ 时,力和位移边界条件为

$$\begin{cases} \sigma_y(x) = \Lambda E'_s u_s(x) - \sigma_0, & |x| < a \\ u_s(x) = 0 & , \quad |x| \geqslant a \end{cases} \tag{5-11}$$

根据超奇异积分方程在断裂力学中的应用,金属材料内部抵抗裂纹张开而产生的力 $\sigma_y(x)$ 为

$$\sigma_y(x) = \frac{E'_s}{2\pi} \int_{-a}^{a} \frac{u_s(t)}{(x-t)^2} \mathrm{d}t \tag{5-12}$$

关于裂纹面张开位移边界的超奇异积分方程可以表示为

$$\frac{E'_s}{2\pi} \int_{-a}^{a} \frac{u_s(t)}{(x-t)^2} \mathrm{d}t = -\sigma_0 + \Lambda E'_s u_s(x) \tag{5-13}$$

超奇异积分方程(HsIE)在普通和主值意义下均发散,此时计算须依据 Hadmard 有限部积分概念,由于此类方程的未知函数在裂纹前缘性质较好,可使用有限部积分方法计算裂纹的超奇异积分项,数值解易于实现。

令

$$r = x/a, \eta = t/a, u(x) = u(ar) = a \cdot h(ar)$$

则式(5-13)可以整理为

$$\frac{E'_s}{2\pi} \int_{-1}^{1} \frac{h(\eta)}{(r-\eta)^2} \mathrm{d}\eta = \Lambda E'_s ah(r) - \sigma_0 \tag{5-14}$$

$h(r)$ 为与裂纹面位移函数有关的未知函数,可以写成正则函数 $W(r)$ 与权函数 $g(r)$ 乘积形式:

$$h(r) = g(r) W(r) \tag{5-15}$$

对于两端具有奇异性的内部裂纹,正则函数 $W(r)$ 表示为

$$W(r) = \sqrt{1-r^2} \tag{5-16}$$

权函数 $g(r)$ 在 $[-1,1]$ 为有界函数,可以用第二类 Chebyshev 多项式的截断级数表示。

$$g(r) = \sum_{i=0}^{N} s_i U_i(r) \tag{5-17}$$

式中:

$$U_i(r) = \frac{\sin[(i+1)\arccos r]}{\sin(\arccos r)}, i = 0, 1, \cdots, N$$

当 N 足够大时，$\sum\limits_{i=0}^{N} s_i U_i(r)$ 收敛，无穷接近真实值 $g(r)$。

第 II 类 Chebyshev 多项式有限部积分可以表示为

$$\int_{-1}^{1} \frac{\sqrt{1-r^2}\, U_i(r)}{(x-r)^2} \mathrm{d}x = -\pi(i+1) U_i(r)\,, \quad -1 < x < 1 \qquad (5-18)$$

因此，结合式(5-15)有

$$\int_{-1}^{1} \frac{h(r)}{(r-\eta)^2} \mathrm{d}\eta = -\sum_{i=0}^{N} s_i \pi(i+1) U_i(r) \qquad (5-19)$$

将式(5-19)代入式(5-14)，可以简化为

$$-\frac{E'_s}{2\pi} \sum_{i=0}^{N} s_i \pi(i+1) U_i(r) = -\sigma_0 + \Lambda E'_s \sum_{i=0}^{N} s_i U_i(r)\,\sqrt{1-r^2} \qquad (5-20)$$

第 II 类 Chebyshev 多项式正交性可以表示为

$$\int_{-1}^{1} W(r) U_i(r) U_j(r) = \begin{cases} 0, & i \neq j \\ \pi/2, & i = j \end{cases} \qquad (5-21)$$

方程(5-20)两边同时乘以 $W(r) U_j(r)$，$j = 0,1,2,\cdots,N$，然后从 -1 到 1 积分。

根据式(5-21)，式(5-20)可以简化为

$$\frac{E'_s}{2\pi} \sum_{i=0}^{N} A_{ij} s_i + \Lambda E'_s a \sum_{i=0}^{N} \Gamma_{ij} s_i = \frac{\pi}{2} \sigma_0 \delta_{0j} \qquad (5-22)$$

式中：

$$A_{ij} = \frac{\pi^2}{2}(i+1)\delta_{ij}$$

$$\Gamma_{ij} = \int_{-1}^{1} [\hat{W}(r)]^2 U_i(r) U_j(r) \mathrm{d}r$$

$$= \begin{cases} 0 & , \quad i \neq j \\ \dfrac{4(i+1)(j+1)}{(i+j+3)(i+j+1)(i-j+1)(j-i+1)} & , \quad i = j \end{cases}$$

δ_{ij} 为 Kronecker 符号。

通过式(5-22)，可以求得第二类 Chebyshev 多项式系数 $s_i (i = 0,1,2,\cdots,N)$，裂纹面的位移可以表示为

$$u_s(x) = u_s(a \cdot r) = a \cdot g(r)\,\sqrt{1-r^2} = a \cdot \sum_{i=0}^{N} s_i U_i(r)\,\sqrt{1-r^2}$$

$$(5-23)$$

应力强度因子可以用来描述裂尖附近应力奇异的严重程度，用裂纹面位移 $u_s(x)$ 可以表示为

$$K_{\mathrm{I}} = \lim_{x \to 0} \frac{E'_{\mathrm{s}} \sqrt{2\pi}}{4} \frac{u_{\mathrm{s}}(x)}{\sqrt{a-x}} \tag{5-24}$$

将式(5-23)代入式(5-24),可以得到:

$$K_{\mathrm{I}} = \lim_{x \to a} \frac{E'_{\mathrm{s}} \sqrt{2\pi}}{4} \frac{u_{\mathrm{s}}(x)}{\sqrt{a-x}} = \lim_{r \to 1} \frac{E'_{\mathrm{s}} \sqrt{2\pi a}}{4} \sum_{i=0}^{N} s_i U_i(r) \sqrt{1+r}$$

$$= \frac{E'_{\mathrm{s}} \sqrt{\pi a}}{2} \sum_{i=0}^{N} s_i U_i(1) \tag{5-25}$$

式中:

$$U_i(1) = 1 + i$$

裂纹板和补片均为无限大板,当裂纹较长时,补片下裂尖应力/应变场将趋于稳定。如图 5-6 所示,假设裂纹扩展 da,裂尖应力/应变场只是简单随着裂尖移动了 da,其裂纹扩展 da 所需要的能量可以通过在两类裂纹板条中线性弹簧所储存的能量求得。

$$G_{\mathrm{I}\infty}^{\mathrm{double}} = 2 \int_0^{u_{\mathrm{s}}(0)} \sigma_0 \mathrm{d}u = 2 \int_0^{u_{\mathrm{s}}(0)} \Lambda E'_{\mathrm{s}} u \mathrm{d}u = \frac{\sigma_0^2}{\Lambda E'_{\mathrm{s}}} \tag{5-26}$$

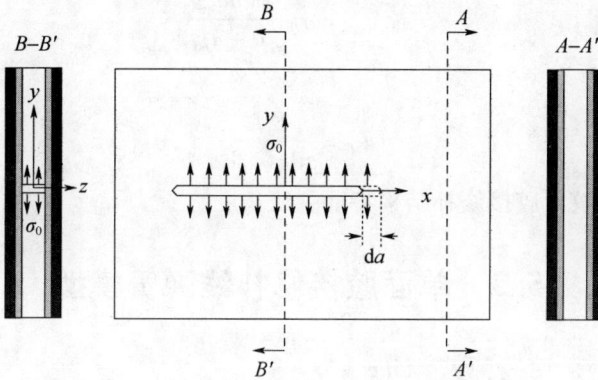

图 5-6 无限大双面修补金属裂纹板中长裂纹

平面应力状态下,应力强度因子 K 与能量释放率 G 之间的关系为

$$G = \frac{K^2}{E} \tag{5-27}$$

则

$$K_{\mathrm{I}\infty}^{\mathrm{double}} = \sqrt{G_{\mathrm{I}\infty}^{\mathrm{double}} E'_{\mathrm{s}}} = \frac{\sigma_{\infty}}{(1+S)\sqrt{\Lambda}} \tag{5-28}$$

$K_{\mathrm{I}\infty}^{\mathrm{double}}$ 是双面修补后裂尖应力强度因子上限值,而在没有补片胶接修补的情况下,应力强度因子会随着裂纹长度很快发散,如式(5-29)所示:

$$K_{\mathrm{I}0} = \sigma_0 \sqrt{\pi a} \tag{5-29}$$

令

$$R = \frac{G_A}{t_A}$$

R 表示胶层界面刚度,代入式(5 – 28),得到

$$K_{I\infty}^{\text{double}} = \sigma_\infty \cdot (E_s' t_s)^{1/4} \cdot \frac{1}{R^{1/4}} \cdot \frac{1}{S^{1/4} \cdot (1+S)^{3/4}} \qquad (5-30)$$

当裂纹面张开位移越大时,弹簧的伸长量越长,弹簧作用在裂纹面上的闭合力也越大。因此,裂纹张开位移反映了线性弹簧对裂纹张开的抑制程度,根据式(5 – 9),最大裂纹张开位移 COD_{max} 可以表示为

$$\text{COD}_{\text{max}} = \sigma_0 \cdot \frac{\beta_A t_A t_s}{G_A} = \sigma_\infty \cdot \sqrt{\frac{t_s}{E_s'}} \cdot \frac{1}{K^{1/2}} \cdot \frac{1}{S^{1/2} \cdot (1+S)^{1/2}} \qquad (5-31)$$

因此可以影响应力强度因子的两个主要参数为胶层界面刚度 R 和补片与金属板刚度比 S。

根据 Rose 建立的任意裂纹长度下应力强度因子数学插值模型,应力强度因子可以近似表示为

$$K_{I,\text{Rose}} = \sigma_0 \sqrt{\frac{\pi a a_{\text{eff}}}{a + a_{\text{eff}}}} \qquad (5-32)$$

式中:

$$a_{\text{eff}} = \frac{E_s' t_s}{\pi t_A G_A \beta_A}$$

定义为裂纹板胶接修补结构特征裂纹长度。

5.3 单面胶接修补线弹簧模型

本节依然采用线弹簧(Line - Spring)模型分析方法,考虑单面修补偏心加载所带来的弯曲效应,从双面修补平面断裂力学的二维问题过渡到单面修补板壳断裂力学的三维问题。考虑结构的横向载荷和横向变形,根据应力强度因子线弹性叠加原理,将复合材料补片单面胶接修补金属裂纹板远端单向加载问题等效为如图 5 – 7 所示的裂纹面受轴向载荷 N_0 和弯矩载荷 M_0 的板壳

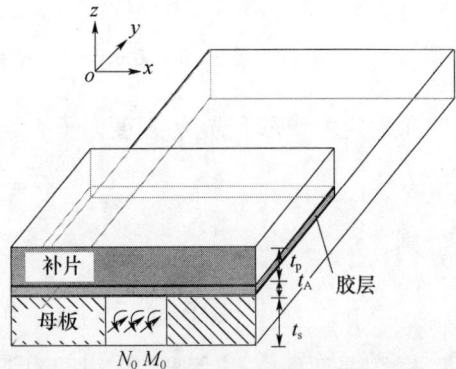

图 5 – 7 单面修补裂纹面受轴向拉伸载荷 N_0 和弯矩载荷 M_0

断裂力学问题。

如图 5-8(a)所示,搭接区域中性轴位置表示为

$$\bar{z} = \frac{S}{1+S} \cdot \frac{(t_s + t_p)}{2} t_A \qquad (5-33)$$

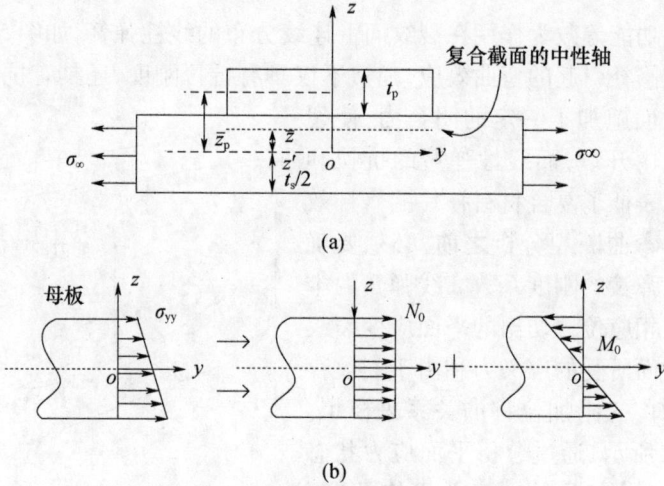

(a)

(b)

图 5-8 在远端应力作用下单面修补裂纹面位置应力分布

式中:$S = \dfrac{E'_p t_p}{E'_s t_s}$ 为刚度比;$E'_{s,p} = \dfrac{E_{s,p}}{1 - \nu^2_{s,p}}$;上下标 s、p 和 A 分别代表金属板、补片和胶层。E、ν 和 t 分别为弹性模量、泊松比和厚度。金属板和补片的惯性矩分别表示为

$$I_s = \frac{t_s^3}{12} + t_s \bar{z}^2 \qquad (5-34)$$

$$I_p = \frac{t_p^3}{12} + \frac{t_p (t_s + t_p - 2\bar{z})^2}{4} \qquad (5-35)$$

则搭接区域惯性矩表示为

$$I_t = I_s + I_p \frac{E'_p}{E'_s} \qquad (5-36)$$

因此,对裂纹处 $y=0$ 截面的轴力和弯矩可以表示为

$$N_0 = \int_{-t_p/2}^{t_p/2} \sigma_{yy}(y = 0, z)\,\mathrm{d}z \equiv \frac{\sigma_\infty t_s}{1+S} + \frac{\sigma_\infty t_s^2 \bar{z}^2}{I_t} \qquad (5-37)$$

$$M_0 = -\int_{-t_p/2}^{t_p/2} \sigma_{yy}(y = 0, z) z\,\mathrm{d}z \equiv \frac{\sigma_\infty t_s^4 \bar{z}}{12 I_t} \qquad (5-38)$$

当考虑金属材料非线性以及金属板足够长时,在承受面内较大载荷时修补区域的中性轴会无限靠近轴向拉伸载荷的作用线,偏心加载引起的弯曲效

应会减小,裂纹处 $y=0$ 截面的轴力趋近于 $\dfrac{\sigma_\infty t_s}{1+S}$,裂纹处 $y=0$ 截面的弯矩趋近于 0。

5.3.1 线弹簧弹性矩阵

补片的功能等效为作用在裂纹面上连续分布的线性弹簧,如图 5-9 所示。考虑到单面修补引起的弯曲效应,弹簧不仅具有抗拉刚度,还具有抗弯刚度,该弹簧对裂纹面施加了一定的闭合力,使裂纹面不能自由开裂,而线性弹簧的抗拉和抗弯刚度就表征了复合材料补片的修补效果。在进行弯曲断裂分析之前,必须要确定这些线性弹簧的刚度系数。线弹簧的本构关系可由相应位置切出的平面应变裂纹板条中裂纹面所受的广义力和由于裂纹存在而引起的广义附加位移的关系来模拟。如图 5-10 所示,通过分析平面应力状态下单面修补结构(见第二章单面修补)裂纹张开面在外载荷 N_0 和 M_0 时的位移和转角($\tilde{v}_0$ 和 $\tilde{\theta}_0$),计算出抗拉和抗弯弹簧的弹性常数矩阵。

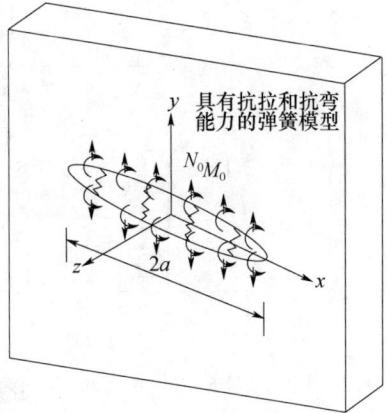

图 5-9　单面修补线弹簧模型

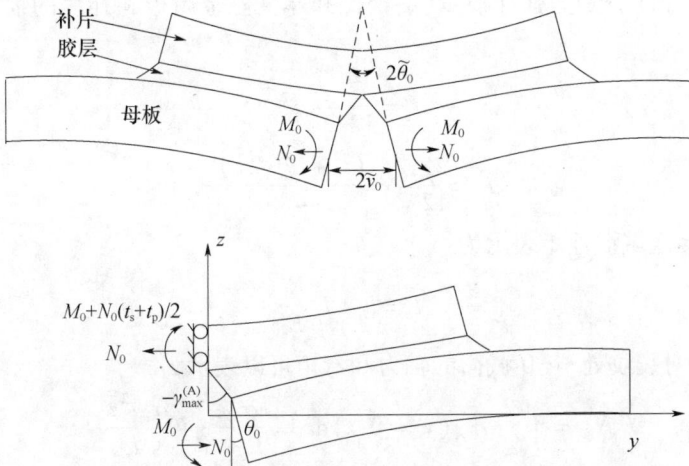

图 5-10　平面应变状态下单面修补裂纹板条变形示意图

根据第四章单面修补面内力学模型式(4-62)得到复合材料单面修补金属裂纹板的胶层剪应变控制方程:

82

$$\frac{\mathrm{d}^2\gamma^{(\mathrm{A})}}{\mathrm{d}y^2} - 4\beta_{\mathrm{A}}^2\gamma^{(\mathrm{A})} = 0 \tag{5-39}$$

式中：
$$\beta_{\mathrm{A}} = \sqrt{\frac{G_{\mathrm{A}}}{t_{\mathrm{A}}}\left(\frac{1}{E_{\mathrm{s}}'t_{\mathrm{s}}} + \frac{1}{E_{\mathrm{p}}'t_{\mathrm{p}}}\right)}$$

考虑胶层剪应力分布特点，从最大值以指数形式下降为 0，对胶层剪应变 $\gamma^{(\mathrm{A})}$ 微分方程（5-39）进行求解，得到其通解近似为

$$\gamma^{(\mathrm{A})} = \gamma_{\max}^{(\mathrm{A})}\mathrm{e}^{-2\beta_{\mathrm{A}}y} \tag{5-40}$$

与计算双面修补剥离应力时的假设一样，假设胶层屈服，剪应力保持不变，根据第四章单面修补面外力学模型式（4-53）、式（4-55）和式（4-79），进行如下变形：

$$\frac{\mathrm{d}^4 w_{\mathrm{p}}}{\mathrm{d}x^4} = -\frac{1}{D_{\mathrm{p}}}\frac{\mathrm{d}^2 M_{\mathrm{p}}}{\mathrm{d}x^2} = -\frac{1}{D_{\mathrm{p}}}\frac{\mathrm{d}V_{\mathrm{p}}}{\mathrm{d}x} = -\frac{\sigma^{(\mathrm{A})}}{D_{\mathrm{p}}} = -\frac{E_{\mathrm{A}}(w_{\mathrm{p}} - w_{\mathrm{s}})}{D_{\mathrm{p}}t_{\mathrm{A}}}$$

$$\frac{\mathrm{d}^4 w_{\mathrm{s}}}{\mathrm{d}x^4} = -\frac{1}{D_{\mathrm{s}}}\frac{\mathrm{d}^2 M_{\mathrm{s}}}{\mathrm{d}x^2} = -\frac{1}{D_{\mathrm{s}}}\frac{\mathrm{d}V_{\mathrm{s}}}{\mathrm{d}x} = -\frac{\sigma^{(\mathrm{A})}}{D_{\mathrm{s}}} = -\frac{E_{\mathrm{A}}(w_{\mathrm{p}} - w_{\mathrm{s}})}{D_{\mathrm{s}}t_{\mathrm{A}}} \tag{5-41}$$

与式（5-30）相减，整理得到关于胶层正应变的控制微分方程：

$$\frac{\mathrm{d}^4}{\mathrm{d}x^4}(w_{\mathrm{s}} - w_{\mathrm{p}}) + \frac{E_{\mathrm{A}}}{t_{\mathrm{A}}}\left(\frac{1}{D_{\mathrm{p}}} + \frac{1}{D_{\mathrm{s}}}\right)(w_{\mathrm{s}} - w_{\mathrm{p}}) = 0 \tag{5-42}$$

$$\frac{\mathrm{d}^4 \varepsilon^{(\mathrm{A})}}{\mathrm{d}y^4} + 4\kappa^4 \varepsilon^{(\mathrm{A})} = 0 \tag{5-43}$$

式中：
$$\kappa^4 = \frac{E_{\mathrm{A}}'}{4t_{\mathrm{A}}}\left(\frac{1}{D_{\mathrm{s}}} + \frac{1}{D_{\mathrm{p}}}\right)$$

考虑胶层剥离应力的分布规律，对胶层正应变 $\varepsilon^{(\mathrm{A})}$ 的微分方程进行求解，得到其通解近似为

$$\varepsilon^{(\mathrm{A})} = (A\cos\kappa y + B\sin\kappa y)\mathrm{e}^{-\kappa y} \tag{5-44}$$

可以通过其力和力矩边界条件确定式（5-40）和式（5-44）待定系数，即 $\gamma_{\max}^{(\mathrm{A})}$、$A$ 和 B。

根据图 5-10，确定其力和力矩边界条件为

$$\begin{cases} M_{\mathrm{s}}(y=0) = -M_0 \\ M_{\mathrm{p}}(y=0) = M_0 + N_0\left(\dfrac{t_{\mathrm{s}} + t_{\mathrm{p}}}{2}\right) \\ N_{\mathrm{s}}(y=0) = -N_0 \\ N_{\mathrm{p}}(y=0) = N_0 \end{cases} \tag{5-45}$$

根据欧拉·伯努利假设条件，金属板和补片轴向的应变由拉伸和弯曲引起的位移两部分构成，分别为

$$\begin{cases} \varepsilon_p\left(z=\dfrac{t_s}{2}+t_A,y=0\right)=\dfrac{N_p(y=0)}{E'_p t_p}+\dfrac{t_p M_p(y=0)}{2D_p}=\dfrac{N_0}{E'_p t_p}+\dfrac{M_0 t_p}{2D_p}+\left(\dfrac{t_s+t_p}{2}\right)\dfrac{N_0 t_p}{2D_p} \\[3mm] \varepsilon_s\left(z=\dfrac{t_s}{2},y=0\right)=\dfrac{N_s(y=0)}{E'_s t_s}-\dfrac{t_s M_s(y=0)}{2D_s}=-\dfrac{N_0}{E'_s t_s}+\dfrac{M_0 t_s}{2D_s} \end{cases}$$

$$(5-46)$$

根据胶层面内位移协调，可以得到胶层剪应变 $\gamma^{(A)}$，对胶层剪应变求导并代入式(5-46)，得到

$$\begin{aligned} \dfrac{d\gamma^{(A)}}{dy}\Big|_{y=0} &=\dfrac{1}{t_A}\left(\dfrac{du_p(z=t_s/2+t_A)}{dy}-\dfrac{du_s(z=t_s/2)}{dy}\right) \\[2mm] &=\dfrac{1}{t_A}[\varepsilon_p(z=t_s/2+t_A)-\varepsilon_s(z=t_s/2)] \\[2mm] &=\dfrac{1}{t_A}\left[\dfrac{1}{E'_p t_p}+\dfrac{1}{E'_s t_s}+\dfrac{3(t_s+t_p)}{E'_p t_p^2}\right]N_0+\dfrac{6}{t_A}\left[\dfrac{1}{E'_p t_p^2}-\dfrac{1}{E'_s t_s^2}\right]M_0 \quad (5-47) \end{aligned}$$

对胶层剪应变通解式(5-40)两边求导，得到

$$\dfrac{d\gamma^{(A)}}{dy}\Big|_{y=0}=-2\beta_A\gamma^{(A)}_{max}e^{-2\beta_A y} \tag{5-48}$$

结合式(5-47)和式(5-48)，有

$$\gamma^{(A)}_{max}=-\dfrac{1}{2\beta_A t_A}\left[\dfrac{1}{E'_p t_p}+\dfrac{1}{E'_s t_s}+\dfrac{3(t_s+t_p)}{E'_p t_p^2}\right]N_0-\dfrac{6}{2\beta_A t_A}\left[\dfrac{1}{E'_p t_p^2}-\dfrac{1}{E'_s t_s^2}\right]M_0$$

$$(5-49)$$

根据胶层面外位移协调，胶层正应变 $\varepsilon^{(A)}$ 可以表示为

$$\varepsilon^{(A)}=\dfrac{1}{t_A}[w_p(z=t_s/2+t_A)-w_s(z=t_s/2)] \tag{5-50}$$

根据 $\dfrac{d^2 w_p}{dy^2}=-\dfrac{M_p}{D_p}$，$\dfrac{d^2 w_s}{dy^2}=-\dfrac{M_s}{D_s}$，$\dfrac{dM_p}{dy}=V_p-\dfrac{\tau^{(A)}t_p}{2}$，$\dfrac{dM_s}{dy}=V_s-\dfrac{\tau^{(A)}t_s}{2}$，对胶层

正应变 $\varepsilon^{(A)}$ 表达式(5-50)进行2次求导，并代入上式，得到

$$\begin{aligned} \dfrac{d^2\varepsilon^{(A)}}{dy^2}\Big|_{y=0} &=\dfrac{1}{t_A}\dfrac{d^2(w_p-w_s)}{dy^2}=\dfrac{1}{t_A}\left[\dfrac{M_p(y=0)}{D_p}-\dfrac{M_s(y=0)}{D_s}\right] \\[2mm] &=\dfrac{N_0}{t_A D_p}\cdot\dfrac{t_p+t_s}{2}+\dfrac{M_0}{t_A D_p}\cdot\left(1+\dfrac{D_p}{D_s}\right) \quad (5-51) \end{aligned}$$

结合胶层正应变 $\varepsilon^{(A)}$ 通解式(5-44)的2次微分表达式在 $y=0$ 的值，得到

$$B=-\dfrac{1}{2\kappa^2 t_A D_p}\left[N_0\cdot\dfrac{t_s+t_p}{2}+M_0\cdot\left(1+\dfrac{D_p}{D_s}\right)\right]$$

根据垂直于面内载荷方向的内力合力为0，胶层剥离应沿着胶层积分，则合力应为0，即

$$\int_0^\infty \sigma^{(A)} \mathrm{d}z = 0 \qquad (5-52)$$

则 A = -B。

因此,建立作用在裂纹面上的广义力和由于裂纹存在而引起的广义附加位移的关系式:

$$\tilde{\theta}_0 = \frac{\partial w_s}{\partial y} \Big|_{y=0} = \frac{\partial (w_s - w_p)}{\partial y} \Big|_{y=0} = t_A \frac{\partial \varepsilon^{(A)}}{\partial y} \Big|_{y=0}$$

$$= \kappa t_A (A - B) = \frac{1}{\kappa D_p} \Big[N_0 \cdot \frac{t_s + t_p}{2} + M_0 \cdot \Big(1 + \frac{D_p}{D_s} \Big) \Big] \qquad (5-53)$$

$$\tilde{v}_0 = -\gamma_{\max}^{(A)} t_A + \tilde{\theta}_s t_s / 2$$

$$= \Big\{ \frac{t_p (t_s + t_p)}{4\kappa D_p} + \frac{1}{2\beta_A} \Big[\frac{1}{E'_p t_p} + \frac{1}{E'_s t_s} + \frac{3(t_s + t_p)}{E'_p t_p^2} \Big] \Big\} N_0$$

$$+ \Big\{ \frac{3}{\beta_A} \Big(\frac{1}{E'_p t_p^2} - \frac{1}{E'_s t_s^2} \Big) + \frac{t_s}{2\kappa} \Big(\frac{1}{D_p} + \frac{1}{D_s} \Big) \Big\} M_0 \qquad (5-54)$$

将式(5-53)和式(5-54)写成关于 $\tilde{v}_0 \tilde{\theta}_0$ 与 $N_0 M_0$ 的矩阵方程形式:

$$\begin{Bmatrix} \tilde{v}_0 \\ \tilde{\theta}_0 \end{Bmatrix} = \begin{bmatrix} c_{tt} & c_{tb} \\ c_{bt} & c_{bb} \end{bmatrix} \begin{Bmatrix} N_0 \\ M_0 \end{Bmatrix} \qquad (5-55)$$

式中:线弹簧的弹性常数矩阵中各元素为

$$c_{tt} = \frac{t_p (t_s + t_p)}{4\kappa D_p} + \frac{1}{2\beta_A} \Big[\frac{1}{E'_p t_p} + \frac{1}{E'_s t_s} + \frac{3(t_s + t_p)}{E'_p t_p^2} \Big]$$

$$c_{tb} = \frac{3}{\beta_A} \Big(\frac{1}{E'_p t_p^2} - \frac{1}{E'_s t_s^2} \Big) + \frac{t_s}{2\kappa} \Big(\frac{1}{D_p} + \frac{1}{D_s} \Big)$$

$$c_{bt} = \frac{1}{\kappa D_p} \cdot \frac{t_s + t_p}{2}$$

$$c_{bb} = \frac{1}{\kappa} \Big(\frac{1}{D_p} + \frac{1}{D_s} \Big)$$

对式(5-55)两边左乘线弹簧弹性矩阵的逆阵,用广义位移表示广义力:

$$\begin{Bmatrix} N_0 \\ M_0 \end{Bmatrix} = \begin{bmatrix} d_{tt} & d_{tb} \\ d_{bt} & d_{bb} \end{bmatrix} \begin{Bmatrix} \tilde{v}_0 \\ \tilde{\theta}_0 \end{Bmatrix} \qquad (5-56)$$

式中:弹簧弹性矩阵的逆阵各元素表示为

$$d_{tt} = c_{bb}/\Delta, \quad d_{tt} = -c_{tb}/\Delta, \quad d_{tt} = -c_{bt}/\Delta, \quad d_{tt} = c_{tt}/\Delta, \quad \Delta = c_{tt} c_{bb} - c_{tb} c_{bt}$$

进一步整理,得到如下形式:

$$\left\{ \begin{array}{c} \sigma_m^0 \\ \sigma_b^0 \end{array} \right\} = \frac{1}{E_s' t_s^3} \left[\begin{array}{cc} t_s^2 d_{tt} & 6t_s d_{tb} \\ 6t_s d_{bt} & 36 d_{bb} \end{array} \right] \left\{ \begin{array}{c} \tilde{v}_0 \\ \frac{1}{6}\tilde{\theta}_0 t_s \end{array} \right\} \tag{5-57}$$

式中:$\sigma_m^0 = \dfrac{N_0}{t_s}$, $\sigma_b^0 = \dfrac{6M_0}{t_s^2}$。

5.3.2 奇异积分方程断裂分析

如图 5-9 所示,金属板裂纹面上承受两种类型的载荷,一是外界施加的载荷 N_0 和 M_0,二是由于裂纹面张开和旋转变形而使弹簧在裂纹面产生的作用反力。根据力的平衡原理,有

$$\begin{cases} N_{yy}(x,0^+) = -N_0 + d_{tt}\tilde{v}(x) + d_{tb}\tilde{\theta}(x) \\ M_{yy}(x,0^+) = -M_0 + d_{bt}\tilde{v}(x) + d_{bb}\tilde{\theta}(x) \end{cases}, \quad |x| < a \tag{5-58}$$

式中:a 为半裂纹长;$N_{yy}(x,0^+)$ 和 $M_{yy}(x,0^+)$ 为金属材料抵抗裂纹张开产生的内力。

根据超奇异积分方程在三维断裂力学中的应用以及 Kirchhoff 经典板理论,式(5-58)可以表示为关于裂纹面广义位移的超奇异积分方程组:

$$\begin{cases} \dfrac{E_s' t_s}{2\pi} \cdot \displaystyle\int_{-a}^{a} \dfrac{\tilde{v}(\zeta)}{(x-\zeta)^2} \mathrm{d}\zeta = -N_0 + d_{tt}\tilde{v}(x) + d_{tb}\tilde{\theta}(x) \\ \dfrac{v_s+3}{v_s+1} \cdot \dfrac{E_s' t_s^3}{24\pi} \cdot \displaystyle\int_{-a}^{a} \dfrac{\tilde{\theta}(\xi)}{(x-\xi)^2} \mathrm{d}\xi = -M_0 + d_{bt}\tilde{v}(x) + d_{bb}\tilde{\theta}(x) \end{cases} \tag{5-59}$$

式(5-59)左边为在裂纹区间$(-a,a)$材料内部抵抗裂纹面变形的轴向应力和弯曲应力表达式,令

$$\tilde{h}_1(x) = \tilde{v}(x)/a, \tilde{h}_2(x) = \frac{1}{6}\tilde{\theta}(x)t_s/a, r = x/a, \eta = \zeta/a$$

则方程正则化为

$$\begin{cases} -\dfrac{E_s' t_s}{2\pi} \cdot \displaystyle\int_{-1}^{1} \dfrac{\tilde{h}_1(\eta)}{(r-\eta)^2} \mathrm{d}\eta + d_{tt} a\tilde{h}_1(r) + \dfrac{6}{t_s} d_{tb} a\tilde{h}_2(r) = \sigma_m^0 t_s \\ -\dfrac{3E_s' t_s^2}{2\pi} \cdot \dfrac{v_s+3}{v_s+1} \cdot \displaystyle\int_{-1}^{1} \dfrac{\tilde{h}_2(\eta)}{(r-\eta)^2} \mathrm{d}\eta + 6d_{bt} a\tilde{h}_1(r) + \dfrac{36}{t_s} d_{tb} a\tilde{h}_2(r) = \sigma_b^0 t_s^2 \end{cases}$$
$$\tag{5-60}$$

与式(5-13)类似,超奇异积分方程组(5-60)可以通过第 II 类 Chebyshev 多项式展开裂纹面广义位移 $\tilde{h}_1(r)$ 和 $\tilde{h}_2(r)$ 来解此类超奇异积分方程,得到其数值解。

$\tilde{h}_{1,2}(x)$ 为与裂纹面位移函数有关的未知函数,可以写成正则函数 $W(r)$ 与

权函数 $\bar{h}_{1,2}(x)$ 乘积形式。对于两端具有奇异性的内部裂纹,正则函数 $W(r)$ 表示为 $W(r)=\sqrt{1-r^2}$,而 $\bar{h}_{1,2}(x)$ 为 $[-1,1]$ 上的有界函数,可以通过第 II 类 Chebyshev 多项式展开。因此有

$$
\begin{cases}
\tilde{h}_1(x) = W(r)\bar{h}_1(x) = W(r)\sum_{i=0}^{N} f_i U_i(r) \\
\tilde{h}_2(x) = W(r)\bar{h}_2(x) = W(r)\sum_{i=0}^{N} g_i U_i(r)
\end{cases}
\tag{5-61}
$$

式中: $U_i(r) = \dfrac{\sin[(i+1)\arccos r]}{\sin(\arccos r)}$ $(r \neq 1)$; f_i、g_i $(i=0,1,2,\cdots,N)$ 为第 II 类

Chebyshev 多项式系数,当 N 足够大时,$\sum_{i=0}^{N} f_i U_i(r)$ 和 $\sum_{i=0}^{N} g_i U_i(r)$ 收敛无穷接近

$\bar{h}_1(x)$ 和 $\bar{h}_2(x)$。

根据第 II 类 Chebyshev 多项式正交性,有限部积分可以表示为

$$
\int_{-1}^{1} \frac{\sqrt{1-r^2}\,U_i(r)}{(x-r)^2}\mathrm{d}x =
\begin{cases}
-\pi(i+1)U_i(r) & , \quad |x| < 1 \\
(r-\sqrt{r^2-1})^{i+1} \cdot \dfrac{\pi(i+1)}{\sqrt{r^2-1}} & , \quad |x| > 1
\end{cases}
\tag{5-62}
$$

$$
\int_{-1}^{1} W(r)U_i(r)U_j(r) =
\begin{cases}
0 & , i \neq j \\
\pi/2 & , i = j
\end{cases}
\tag{5-63}
$$

将式(5-61)和式(5-62)代入方程(5-60),方程(5-60)可以改写为

$$
\begin{cases}
E'_s t_s \sum_{i=0}^{N} \dfrac{(i+1)}{2} f_i U_i(r) + ad_{tt} W(r) \sum_{i=0}^{N} f_i U_i(r) + ad_{tb} W(r) \sum_{i=0}^{N} g_i U_i(r) = \sigma_m^0 t_s \\
E'_s t_s^2 \dfrac{3(3+v_s)}{1+v_s} \sum_{i=0}^{N} \dfrac{(i+1)}{2} g_i U_i(r) + ad_{bt} W(r) \sum_{i=0}^{N} f_i \dot{U}_i(r) + ad_{bb} W(r) \sum_{i=0}^{N} g_i \dot{U}_i(r) = \sigma_b^0 t_s^2
\end{cases}
\tag{5-64}
$$

方程组(5-64)两边同时乘以 $W(r)U_j(r)$,$j=0,1,2,\cdots,N$,然后从 -1 到 1 积分,根据第 II 类 Chebyshev 多项式的正交性式(5-63),方程组(5-64)可以简化为

$$
\begin{cases}
\sum_{i=0}^{N} A_{ij} f_i + \sum_{i=0}^{N} B_{ij} g_i = \dfrac{\pi}{2} \dfrac{\sigma_m^0}{E'_s} \delta_{0j} & , \quad i,j = 0,1,2,\cdots,N \\
\sum_{i=0}^{N} C_{ij} f_i + \sum_{i=0}^{N} D_{ij} g_i = \dfrac{\pi}{2} \dfrac{\sigma_b^0}{E'_s} \delta_{0j} & , \quad i,j = 0,1,2,\cdots,N
\end{cases}
\tag{5-65}
$$

式中：

$$A_{ij} = \frac{1}{4}\pi(i+1)\delta_{ij} + a\frac{d_{\text{tt}}}{E_s' t_s}\Gamma_{ij}$$

$$B_{ij} = a\frac{6d_{\text{tb}}}{E_s' t_s^2}\Gamma_{ij}$$

$$C_{ij} = a\frac{6d_{\text{bt}}}{E_s' t_s^2}\Gamma_{ij}$$

$$D_{ij} = \frac{3(3+v_s)}{4(1+v_s)}\pi(i+1)\delta_{ij} + a\frac{36d_{\text{bb}}}{E_s' t_s^3}\Gamma_{ij}$$

$$\Gamma_{ij} = \int_{-1}^{1}[W(r)]^2 U_i(r)U_j(r)\,\mathrm{d}r = \int_0^{\pi}\sin(\theta)\sin[(i+1)\theta]\sin[(j+1)\theta]\,\mathrm{d}\theta$$

$$= \begin{cases} 0 & ,\ i \neq j \\ \dfrac{4(i+1)(j+1)}{(i+j+3)(i+j+1)(i-j+1)(j-i+1)} & ,\ i = j \end{cases}$$

δ_{ij} 为 Kronecker 符号。

通过解线性方程组(5-65)可以得到不同展开项的系数 f_i 和 $g_i(i=0,$ $1,2,\cdots,N)$，则金属裂纹板裂纹面在受板内轴向载荷 N_0 和板外横向载荷 M_0 作用下，金属板中面处裂纹的张开位移 $\tilde{v}(x)$ 和裂纹面的转角 $\tilde{\theta}(x)$ 可以表示为

$$\tilde{v}(x) = \tilde{h}_1(x)a \approx aW(r)\sum_{i=0}^{N}f_i U_i(r) = a\sqrt{1-r^2}\sum_{i=0}^{N}f_i U_i(r) \quad (5-66)$$

$$\tilde{\theta}(x) = 6\tilde{h}_2(x)a/t_s \approx 6W(r)\sum_{i=0}^{N}g_i U_i(r)a/t_s = 6a/t_s\sqrt{1-r^2}\sum_{i=0}^{N}g_i U_i(r)$$

$$(5-67)$$

根据 Kirchhoff 经典板理论，平面拉伸应力强度因子 K_{m} 和弯曲应力强度因子 K_{b} 可以表示为

$$K_{\text{m}} = \lim_{r\to1^+}\sqrt{2\pi a(r-1)}\,\sigma_{\text{m}}(r,0) = \lim_{r\to1^+}\sqrt{2\pi a(r-1)}\frac{E_s'}{2\pi}\int_{-1}^{1}\frac{\tilde{h}_1(\eta)\sqrt{1-\eta^2}}{(r-\eta)^2}\,\mathrm{d}\eta$$

$$(5-68)$$

$$K_{\text{b}} = \lim_{r\to1^+}\sqrt{2\pi a(r-1)}\,\sigma_{\text{b}}(r,0)$$

$$= \frac{3(3+v_s)}{1+v_s}\lim_{r\to1^+}\sqrt{2\pi a(r-1)}\frac{E_s'}{2\pi}\int_{-1}^{1}\frac{\tilde{h}_2(\eta)\sqrt{1-\eta^2}}{(r-\eta)^2}\,\mathrm{d}\eta$$

$$(5-69)$$

分析发现，当 $r\to1^+$ 或 $r\to1^-$ 时，被积函数具有奇异性，利用下面的极限函

数可以有效避免奇异性。

$$\lim_{r\to 1^+} \frac{1}{2\pi}\int_{-1}^{1}\frac{f(\eta)\sqrt{1-\eta^2}}{(r-\eta)^2}\mathrm{d}\eta = \lim_{r\to 1^+}\frac{f(1)}{2\sqrt{2(r-1)}} \tag{5-70}$$

式中:$f(\eta)$为$(-1,1)$的任意有界函数。

由于$U_i(1)=1+i$,平面应力强度因子K_m和弯曲应力强度因子K_b可以简化为

$$K_m = \frac{E'_s\sqrt{\pi a}}{2}\bar{h}_1(1) = \frac{E'_s\sqrt{\pi a}}{2}\sum_{i=0}^{N}(1+i)f_i \tag{5-71}$$

$$K_b = \frac{3+v_s}{1+v_s}\frac{3E'_s\sqrt{\pi a}}{2}\bar{h}_2(1) = \frac{3+v_s}{1+v_s}\frac{3E'_s\sqrt{\pi a}}{2}\sum_{i=0}^{N}(1+i)g_i \tag{5-72}$$

Kirchhoff 经典薄板理论未考虑板的横向剪切效应,因此沿着板厚度方向,裂纹尖端的应力强度因子$K_{\mathrm{I}}(z)$可以由拉伸应力强度因子和弯曲应力强度因子的线性组合表示为

$$K_{\mathrm{I}}(z) = K_m - K_b\frac{2z}{t_s} \tag{5-73}$$

当金属板为厚板时,可根据 Kirchhoff 与 Reissner 型板壳弯曲断裂理论的近似关系,将经典板的结果乘以$(1+v)/(3+v)$作为 Reissner 中厚板的结果。

与复合材料双面胶接修补相似,复合材料补片单面胶接修补金属裂纹板修补效益随着裂纹长度的增加而更加明显,并且应力强度因子逐渐接近上限值$K_{\mathrm{I}\infty}$。假设金属板裂纹长度足够长,则补片单面胶接修补金属裂纹板结构可以等效于搭接金属板对接的情形(图5-11)。根据能量释放率与裂纹面上内力在虚拟裂纹扩展中裂纹面张开所做的功的关系,可以得到

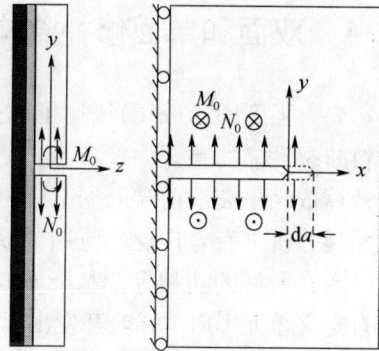

图5-11 单面修补金属板中长裂纹

$$t_s G = \lim_{\delta\to 0}\frac{\delta U_E}{\delta} = \lim_{\delta\to 0}\frac{1}{\delta}\int_{0}^{t_s}2\int_{0}^{\delta}\frac{\sigma_{yy}(r,z)u_y(\delta-r,z)}{2}\mathrm{d}r\mathrm{d}z \tag{5-74}$$

$$= \lim_{\delta\to 0}\frac{1}{\delta}\int_{0}^{t_s}\frac{2K^2(z)}{\pi E'_s\delta}\int_{0}^{\delta}\sqrt{\frac{\delta-r}{r}}\mathrm{d}r\mathrm{d}z = \frac{1}{E'_s}\int_{0}^{t_s}K^2(z)\mathrm{d}z$$

定义平方根应力强度因子K_{rms}为

$$K_{\mathrm{rms}} = \sqrt{\int_{0}^{t_s}K^2(z)\mathrm{d}z} \tag{5-75}$$

将式(5-73)代入式(5-75)中,得到

$$K_{\text{rms}} = \sqrt{\left(K_{\text{m}}^2 + \frac{K_{\text{b}}^2}{3}\right)} = \sqrt{\frac{1}{3}(K_{\text{max}}^2 + K_{\text{max}}K_{\text{min}} + K_{\text{min}}^2)} \qquad (5-76)$$

式中:$K_{\text{max}} = K_{\text{m}} + K_{\text{b}}$,$K_{\text{min}} = K_{\text{m}} - K_{\text{b}}$。

则根据裂纹面广义力和广义位移,可以求出单位厚度上作用在裂纹面的外力所需做的功:

$$G_{\text{I}\infty}^{\text{single}} = \frac{1}{t_{\text{s}}}(N_0 \tilde{v}_0 + M_0 \tilde{\theta}_0) \qquad (5-77)$$

代入 $\tilde{v}_0 \tilde{\theta}_0$ 与 $N_0 M_0$ 的矩阵方程式(5-55)可以求得总能量释放率为

$$G_{\text{I}\infty}^{\text{single}} = \frac{1}{t_{\text{s}}}[c_{\text{tt}}N_0^2 + (c_{\text{tb}} + c_{\text{bt}})N_0 M_0 + c_{\text{bb}}M_0^2] \qquad (5-78)$$

根据平面应变状态下,应力强度因子与能量释放率的关系,可以得到当裂尖场稳定后,单面修补长裂纹应力强度因子表达式为

$$K_{\text{I}\infty}^{\text{single}} = \sqrt{\frac{E_{\text{s}}}{1 - \nu_s^2}G_{\text{I}\infty}^{\text{single}}} = \sqrt{\frac{E_{\text{s}}'}{t_{\text{s}}}(c_{\text{tt}}N_0^2 + (c_{\text{tb}} + c_{\text{bt}})N_0 M_0 + c_{\text{bb}}M_0^2)}$$

$$(5-79)$$

因此,当裂纹长度足够长时有 $K_{\text{rms}} \rightarrow K_{\text{I}\infty}^{\text{single}}$。

5.4　双面和单面修补结构应力强度因子的数值验证与分析

应力强度因子(SIF)描述了弹性裂纹尖端应力场和应变场的强弱,是控制材料断裂性能的重要物理参数,通过试验无法直接测量裂尖应力强度因子,它的计算依赖于裂纹前端的局部应力场。虚拟裂纹闭合法(VCCT)与有限元结合在断裂分析中有着广泛的应用,其理论基础是裂纹张开释放出的能量与外力使裂纹闭合所做的功相等。基于虚拟裂纹闭合法,利用有限元软件 ABAQUS 的用户自定义单元 UEL 功能,开发出界面断裂单元。将这种界面单元置于裂纹体有限元模型的裂纹预扩展路径上,在进行有限元计算的同时,将断裂参数的计算过程嵌入到断裂单元中,在后处理部分计算出应变能释放率和应力强度因子。利用 VCCT 计算应力强度因子的关键就是能量释放率的计算。

5.4.1　虚拟裂纹闭合法求解应力强度因子的过程简介

1. 线状裂纹的虚拟裂纹闭合法

图5-12中显示长度为 a 的裂纹和其增长量 Δa 的虚拟裂纹扩展。G_{I} 和 G_{II} 为裂纹模式 I 和模式 II 下的应变能释放率分量,可以表示为

$$G_{\text{I}} \approx \frac{F_y \Delta v_{3,4}}{2B\Delta a} , G_{\text{II}} \approx \frac{F_x \Delta u_{3,4}}{2B\Delta a} \qquad (5-80)$$

式中：F_y 和 F_x 为长度为 a 裂纹尖端的节点力分量；Δu 和 Δv 为虚拟裂纹面上点的相对滑离位移和张开位移。

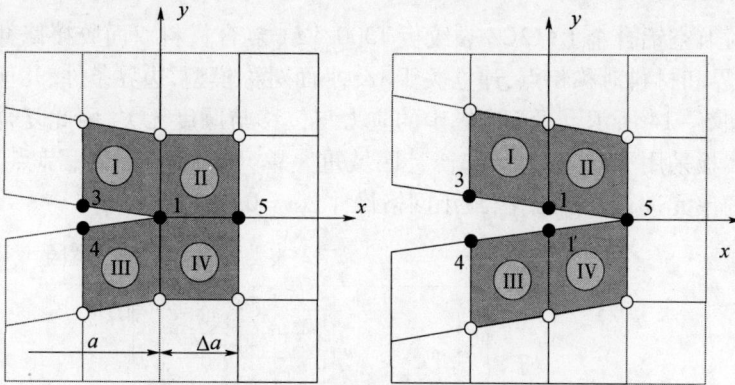

图 5 – 12　线状虚拟裂纹闭合法示意图

2. 面状裂纹的虚拟裂纹闭合法

图 5 – 13 显示了虚拟扩展的表面裂纹有限元模型，使用 8 节点线性六面体单元时，裂纹前缘上节点 1 的 VCCT 模式。G_I、G_{II} 和 G_{III} 为裂纹模式 I、模式 II 和模式 III 下的应变能释放率分量，可以表示为

$$G_{I} \approx \frac{\bar{F}_{z1}\Delta \bar{w}_{3,4}}{2\Delta A}, G_{II} \approx \frac{\bar{F}_{x1}\Delta \bar{u}_{3,4}}{2\Delta A}, G_{III} \approx \frac{\bar{F}_{y1}\Delta \bar{v}_{3,4}}{2\Delta A} \tag{5 – 81}$$

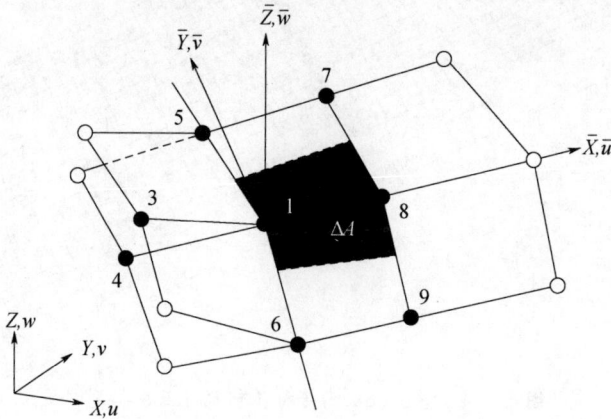

图 5 – 13　面状虚拟裂纹闭合法示意图

式中：$\bar{F}_{z1}$、$\bar{F}_{x1}$ 和 $\bar{F}_{y1}$ 为节点 1 上三个方向的节点力；$\Delta \bar{u}_{3,4}$、$\Delta \bar{v}_{3,4}$ 和 $\Delta \bar{w}_{3,4}$ 为节点 3 和节点 4 的相对位移。

求得能量释放率后，即可利用其与应力强度因子的关系，求得不同应力状态下的应力强度因子。

5.4.2　双面胶接修补裂纹板

针对航空铝合金 LY12CZ 裂纹板 T300/E51 复合材料双面胶接修补结构的几何、边界和材料对称特点,建立关于 yoz 平面对称模型,边界条件、几何尺寸及网格如图 5 - 14 所示。平面问题中的应力与位移与厚度无关,因此复合材料补片和金属板采用平面应力单元,修补区域重叠单元之间采用共用节点连接,裂纹附近的单元进行局部细化,最小网格尺寸 $\Delta a = 0.1875\text{mm}$。

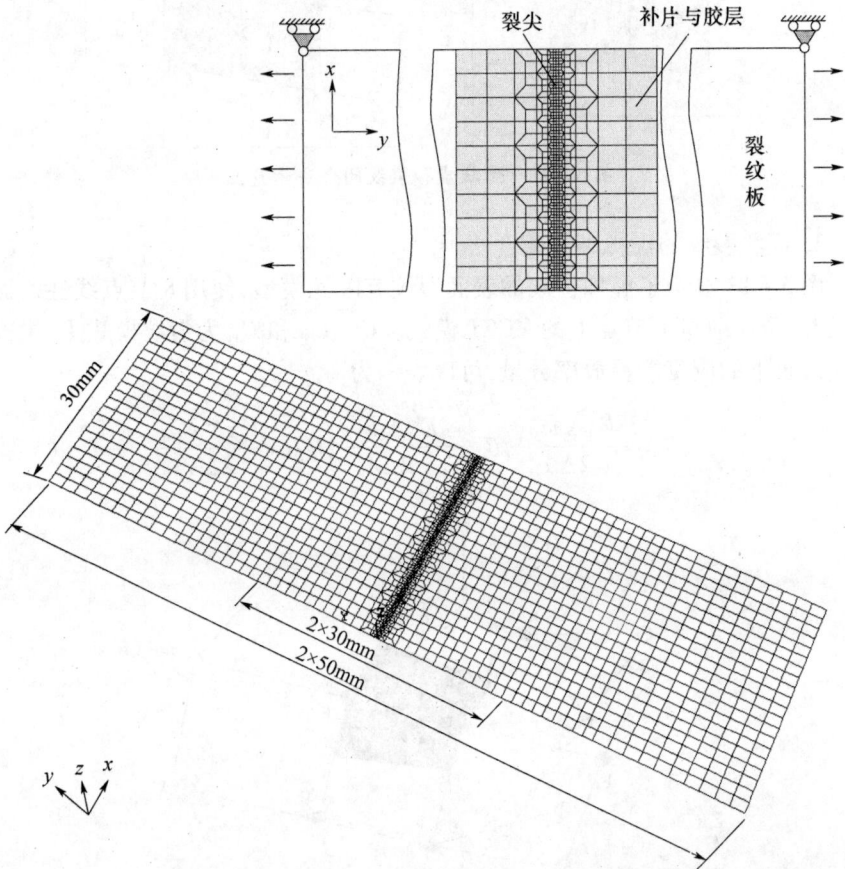

图 5 - 14　裂纹板双面修补几何尺寸及网格划分

图 5 - 15 和图 5 - 16 表明补片的存在大幅度降低了裂纹尖端的应力强度因子,双面修补有效抑制了裂纹板裂纹面的张开,改善了裂尖应力场,并且不再满足原有 $1/\sqrt{r}$ 奇异性,修补效果明显。

利用有限元技术对含穿透性裂纹损伤复合材料双面和单面修补结构进行

建模,计算出了 T300/E51 复合材料双面/单面胶接修补航空铝合金 LY12CZ 裂纹板的裂尖应力强度因子及裂纹张开位移。所涉及材料力学性能见表 2-1,其中补片采用单向层合板,纤维方向与载荷方向一致。随着裂纹长度增加,未修补结构裂尖应力强度因子发散,而修补结构裂尖应力强度因子很快收敛,并趋于恒定值。针对本节的模型,根据式(5-18)计算得到,$K_{I\infty} = 28.935\text{MPa} \cdot \text{mm}^{1/2}$。修补前,裂纹张开形状为椭圆形,修补后除靠近裂尖位置张开位移变化较大,其余位置变化较小,裂纹张开轮廓呈扁平状。

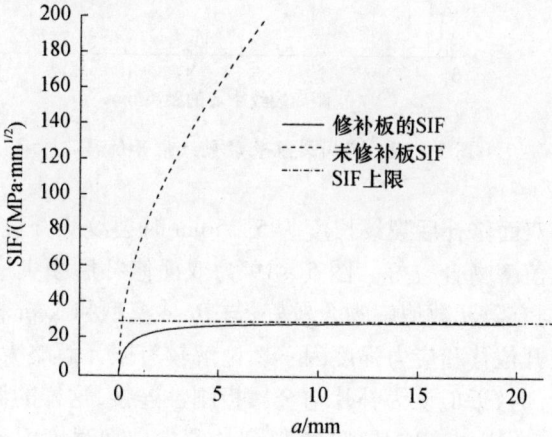

图 5-15 修补与未修补裂尖应力强度因子

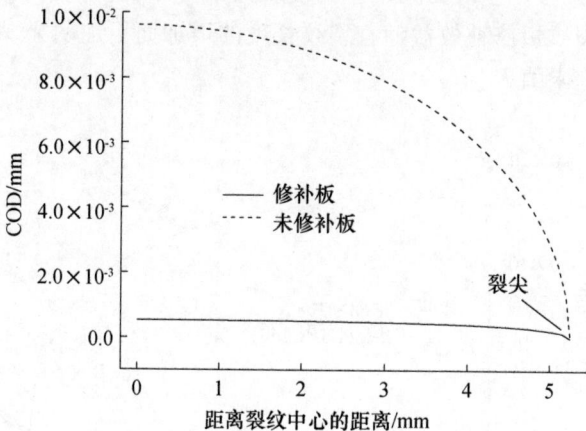

图 5-16 双面修补与未修补裂纹张开位移

图 5-17 为不同裂纹长度在 40MPa 远端载荷作用下,裂纹张开位移变化曲线,随着裂纹长度增加,裂纹张开后的形状趋于扁平,而裂纹张开位移最大值趋于恒定,根据式(5-21)计算得到,$\text{COD}_{max} = 7.158 \times 10^{-4}\text{mm}$。

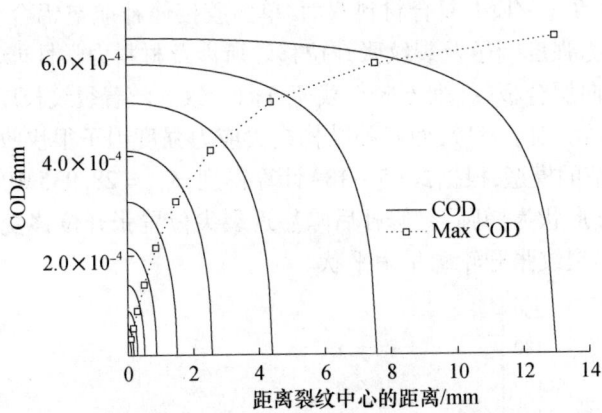

图 5 – 17 不同裂纹长度裂纹张开位移

图 5 – 18 为双面修补后裂纹长度为 5.25mm 时裂纹张开位移分布规律,解析解与有限元数值解吻合较好。图 5 – 19 为双面修补后裂尖应力强度因子分布规律,解析解与有限元数值解吻合较好,与 Rose 模型和 Keer 模型均有较好相关性。裂纹面张开位移和应力强度因子理论解较有限元解略大,这是因为计算裂纹面张开力 σ_0 时,近似认为补片与金属板刚性连接,这样的假设导致施加在裂纹面上的应力 σ_0 大于真实值,计算得到的裂尖应力强度因子稍微偏大。当裂纹小于特征裂纹长度时,载荷主要由金属板承担,补片传递功能没有显现出来,在裂纹尖端产生严重应力集中。当裂纹大于特征裂纹长度 a_{eff} 时,复合材料胶接修补金属裂纹板修补效益随着裂纹长度的增加而更加明显,并且应力强度因子逐渐接近上限值 $K_{I\infty}^{double}$。

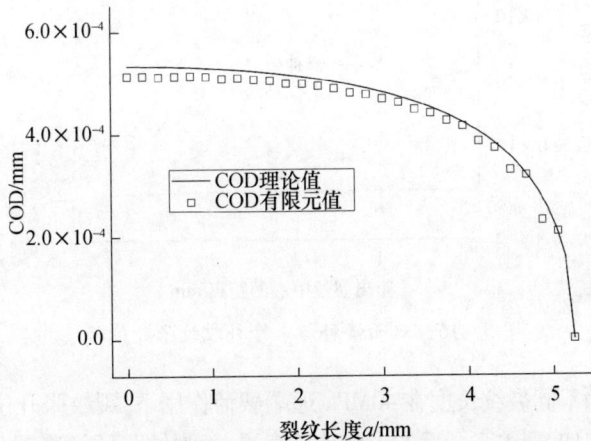

图 5 – 18 裂纹张开位移解析解与有限元解

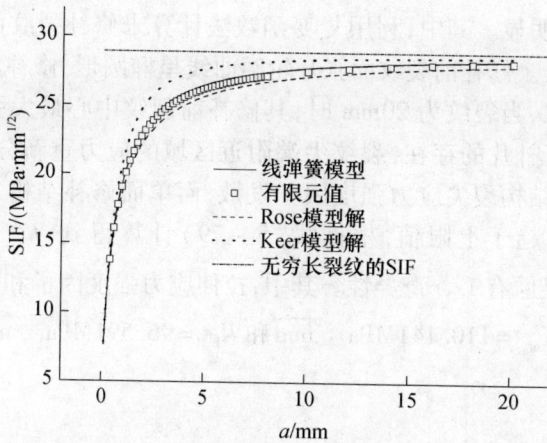

图 5 - 19 不同修补结构裂尖应力强度因子模型

5.4.3 单面胶接修补裂纹板

针对航空铝合金 LY12CZ 裂纹板 T300/E51 复合材料单面胶接修补结构的几何、边界和材料对称特点,建立关于 yoz 平面对称模型,几何尺寸及网格如图 5 - 20 所示。因为板壳内的应力应变场沿厚度方向变化,因此板壳断裂问题的实质是三维断裂力学问题,金属板和复合材料补片均采用三维实体单元,胶层采用三维 cohesive 单元。除金属裂纹板与补片厚度均为 1.5mm 外,其余几何尺寸和材料力学性能参数与双面胶接修补相同。

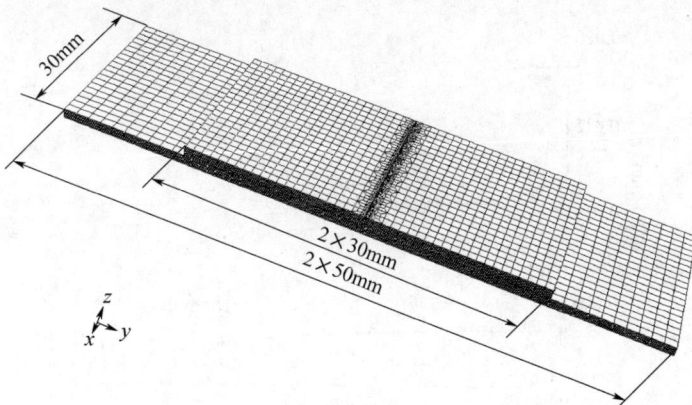

图 5 - 20 裂纹板单面修补几何尺寸及网格划分

图 5 - 21 和图 5 - 22 所示为单面胶接修补金属板裂纹尖端应力强度因子和裂纹面张开位移随裂纹长度增加的变化规律。分析发现,由于补片的"架桥"和"止裂"作用,有效地抑制了裂纹面张开,改善了裂尖场,降低了裂尖应力强度

因子,修补效果明显。其中,利用复变函数法计算未修补裂纹面张开位移及裂尖应力强度因子。修补前裂纹面张开轮廓曲线呈椭圆形,修补后裂纹面张开轮廓曲线呈扁平状,当裂纹为 20mm 时,其修补前裂纹中心最大张开位移约是修补后 6 倍。由于补片的存在,裂纹尖端附近区域的应力重新分布,随着裂纹长度增加,未修补结构裂尖应力强度因子发散,而单面修补结构裂尖应力强度因子很快收敛,并趋于上限值,根据式(5 − 79)计算得到,$K_{l\infty}^{single} = 123.230$MPa $\sqrt{\text{mm}}$,不再满足原有 $1/\sqrt{r}$ 奇异性。其中,拉伸应力强度因子和弯曲应力强度因子分别收敛于 $K_{m\infty} = 110.141$MPa $\sqrt{\text{mm}}$ 和 $K_{b\infty} = 96.591$MPa $\sqrt{\text{mm}}$。

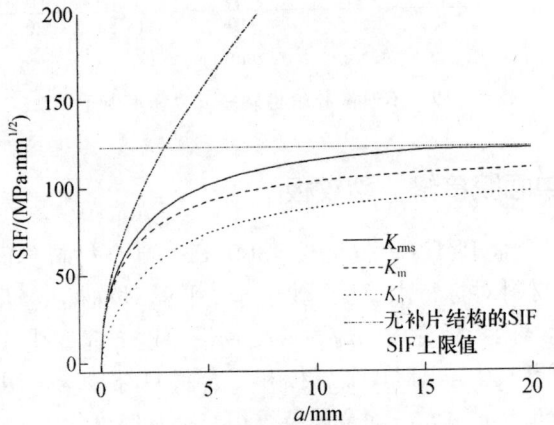

图 5 − 21 单面修补应力强度因子

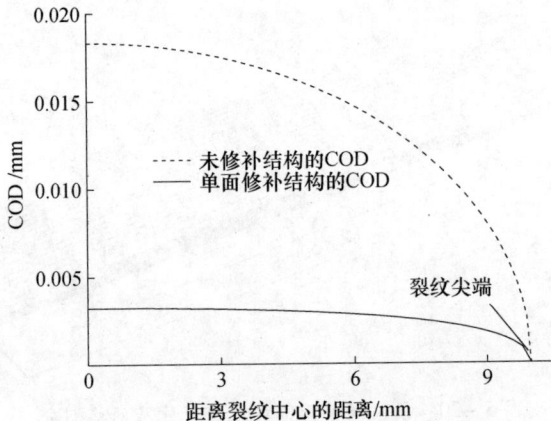

图 5 − 22 单面修补与未修补裂纹张开位移

图 5 − 23 和图 5 − 24 所示为金属板裂纹面张开位移和转角随裂纹长度增加的分布规律,分析发现,裂纹面张开后的形状更加趋于扁平。其中,裂纹面最

大张开位移和转角均趋于上限值,根据式(4-55)计算得到 4.9×10^{-3} mm 和 3.0×10^{-3} rad。

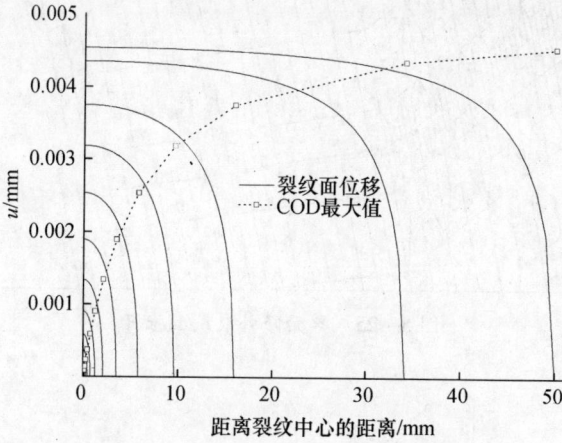

图 5-23　不同裂纹长度下裂纹面张开位移

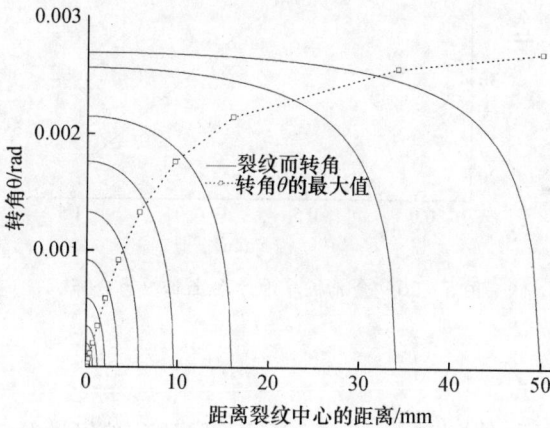

图 5-24　不同裂纹长度下裂纹面转角

　　由于非对称单面修补,偏心加载导致裂纹板承受横向弯矩,修补面裂纹张开较小,而未修补面裂纹张开较大,如图 5-25 所示。图 5-26 所示为金属板在裂纹位置厚度方向截面正应力有限元数值解和理论解分布比较,两者较为吻合,由于弯曲效应,截面正应力在厚度方向上从未修补面到修补面线性减小。根据板壳断裂力学,裂纹面前缘会产生弯曲应力强度因子和拉伸应力强度因子。图 5-27 所示为金属板裂纹尖端应力强度因子有限元数值解和理论解在厚度方向上的变化规律,两者较为吻合,从未修补面到修补面线性减小。考虑金属裂纹板为薄板,忽略其横向的剪切变形,可以近似认为应力和应力强度因子沿厚度方向线性变化。

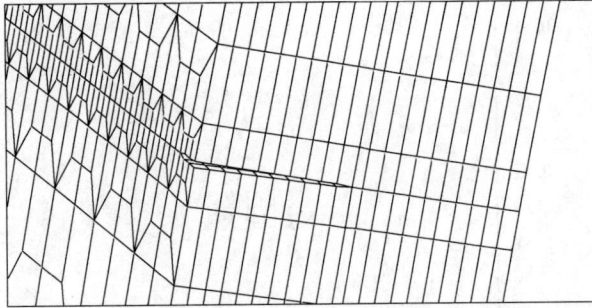

图 5 - 25　单面修补裂纹面张开

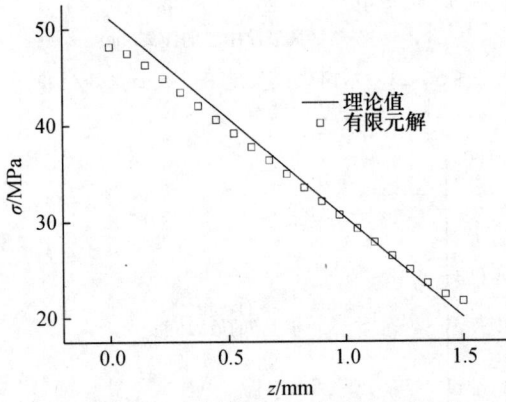

图 5 - 26　金属板厚度方向上正应力分布

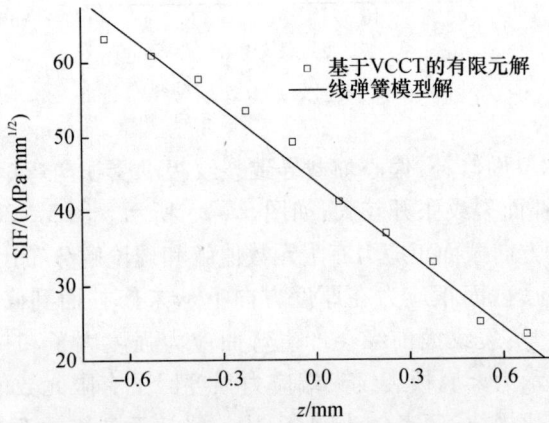

图 5 - 27　应力强度因子理论解与有限元解

图 5-28 所示为金属板裂纹尖端应力强度因子在不同裂纹长度情况下沿厚度方向上的分布情况。当裂纹较短时,可以近似认为载荷全部由金属板传递,相当于补片不存在,弯曲效应影响很小,修补面和未修补面裂尖应力强度因子相差较小。随着裂纹长度的增加,补片传递了原来由裂纹区域传递的载荷,弯曲效应影响变大,修补面和未修补面裂尖应力强度因子差值增加。当裂纹长度增加到某一特征长度后,裂尖场趋于稳定,修补面和未修补面裂尖应力强度因子趋于恒定。

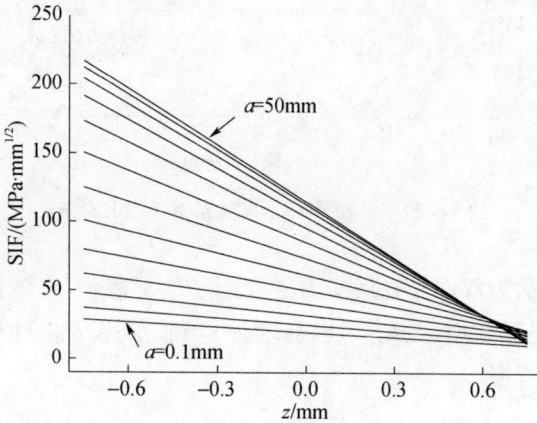

图 5-28　厚度方向应力强度因子分布

5.5　胶粘剂和补片参数对应力强度因子影响分析

含穿透性裂纹损伤金属板在复合材料双面和单面胶接修补后,由于补片的搭桥和传力作用,有效抑制了裂纹张开,降低了裂尖应力强度因子,抗断裂性能显著提高。在疲劳载荷作用下,胶接修补可以有效增加裂纹扩展寿命。而修补参数的选择对裂尖断裂参量会产生较大影响,从而影响修补效果。前面两节利用超奇异积分方程方法,建立了双面和单面修补的应力强度因子的数值计算模型,并用有限元方法验证了该方法的正确性和有效性。本节利用建立的模型,以应力强度因子为判定参数,分析修补参数对修补效果的影响。

5.5.1　双面胶接修补参数分析

图 5-29 所示为双面胶接修补后,不同胶层厚度下的应力强度因子的分布规律,可见对于固定的裂纹长度,应力强度因子随着胶层厚度增加而递增。

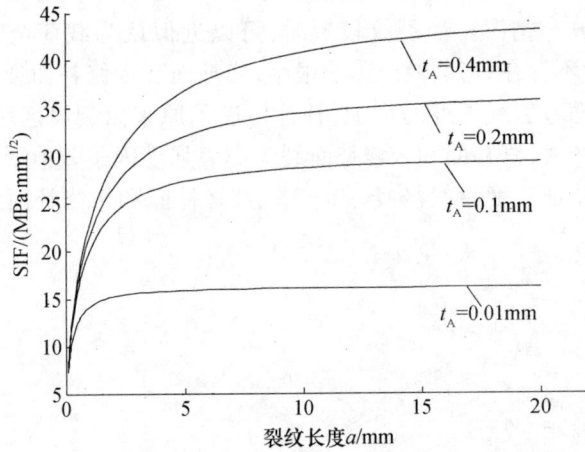

图 5-29　双面修补不同胶层厚度 SIF 分布

图 5-30 所示为双面修补后应力强度因子的上限值 $K_{I\infty}^{double}$ 随胶层厚度的变化规律,随着胶层厚度增加, $K_{I\infty}^{double}$ 也会增加,当胶层厚度超过 0.1mm 后, $K_{I\infty}^{double}$ 增加的趋势逐步减慢。

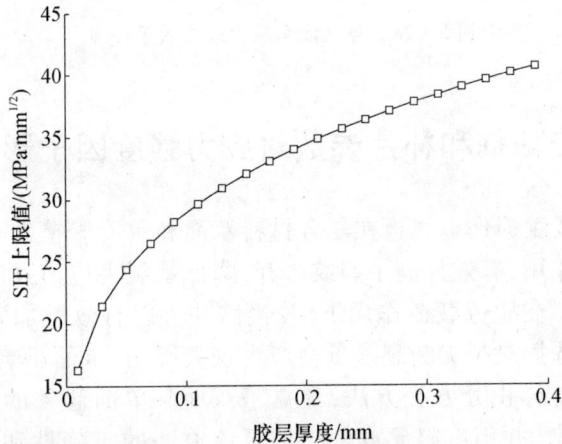

图 5-30　双面修补 SIF 上限值随胶层厚度变化

图 5-31 所示为不同胶层剪切模量下,双面修补后应力强度因子的分布规律,随着胶层剪切模量增加,应力强度因子变小。

图 5-32 所示为双面修补后应力强度因子的上限值 $K_{I\infty}^{double}$ 随胶层剪切模量的变化规律,随着胶层剪切模量增加, $K_{I\infty}^{double}$ 会相应减小,减小速率由快变慢。

100

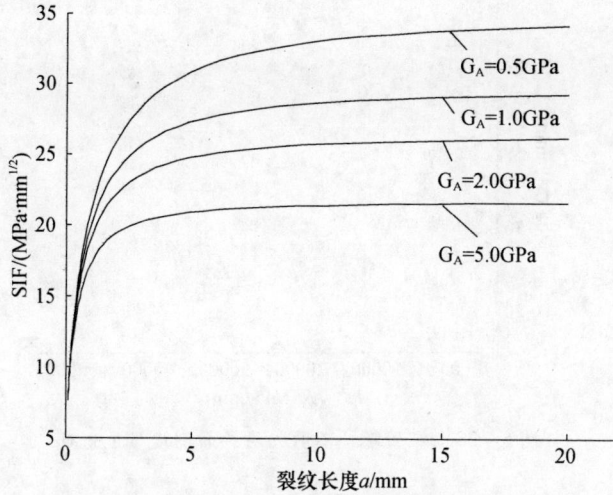

图 5 - 31　双面修补不同胶层剪切模量 SIF 分布

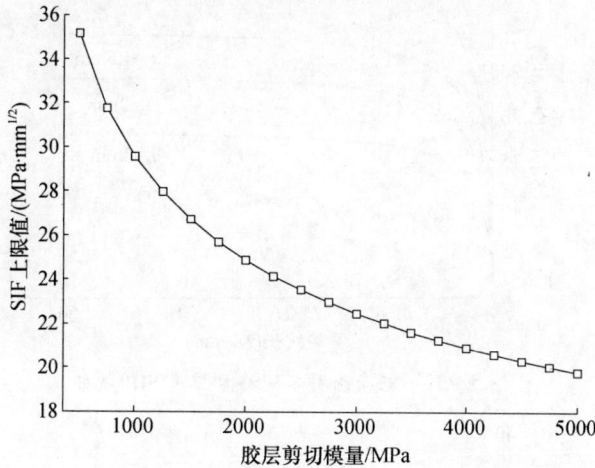

图 5 - 32　双面修补 SIF 上限值随胶层剪切模量变化规律

根据式(5 - 20),定义胶层界面刚度 $R = G_A / t_A$,R 是影响双面修补后裂尖应力强度因子上限值 $K_{I\infty}$ 的重要参数,图 5 - 33 所示为胶层界面刚度 R 随裂尖应力强度因子上限值 $K_{I\infty}$ 的变化曲线,增加胶层界面刚度 R 能显著降低应力强度因子,针对所计算的实例,当 $R > 10000\,\mathrm{MPa/mm}$ 时,裂尖应力强度因子会大幅度降低,之后减小速度降低。

图 5 - 34 所示为不同补片厚度下,双面修补后应力强度因子的分布规律,随着补片厚度增加,应力强度因子会整体变小。

图 5 - 35 所示为双面修补后应力强度因子的上限值 $K_{I\infty}^{\mathrm{double}}$ 随补片厚度的变化规律,随着补片厚度增加,$K_{I\infty}^{\mathrm{double}}$ 会减小,减小速率由快变慢。

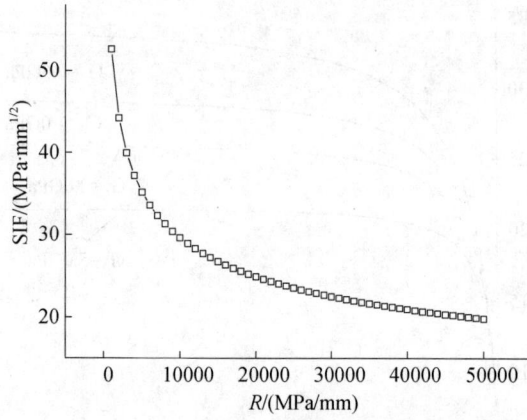

图 5 – 33   双面修补不同胶层界面刚度 SIF 分布

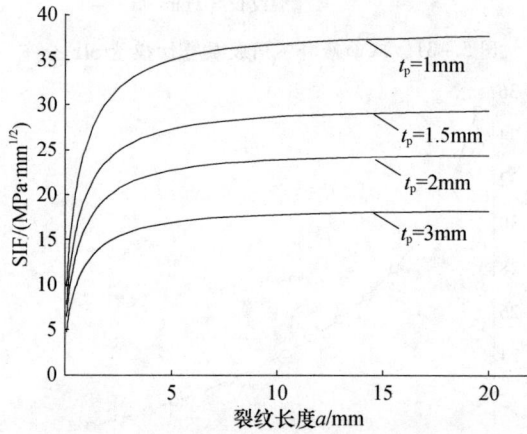

图 5 – 34   双面修补不同补片厚度 SIF 分布

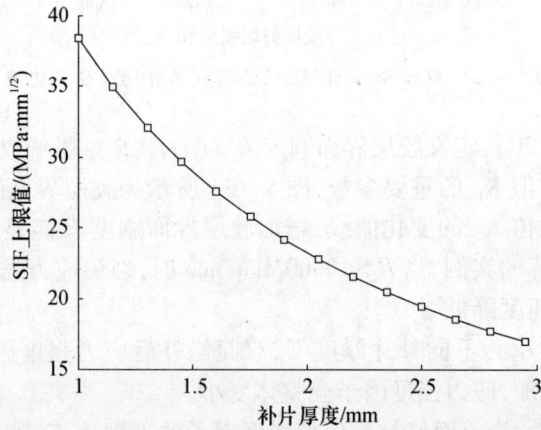

图 5 – 35   双面修补 SIF 上限值随随补片厚度变化规律

图 5 - 36 所示为不同补片弹性模量下,双面修补后应力强度因子的分布规律,随着补片弹性模量增加,应力强度因子会整体变小。

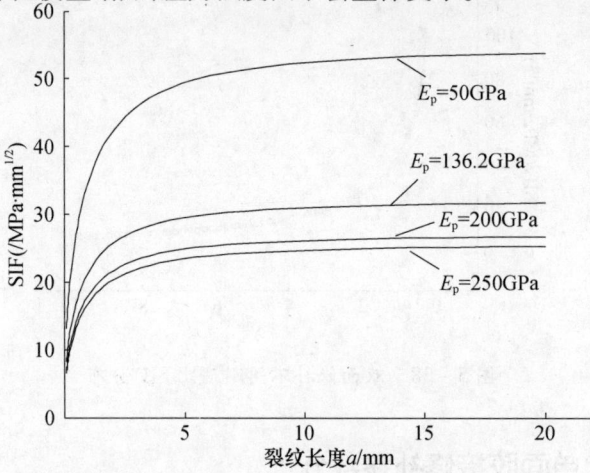

图 5 - 36　双面修补不同补片弹性模量 SIF 分布

图 5 - 37 所示为双面修补后应力强度因子的上限值 $K_{\mathrm{I}\infty}^{\mathrm{double}}$ 随补片弹性模量的变化规律,随着补片弹性模量增加,$K_{\mathrm{I}\infty}^{\mathrm{double}}$ 会减小,减小速率由快变慢。

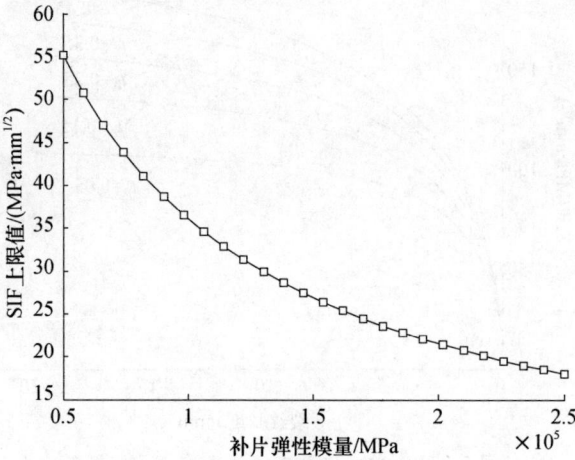

图 5 - 37　SIF 上限值随补片弹性模量变化规律

根据式(5 - 20),补片与金属板刚度比 S 是影响双面修补后裂尖应力强度因子上限值 $K_{\mathrm{I}\infty}$ 的重要参数,图 5 - 38 所示为补片与金属板刚度比 S 随裂尖应力强度因子上限值 $K_{\mathrm{I}\infty}$ 的变化曲线,增加刚度比 S 能显著降低应力强度因子,针对所计算的实例,当刚度比 S 大于 2 时,裂尖应力强度因子会大幅度降低,之后减小变得缓慢。

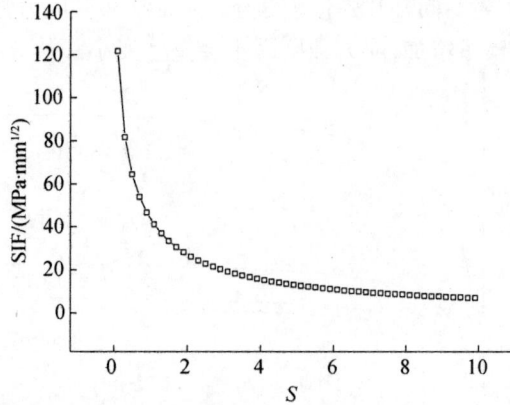

图 5-38　双面修补不同刚度比 SIF 分布

5.5.2　单面胶接修补参数分析

图 5-39 所示为不同胶层厚度下,单面修补后应力强度因子的分布规律,随着胶层厚度增加,应力强度因子也会相应增加。

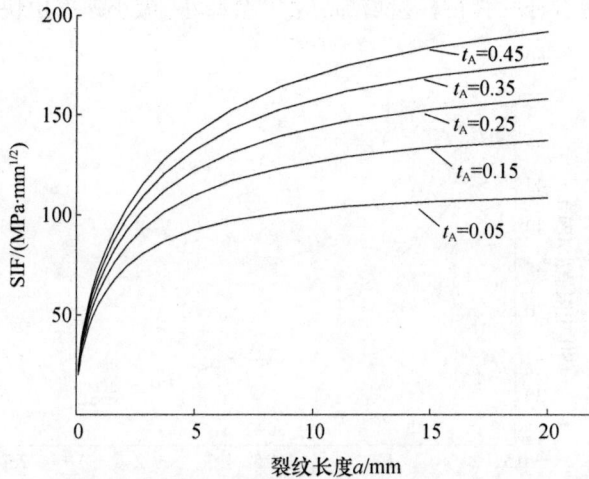

图 5-39　单面修补不同胶层厚度 SIF 分布

图 5-40 所示为单面修补后应力强度因子的上限值 $K_{I\infty}^{single}$ 随胶层厚度的变化规律,随着胶层厚度增加,$K_{I\infty}^{single}$ 也会增加,增加速率由快变慢,尤其是在 0.1mm 以下胶层厚度的增加会显著增加修补后应力强度因子的上限值 $K_{I\infty}^{single}$。

图 5-41 所示为不同胶层剪切模量下,单面修补后应力强度因子的分布规律,随着胶层剪切模量增加,应力强度因子会整体变小。

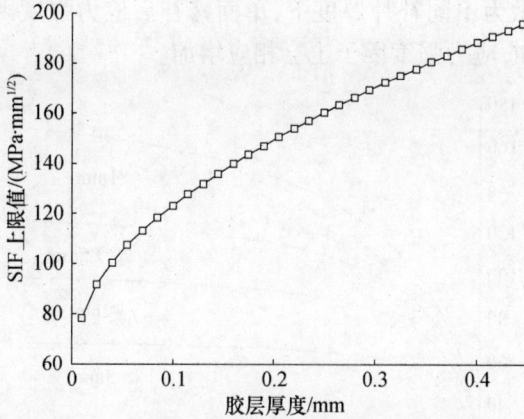

图 5-40　单面修补 SIF 上限值随胶层厚度变化

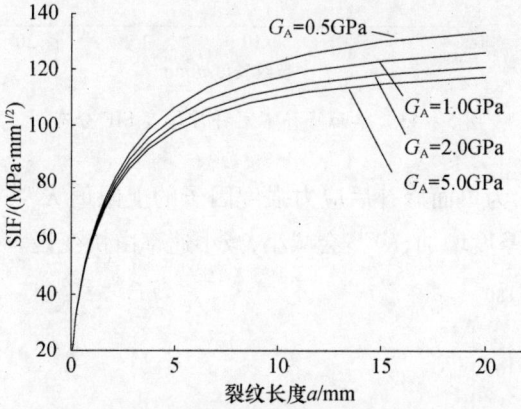

图 5-41　单面修补不同剪切模量胶层的 SIF 分布

图 5-42 所示为单面修补应力强度因子上限值 $K_{I\infty}^{single}$ 随胶层剪切模量的变化规律,随着胶层剪切模量增加,$K_{I\infty}^{single}$ 减小,减小速率由快变慢。

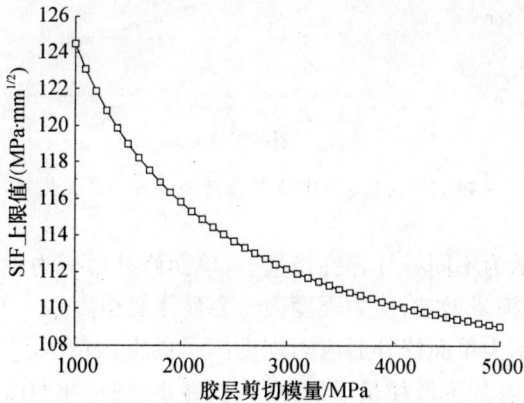

图 5-42　单面修补 SIF 上限值随胶层剪切模量变化规律

图 5 – 43 所示为不同补片厚度下,单面修补后应力强度因子的分布规律,随着补片厚度增加,应力强度因子也会相应增加。

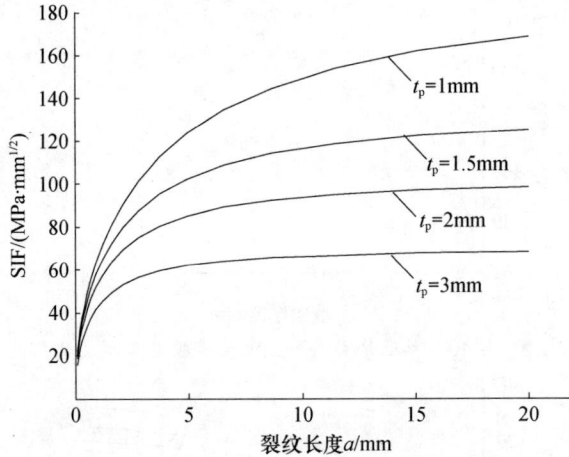

图 5 – 43   单面修补不同补片厚度 SIF 分布

图 5 – 44 所示为单面修补后应力强度因子的上限值 $K_{I\infty}^{single}$ 随补片厚度的变化规律,随着补片厚度增加,$K_{I\infty}^{single}$ 会减小,减小速率由快变慢。

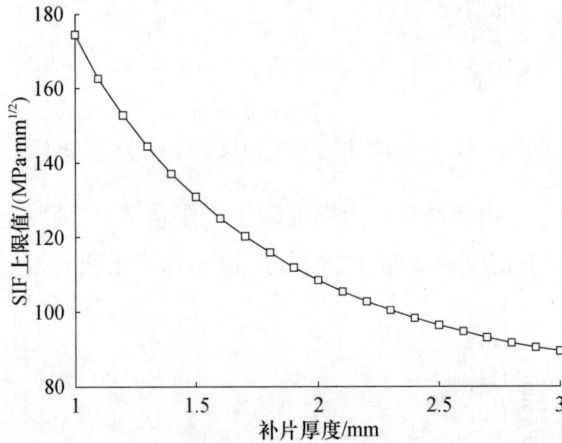

图 5 – 44   单面修补 SIF 上限值随随补片厚度变化规律

图 5 – 45 所示为不同补片弹性模量下,单面修补后应力强度因子的分布规律,随着补片弹性模量增加,应力强度因子会整体变小。

图 5 – 46 所示为单面修补后应力强度因子的上限值 $K_{I\infty}^{single}$ 随补片弹性模量的变化规律,随着补片弹性模量增加,$K_{I\infty}^{single}$ 会减小,减小速率由快变慢。

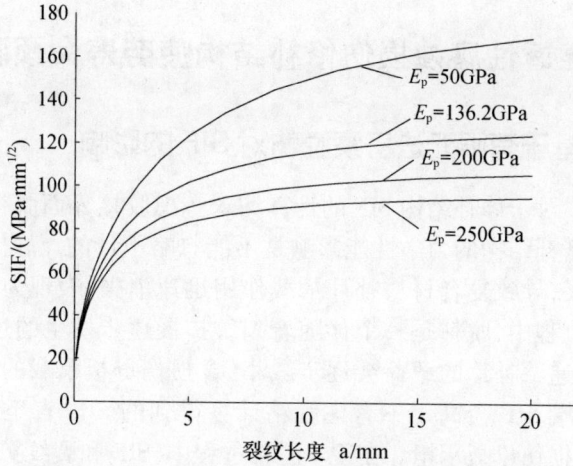

图 5-45　单面修补不同补片弹性模量 SIF 分布

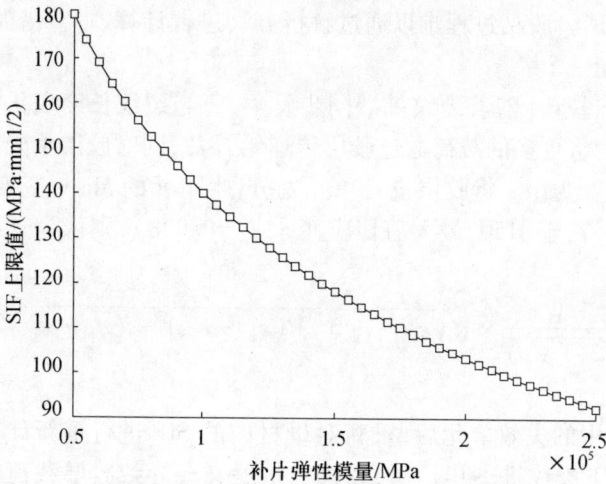

图 5-46　单面修补 SIF 上限值随随补片弹性模量变化规律

　　比较单面参数分析与双面参数分析中各修补参数对应力强度因子的影响规律,分析发现,虽然单面修补引起的弯曲效应会降低修补效果,但是其胶层和补片参数对应力强度因子的影响规律与双面修补一致。根据单面修补应力强度因子上限值的表达式(5-79),无法写成关于界面刚度 R 和补片与金属板刚度比 S 的表达式,但是对照双面修补的情况,可以得到与双面修补类似的结论,即界面刚度 R 和补片与金属板刚度比 S 是影响双面和单面修补后裂尖应力强度因子的两个重要参数,这对修补工艺设计中材料选择和尺寸优化有重要工程实际意义。

5.6 穿透性腐蚀损伤修补结构疲劳寿命预测研究

5.6.1 基于有限元法考察脱粘对 SIF 的影响

前面讨论中对于修补结构 SIF 的计算均未考虑胶接界面脱粘,而实验结果表明脱粘对于修补结构的力学性能影响是不能忽略不计的。静拉伸过程中,胶层脱粘迅速发展,导致复合材料补片承载作用迅速消失,表现为结构的拉伸载荷骤降。疲劳过程中,脱粘是一个伴随着裂纹扩展逐步发生的过程,在脱粘过程中,胶粘剂传递给补片的载荷会逐步减小,含损伤母板承载的载荷会逐步增加,导致裂纹尖端 SIF 会高于不考虑脱粘计算得到的 SIF,直至胶接面完全脱开,载荷完全由损伤母板承担。在逐步脱粘过程中,SIF 和裂纹扩展速率的变化会更为复杂。如果不考虑脱粘的影响,会低估裂纹扩展速率,从而高估构件的疲劳寿命。因此研究脱粘对于 SIF 的影响对于评估胶接修补结构的疲劳寿命具有重要的价值。脱粘过程难以通过解析方法进行计算,本节借助有限单元法对 SIF 进行修正。

假设脱粘过程伴随着裂纹扩展同步发生,每当裂纹长度变化,由于母板承载面积的减小,将更多的载荷通过胶层传递给补片,同时胶层承受的载荷变化,应力应变也发生变化。将胶层进行单元划分,当单元的 Mises 应变值超过胶层最大剪应变值(对于 J150,最大剪切应变 $\gamma_{max}^{(A)} = 0.028$),则认为这些单元失效,即失效判据为

$$\varepsilon_{equiv} = \frac{1}{\sqrt{2(1+v)}} \times \sqrt{(\varepsilon_{p1} - \varepsilon_{p2})^2 + (\varepsilon_{p2} - \varepsilon_{p3})^2 + (\varepsilon_{p1} - \varepsilon_{p3})^2} \geq \gamma_{max}$$

$$(5-82)$$

去除胶层中的失效单元后,重新对母材内的 SIF 进行重新计算,并在此修正的 SIF 驱动下裂纹进一步扩展,裂纹的扩展又会导致胶层载荷的重新分布,使得胶层中失效单元的数量持续增加。显然失效的单元增多的过程就代表了脱粘过程。为此定义这些失效单元体积与胶层体积之比为胶层的损伤率如下:

$$D_R = \sum V_i / V \qquad\qquad (5-83)$$

式中:V_i 为失效单元的体积;V 为胶层的总体积。对于 J150 胶粘剂,修补结构静拉伸的有限元模拟结果表明,完全脱粘前约有 22% 的胶层的应变值超过了最大剪切应变。这说明对于本书第三章中的实验而言,当 $D_R = 0.22$ 时,可以认为胶层已经发生破坏。

5.6.2 疲劳寿命预测研究

参考 3.5 节中对于裂纹扩展寿命计算的思路,同样将裂纹扩展 Δa 划分为

多个增量步 Δa_1、Δa_2、$\cdots$、Δa_j、Δa_{j+1}、$\cdots$、Δa_n，假定每一个增量步内 SIF 幅值不变,在每一个增量步内,首先计算静载下胶层的应变值,去除失效单元,通过 5.3 或者 5.4 节提供的方法计算母板裂纹尖端 SIF 幅值,在该 SIF 下扩展到下一个增量步,重复上述过程,直至 SIF 幅值超过母板断裂韧性或者裂纹的长度 a 超过试件宽度 W 的一半,认为试件失效,计算终止。

计算流程如图 5 - 47 所示。

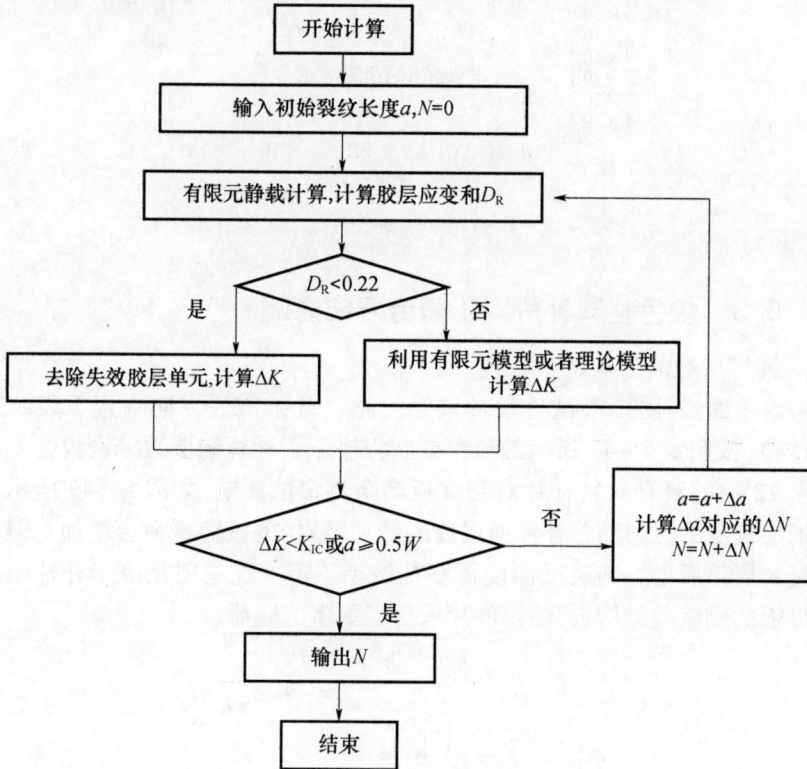

图 5 - 47 结构疲劳性能计算流程图

对于本书第三章所采用的几种修补试件,疲劳预测结果与试验结果的对比如图 5 - 48 所示。

可以看出,相对于 3.5 节的计算结果,本节计算流程所给出的结果与试验结果更为接近,说明考虑胶层脱粘因素对于提高修补结构的疲劳寿命预测精度是有价值的。但是修补件疲劳寿命试验结果仍然高于达多数的试验结果,尤其是双面胶接修补试件。这主要是因为在本节的计算过程中双面修补试件两个胶层的破坏是同时发生的,但是实际由于加工精度的不同,胶层的破坏是有先后差别的,而在计算过程中则没有考虑这一现象的发生,胶层破坏后,补片完全失效,损伤母板单独承受疲劳载荷,计算所反映出来的失效过程与试验中观测到的失效过程还是具有比较大的差异,胶层失效的时机不一致。

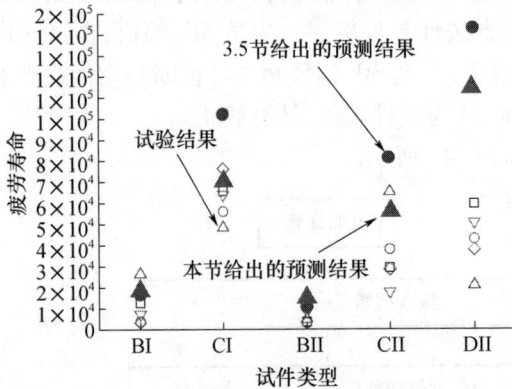

图 5-48　疲劳寿命预测值与试验值的对比

5.6.3　复合材料补片对于疲劳寿命影响

1. 铺层层数的影响

考虑单面修补方式,试件尺寸同第三章。纤维铺层方向垂直于裂纹方向(0°方向),按照图 5-47 所示的流程编制程序分别计算铺层数分别设为 1 层、2 层直至 12 层的复合材料补片对裂纹板剩余寿命的影响,如图 5-49 所示。可见当铺层较少的时候随着补片铺层数的增加,结构的疲劳寿命会增加。但是铺层超过 8 层以后增加铺层反而使得修补效果下降。这主要是由于补片刚度与损伤母板的刚度差异增大,使得补片承受了更多的载荷。

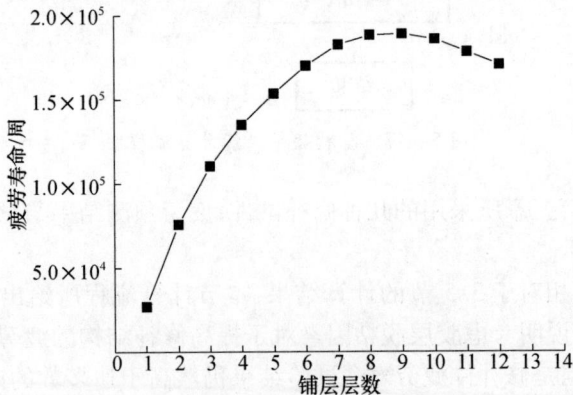

图 5-49　疲劳寿命随铺层数量变化曲线

2. 铺层顺序的影响

考虑单面修补方式。补片的铺层数均为 8 层,补片铺层顺序分别设定为准各向同性[0°/90°/±45°]$_2$、正交铺层[0°/90°]$_4$、单向铺层[0°]$_8$试件的疲劳寿命,如图5-50所示。除了正交铺层修补试件寿命相对略低一些以外,其他两种铺层差别不大。说明铺层顺序的影响并不是太大,补片本身没有发生破坏,效果相差并不大。

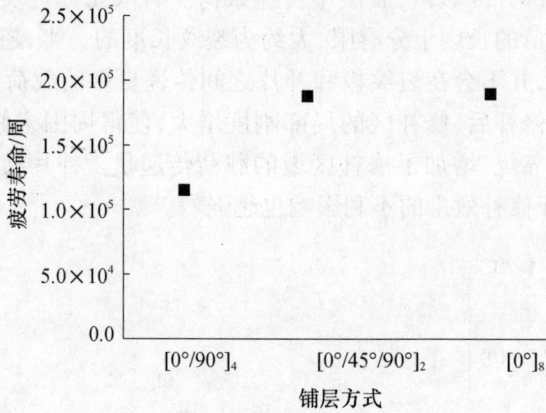

图5-50 疲劳寿命随铺层方式变化曲线

3. 补片宽度的影响

平行于裂纹的方向为补片的宽度方向。考虑单面修补方式,[0°/90°/±45°]$_2$。固定其他修补参数,补片宽度从20mm(裂纹长度)变化到60mm(损伤母板宽度),疲劳寿命的变化如图5-51所示。随着补片宽度的增长,疲劳寿命增加。

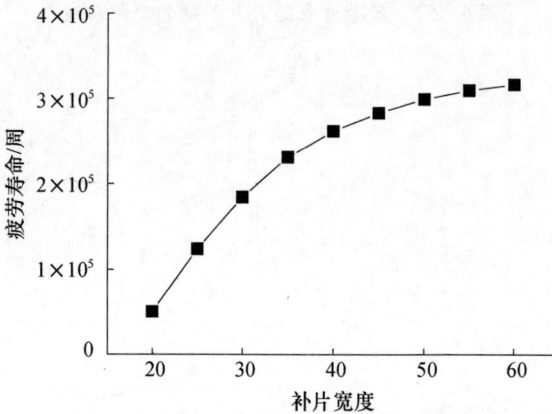

图5-51 疲劳寿命随补片宽度的变化曲线

4. 补片长度的影响

垂直于裂纹的方向为补片的长度方向。考虑单面修补方式,[0°/90°/

±45°]$_2$。固定其他修补参数,补片长度从 10mm 变化到 90mm,疲劳寿命的变化如图 5 - 52 所示。可以看出疲劳寿命随着补片长度增长呈现先增后减的趋势。这种现象解释如下:(1)根据胶接模型的结论,只有在接头自由端(端头)很小的一部分胶层内发生剪切变形且传递载荷,并且很快以幂指数衰减到零,而在接头内的大部分区域内,胶层不传递载荷。有限元分析表明,胶接修补结构中胶层传递载荷的长度十分有限,大约为裂纹长度的一半,超过此值后,补片长度进一步增加,并不会在裂纹板和补片之间传递更多的载荷。(2)裂纹板经过复合材料胶接修补后,修补区的局部刚度增大,使得周围未修补金属板的载荷向着修补区域靠拢,增加了修补区域的载荷传递量。补片长度越大,修补区的刚度越大,对于修补效果的不利影响也越强烈。

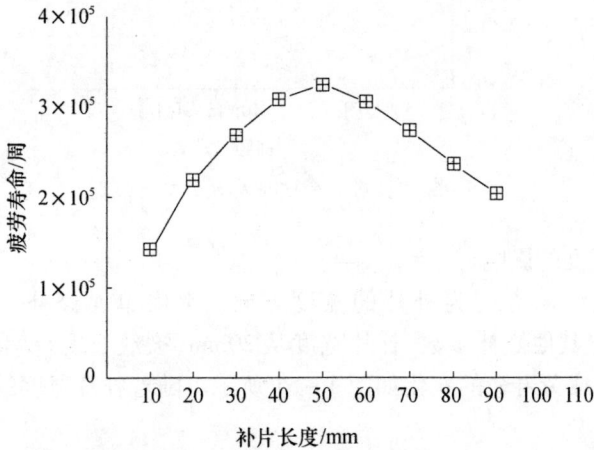

图 5 - 52 疲劳寿命随补片长度的变化曲线

第六章　半穿透性损伤结构复合材料胶接修复结构的渐进失效分析

在工程实际问题中，由于结构几何形状、材料性能和外部载荷的不规则性，使得力学问题的求解十分困难，很难得到精确解析解。有限元法是在差分法和变分法的基础上发展起来的一种数值方法，由于有限元法采用了离散处理，能够处理更为复杂的力学问题，计算也简单，因而具有广泛的应用价值。

飞机机体结构在大气环境尤其是海洋环境中，不可避免会出现腐蚀损伤，随着服役时间的延长，飞机结构的腐蚀问题越也越来越严重，这些腐蚀严重缩短了飞机的日历寿命。复合材料胶接修补腐蚀损伤不仅能够提高含腐蚀损伤结构的剩余强度和剩余寿命，而且能够有效阻止腐蚀进一步发展。对腐蚀损伤进行复合材料修补前需要对腐蚀损伤区域进行打磨，彻底去除腐蚀产物，由于腐蚀损伤的形貌一般都比较复杂，打磨后的腐蚀坑形状也不规则，对于这样的半穿透性腐蚀损伤复合材料胶接修补很难用传统的连续介质力学方法，确定合理的边界条件，建立解析模型。前两章建立的修补结构理论力学模型都是建立在大量线性假设基础上，不能进行非线性的失效分析，无法预测胶接界面行为，以及这种多层非匀质胶接结构在复杂外载荷条件下的破坏模式和强度。由于有限元法在复合材料补片胶接修理飞机金属结构力学性能分析中的优越性，国内外的研究者利用有限元技术开展了大量研究工作，建立了多种数值计算模型，其中，常见的有限元模型有"双板－胶元模型""双板－弹簧元模型"以及"三板模型"。但是这些模型均未考虑材料损伤，无法对于失效行为进行分析。本章考虑修补结构中金属母板、胶层和复合材料补片不同的失效形式及损伤演化的规律，利用渐进失效分析方法，建立飞机金属结构腐蚀损伤的复合材料修补力学分析三维数值模型，采用分步加载，循环迭代的技术，准确预测了修补结构的失效载荷和失效模式，计算修补结构的破坏应力，揭示其破坏模式与破坏应力之间的定量关系。

6.1　修补结构损伤累积过程

含半穿透性损伤金属板在复合材料单面胶接修补之后，会改变结构的受力特性、传力路线和损伤区域的应力应变场。由于胶层和各向异性复合材料的引入，多层修补结构的强度问题更加复杂。修补结构的破坏都是从最薄弱的环节开始,逐渐发展至整体破坏。金属腐蚀损伤复合材料修补结构承受拉伸载荷的失效机理非常复杂,其破坏模式包括以下三种破坏形式,并表现为多损伤失效模式的相互耦合。

(1) 金属板韧性断裂;

(2) 复合材料补片面内纤维和基体损伤及面外分层损伤;

(3) 胶层剪切/剥离破坏。

在静载作用下金属材料的韧性断裂是指金属材料经过剧烈塑性变形后发生的宏观断裂;纤维增强复合材料层合板的破坏是一种不同形式损伤(基体开裂、纤维断裂、基纤剪切和分层等)不断累积、结构刚度的不断退化和载荷不断重新分配以及承载能力的不断降低的复杂非线性逐渐劣化失效过程;胶层剪切/剥离破坏是胶层界面应力/应变大于许用值而出现的脱粘现象。因此,复合材料补片胶接修补飞机金属结构的失效进行分析评估时,尽可能全面地考虑多损伤模式情况以及它们之间的耦合作用。渐进损伤分析方法主要包括有限元应力求解、材料点失效准则分析和材料性能退化。综合考虑以上三种损伤,利用渐进损伤分析方法,分步逐级加载,循环迭代直至结构整体失效,半穿透性损伤单面修补结构的失效过程基本流程如图6-1所示。

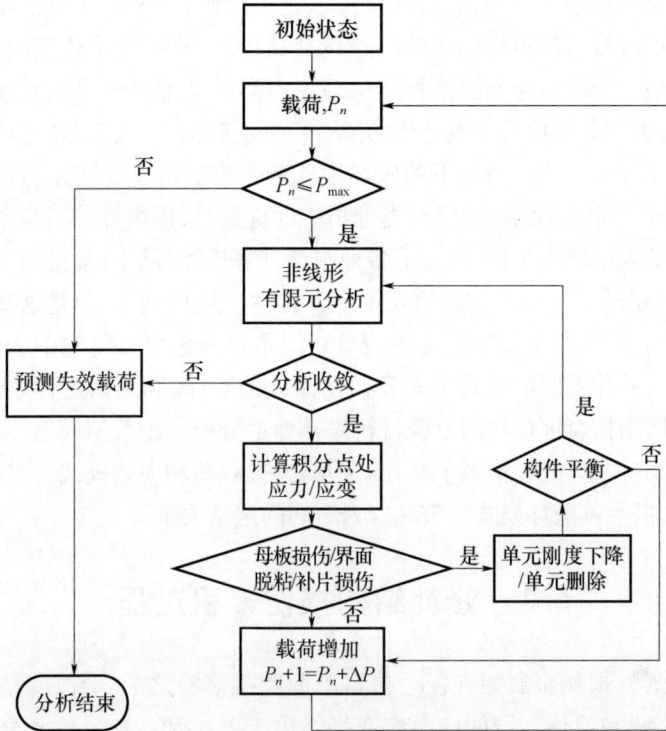

图6-1 半穿透性损伤复合材料单面修补结构渐进损伤分析流程图

6.2　基于损伤力学的金属材料韧性断裂失效分析

金属材料的韧性断裂是航空航天领域中金属结构失效的典型破坏模式,开展韧性断裂的精细化数值仿真研究,韧性断裂过程的损伤演化及其破坏准则的数值计算等问题是保证飞机金属结构可靠性的最基本要求。金属材料的韧性断裂是指金属材料经过剧烈塑性变形后发生的宏观断裂,微观机理表现为微裂纹或微孔洞的成核、长大和聚合等演变过程。因此,可以利用宏细观结合的损伤力学方法研究材料微观的断裂行为,用几个连续的内部损伤场变量来表征细观结构的缺陷引起的材料性能劣化的相对程度,以损伤变量的演化函数来描述材料从变形到破坏,从材料内部损伤到出现宏观裂纹,损伤逐渐累积的整个过程。

6.2.1　基于细观损伤的韧性断裂准则

对现有韧性断裂准则的分析发现,应力三轴度和塑性变形中等效塑性应变率对材料的断裂起着决定性作用。如图 6 - 2 所示,可以将韧性断裂的产生机制归结为两种基本类型:拉伸型韧性断裂和剪切型韧性断裂。拉伸型韧性断裂是在应力状态为高应力三轴度下的破坏形式,对应的微观形貌如图 6 - 3(a)所示,表现为微孔洞体积明显增加,断口被孔洞所覆盖;剪切型韧性断裂是在应力状态为低应力三轴度下的破坏形式,对应的微观形貌如图 6 - 3(b)所示,表现为少量孔洞成核,孔洞体积变化较小,但是孔洞形状沿着剪切带的方向被显著拉长并连成一片。

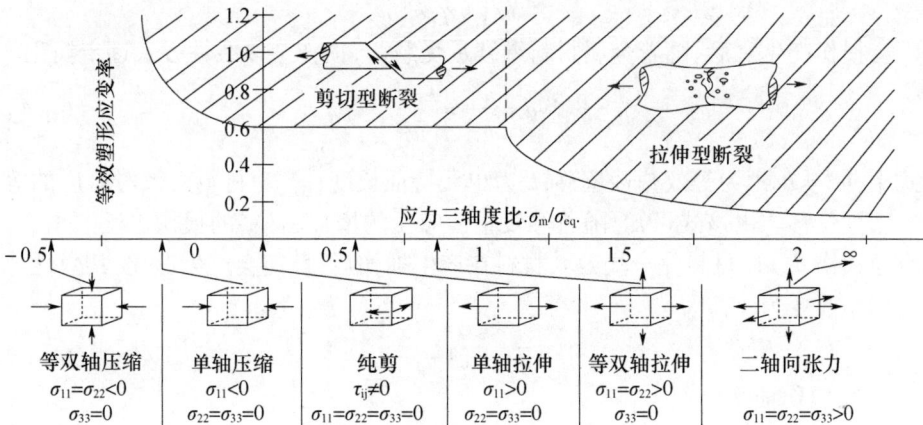

图 6 - 2　韧性断裂类型包线

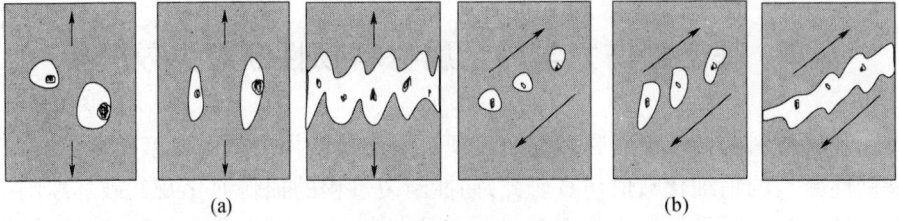

图 6 - 3　韧性断裂类型

(a)拉伸性断裂；(b)剪切性断裂。

1. 拉伸损伤模型

在高应力三轴度下,金属材料表现为拉伸型韧性断裂。在拉伸损伤模型中,等效塑性应变是关于应力三轴比以及等效塑性应变率的函数,即

$$\bar{\varepsilon}_D^{pl} = f(\eta, \dot{\bar{\varepsilon}}^{pl}) \tag{6-1}$$

式中:等效塑性应变 $\bar{\varepsilon}_D^{pl} = \sqrt{\dfrac{2}{3}\varepsilon_{ij}^{pl} \cdot \varepsilon_{ij}^{pl}}$,描述了发生塑性变形的程度; $\dot{\bar{\varepsilon}}^{pl}$ 为等效塑性应变率;应力三轴度比 $\eta = \sigma_m / \bar{\sigma}$,其中, σ_m 为三个主应力之和, $\bar{\sigma}$ 为 Von Mises 等效应力。当塑性应变达到门槛值 ε_0^{pl} 时,材料中开始产生损伤。定义拉伸型损伤状态变量 ω_D:

$$\omega_D = \int \frac{1}{\bar{\varepsilon}_D^{pl}(\eta, \dot{\bar{\varepsilon}}^{pl})} d\bar{\varepsilon}^{pl} \tag{6-2}$$

满足 $\omega_D = 1$ 时,即认为塑性应变达到门槛值,损伤萌生。分析时在每个增量步中, ω_D 的增量可由下式得到:

$$\Delta\omega_D = \frac{\Delta\bar{\varepsilon}^{pl}}{\bar{\varepsilon}_D^{pl}(\eta, \dot{\bar{\varepsilon}}^{pl})} \geqslant 0 \tag{6-3}$$

损伤产生之后,随着金属材料继续承受载荷,损伤会以线性方式逐步演化。

$$d = \frac{\bar{u}^{pl}}{\bar{u}_f^{pl}} = \frac{L\,\bar{\varepsilon}^{pl}}{\bar{u}_f^{pl}} \tag{6-4}$$

式中: $\bar{u}^{pl} = L\,\bar{\varepsilon}^{pl}$ 为等效塑性位移; L 为单元特征长度; $\bar{u}_f^{pl}$ 为材料失效时对应的等效塑性位移。由该式可知,随着等效塑性应变的增加,材料的损伤也逐渐增大,直至损伤 $d = 1$,材料完全失效。材料在产生损伤后,性能会产生退化,其弹性模量发生改变为

$$\tilde{E} = E(1 - d) \tag{6-5}$$

2. 剪切损伤模型

在低应力三轴度下,金属材料表面会形成滑移线,表现为剪切型韧性断裂。与拉伸性损伤模型类似,在剪切损伤模型中,等效塑性应变是关于剪切应力比

116

及等效塑性应变率的函数,即

$$\dot{\bar{\varepsilon}}_s^{pl} = f(\theta_s, \dot{\bar{\varepsilon}}^{pl}) \tag{6-6}$$

式中:$\theta_s = (\sigma_m + k_s\bar{\sigma})/\tau_{max}$ 为剪切应力比,其中 τ_{max} 为最大剪应力,k_s 为材料常数。定义拉伸型损伤状态变量 ω_s:

$$\omega_s = \int \frac{1}{\dot{\bar{\varepsilon}}_s^{pl}(\theta_s, \dot{\bar{\varepsilon}}^{pl})} d\bar{\varepsilon}^{pl} \tag{6-7}$$

当 $\omega_D = 1$ 时,即认为塑性应变达到门槛值,损伤萌生。分析时在每个增量步中,ω_s 的增量可由下式得到:

$$\Delta\omega_s = \frac{\Delta\bar{\varepsilon}^{pl}}{\dot{\bar{\varepsilon}}_s^{pl}(\theta_s, \dot{\bar{\varepsilon}}^{pl})} \geq 0 \tag{6-8}$$

损伤产生之后,随着结构继续承载,损伤以与拉伸型损伤模型相同的方式进行演化,且随着损伤的增大,材料性能也以相同方式退化,直到 $d=1$,材料刚度变为0,承载能力完全失去。

6.2.2　损伤演化规律

损伤的累积会对材料应力-应变关系产生影响,因此含损伤的材料本构关系细观损伤模型可以较为准确地描述金属塑性变形过程中材料细观损伤演化与材料应力-应变本构关系的相互影响。由于对金属材料定义了两种损伤模型,在分析时应定义两种损伤模式,并对应两类损伤变量 $d_{ductile}$ 和 d_{shear}。因此,在对材料性能进行退化时应综合考虑两种损伤的影响,定义总损伤变量 D:

$$D = 1 - (1 - d_{ductile})(1 - d_{shear}) \tag{6-9}$$

如图6-4所示,a点到b点应力/应变为线弹性关系,b点到c点材料发生塑性变形并进入强化阶段。在c点时,材料开始产生损伤,之后材料随着损伤的累积,材料性能的退化越来越明显,承载能力越来越差。当到达f点,损伤 $D=1$ 时,材料刚度变为0,承载能力完全失去。图6-4中虚线为没有考虑损伤演化的应力应变关系。在有限元模型中,利用ABAQUS计算整个加载历程中的各个积分点的损伤值,且各对应单元的材料性能会随着损伤的扩展而逐渐降低,当某个积分点的损伤达到最大值时,单元完全失

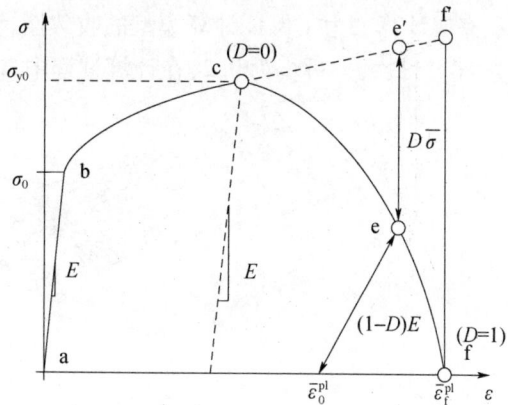

图6-4　考虑损伤累积单轴应力应变关系

117

效并被删除。

6.2.3 数值计算与试验验证

采用飞机金属结构中广泛应用的高强度 LY12CZ 铝合金板作为静拉伸对象,试验件形状尺寸如图 6 - 5 所示,半穿透性圆孔的深度为 1.5mm,静拉伸破坏试验过程参照 GB/T 1447—2005 和 GB/T 228—2002 进行,轴向拉伸速率设定为 0.5mm/min,试件断裂为试验终止判据,试验过程中记录载荷与变形曲线和极限载荷,载荷与位移的测量误差均不超过 1%。

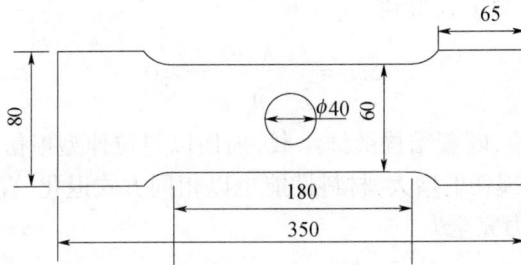

图 6 - 5   含半穿透性损伤金属板(单位:mm,厚度 t = 3mm)

利用 ABAQUS 软件,对含半穿透性损伤铝合金试样进行有限元建模,试样夹持端一边固定,另一边与一参考点 6 自由度完全耦合,并在参考点施加位移载荷。单元类型统一采用 8 节点 6 面体等参数缩减积分单元(C3D8R),对中间考核区域进行网格加密,网格如图 6 - 6 所示。材料本构模型考虑拉伸型和剪切型断裂准则以及材料点损伤演化规律,通过编写用户材料子程序,嵌入到 ABAQUS 算法主程序中,在每个增量步中,对每个单元的积分点进行计算,根据失效准则判断是否出现损失,并且按照损伤变量根据损伤演化规律对材料点应力和应变状态进行更新。增量步结束后,通过子程序计算损伤变量,按照图 6 - 7 所示完成计算。为了保证计算模型的收敛性,设置初始分析步为 0.1,最小分析步为 10^{-6},最大分析步为 0.2,在计算过程中自动优化调整分析步。

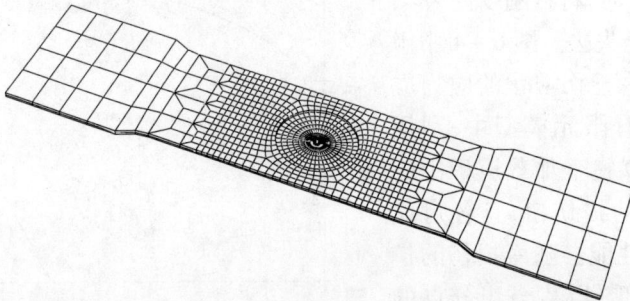

图 6 - 6   含半穿透性损伤金属板几何尺寸及网格划分

118

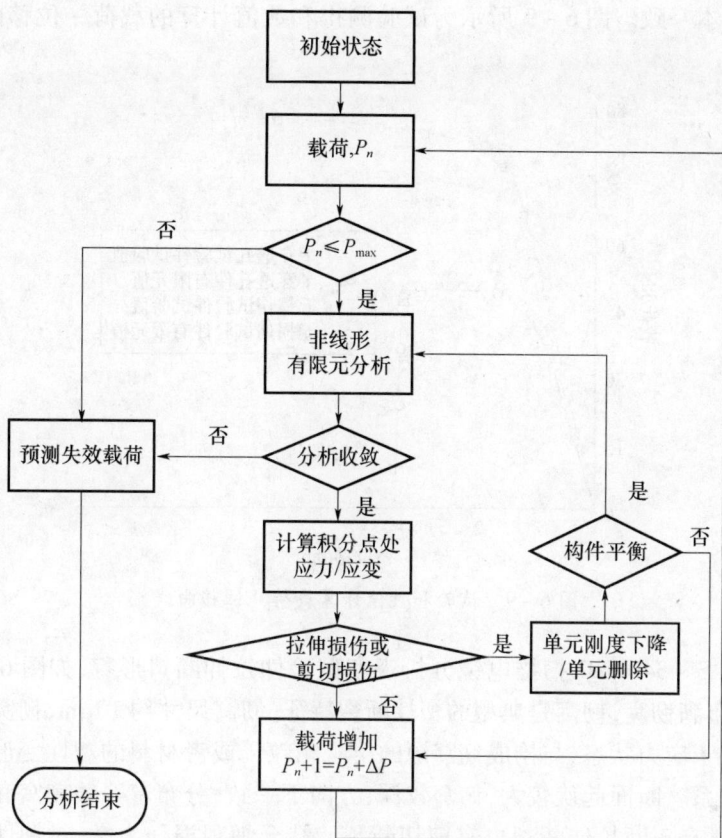

图 6 - 7　塑性损伤渐进分析

　　根据所建立的韧性断裂准则和损伤的演化规律,利用 ABAQUS6.10 有限元软件,模拟了含半穿透性圆孔 LY12CZ 铝合金板单向拉伸过程中裂纹萌生、扩展直至完全断裂的物理过程,拉伸过程中试样裂纹扩展路径和应力云图如图 6 - 8 所示。

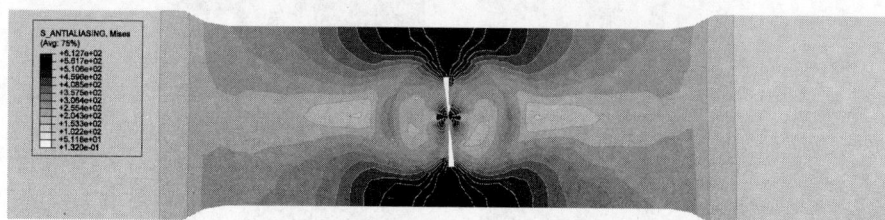

图 6 - 8　裂纹扩展路径和应力云图

　　试件裂纹从缺口处萌生,然后向边缘扩展至断裂,同时伴有颈缩现象。数值计算结果较好地重现了试验过程中的韧性断裂过程,其扩展形貌与路径与试验过程基本一致。图6-9所示为试验测得和数值计算的载荷-位移曲线,吻合较好。

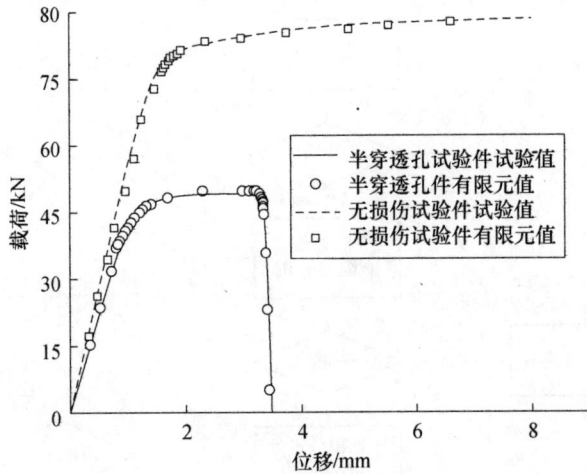

图6-9 试验和数值计算载荷-位移曲线

采用S-3400NII扫描电镜分析观察试验件拉伸断口形貌,如图6-10所示,断面布满韧窝,韧窝是典型的塑性断裂特征,韧窝尺寸约 $10\mu m$,韧窝的形状主要取决于应力状态,与构成韧窝源的第二相粒子或者材料的塑性变形特征几乎没有关系。断面起伏较大,韧窝较深,方向不一致,分布着等轴韧窝和剪切韧窝,说明既有正断拉伸断裂也有剪切断裂。结合细观损伤力学,对韧性金属材料静拉伸试验的破坏过程观察分析表明,其韧性断裂过程大致可分为以下三个阶段:

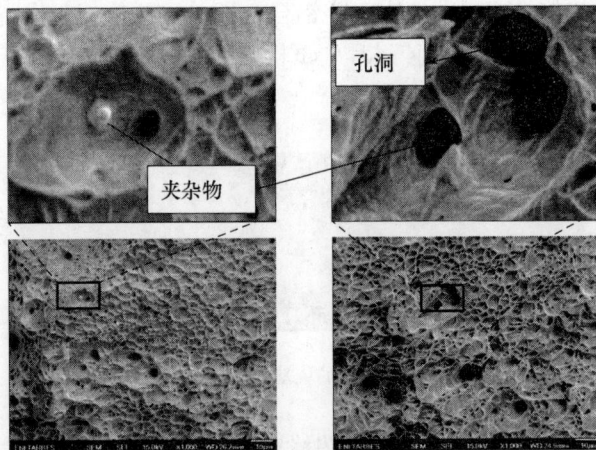

图6-10 拉伸试样断口扫描电镜形貌

（1）微孔洞的成核。因为韧性材料细观结构力学属性的不均匀性，第二相粒子等刚度较大的夹杂周围基体材料在载荷作用下发生塑性流动，使杂质与基体材料的界面失效或使杂质本身断裂而形成孔洞。

（2）微孔洞的扩展。随着外载荷增加，微孔洞周围基体材料塑性流动产生的变形越来越大，微孔洞在塑性变形的驱动下也随之扩展。

（3）微孔洞的聚合。微孔洞附近基体材料的塑性变形达临界尺寸时，微孔洞之间发生塑性失稳，空洞体积变大，形成局部失稳带，失稳带中的二级孔洞汇合形成宏观裂纹。

6.3　复合材料层合板渐进损伤非线性失效分析

复合材料由于具有比强度、比刚度高，破损安全性好和可设计性强等优点，在航空航天等工程中应用非常广泛，对其材料结构的损伤累积及失效规律等力学行为进行分析研究，具有重大的工程价值。纤维增强复合材料层合板在静载作用下的破坏是一种不同形式损伤（基体开裂、纤维断裂、基纤剪切和分层等）不断累积、结构刚度的不断退化和载荷不断重新分配以及承载能力的不断降低的复杂非线性逐渐劣化失效过程。充分认识复合材料层合板的损伤累积和失效破坏过程，预测其破坏模式及破坏强度对复合材料胶接修补结构的失效分析至关重要。

目前，有关复合材料损伤积累及失效规律研究分析的大量文献主要是利用有限元技术，并结合渐进损伤分析（PDA）方法，实现材料失效判断与损伤积累的过程，通过对数值模型中单元材料点的刚度进行折减退化，模拟复合材料损伤演化的过程。渐进损伤分析可以清楚地再现承载层合板内部发生损伤之后载荷的重新分布和损伤的相互作用及扩展过程，并准确预测层合板的局部和整体变形以及最终破坏载荷。

6.3.1　复合材料面内失效准则及损伤演化规律

如图所示 6-11，对于纤维增强复合材料层合板，其力学性能和强度具有显著方向性，1 为纤维方向，2 为横向方向，3 为厚度方向，因此复合材料单层板的基本强度指标主要有沿铺层主方向（即纤维方向）的拉伸强度 X_t 和压缩强度 X_c；垂直于铺层主方向的拉伸强度 Y_t 和压缩强度 Y_c 以及平面内剪切强度 S 等 5 个强度指标。考虑层内纤维和基体损伤，包括纤维拉伸失效、纤维压缩失效、基体拉伸失效和基体压缩失效。每种失效模式可看作是在结构损伤过程中，某种应力分量组合达到特定值时材料点的状态。也就是说，当应力分量组成的函数标量达到特定值，即满足失效准则时，定义为一种失效模式。

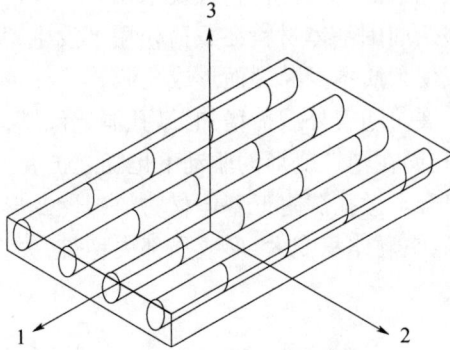

图 6-11 纤维增强复合材料单向单层板

本章根据文献[166]提出的失效准则和损伤演化规律,定义纤维和基体失效准则,及损伤演化方式。

纤维失效准则:

$$f_{\mathrm{f}} = \sqrt{\frac{\varepsilon_{11}^{\mathrm{f,t}}}{\varepsilon_{11}^{\mathrm{f,c}}}(\varepsilon_{22})^2 + \left(\varepsilon_{11}^{\mathrm{f,t}} - \frac{(\varepsilon_{11}^{\mathrm{f,t}})^2}{\varepsilon_{11}^{\mathrm{f,c}}}\right)\varepsilon_{11}} > \varepsilon_{11}^{\mathrm{f,t}} \qquad (6-10)$$

式中:$\varepsilon_{11}^{\mathrm{f,t}} = \sigma_{\mathrm{L}}^{\mathrm{f,t}}/C_{11}$,$\varepsilon_{11}^{\mathrm{f,c}} = \sigma_{\mathrm{L}}^{\mathrm{f,c}}/C_{11}$,$C_{ij}(i=1,2,3,j=1,2,3)$是未含损伤复合材料的刚度矩阵元素。一旦材料点应力/应变状态满足上式,则认为材料点处纤维内出现损伤。定义纤维损伤状态变量 d_{f},其损伤演化方程如下:

$$d_{\mathrm{f}} = 1 - \frac{\varepsilon_{22}^{\mathrm{f,t}}}{f_{\mathrm{f}}}\mathrm{e}^{-C_{11}\varepsilon_{11}^{\mathrm{f,t}}(f_{\mathrm{f}} - \varepsilon_{11}^{\mathrm{f,t}})L^c/G_{\mathrm{f}}} \qquad (6-11)$$

式中:L^c 为与材料点有关的特征长度,一般选取 1;G_{f} 为纤维的断裂能。

基体失效准则:

$$f_{\mathrm{m}} = \sqrt{\frac{\varepsilon_{22}^{\mathrm{f,t}}}{\varepsilon_{22}^{\mathrm{f,c}}}(\varepsilon_{22})^2 + \left(\varepsilon_{22}^{\mathrm{f,t}} - \frac{(\varepsilon_{22}^{\mathrm{f,t}})^2}{\varepsilon_{22}^{\mathrm{f,c}}}\right)\varepsilon_{22} + \left(\frac{\varepsilon_{22}^{\mathrm{f,t}}}{\varepsilon_{12}^{\mathrm{f}}}\right)^2(\varepsilon_{12})^2} > \varepsilon_{22}^{\mathrm{f,t}} \quad (6-12)$$

式中:$\varepsilon_{22}^{\mathrm{f,t}} = \sigma_{\mathrm{T}}^{\mathrm{f,t}}/C_{22}$,$\varepsilon_{22}^{\mathrm{f,c}} = \sigma_{\mathrm{T}}^{\mathrm{f,c}}/C_{22}$,$\varepsilon_{12}^{\mathrm{f}} = \tau_{\mathrm{LT}}^{\mathrm{f}}/C_{44}$,一旦材料点应力/应变状态满足上式,则认为材料点处基体内出现损伤。定义基体损伤状态变量 d_{m},其损伤演化方程如下:

$$d_{\mathrm{m}} = 1 - \frac{\varepsilon_{22}^{\mathrm{f,t}}}{f_{\mathrm{m}}}\mathrm{e}^{-C_{22}\varepsilon_{22}^{\mathrm{f,t}}(f_{\mathrm{m}} - \varepsilon_{22}^{\mathrm{f,t}})L^c/G_{\mathrm{m}}} \qquad (6-13)$$

式中:G_{m} 为基体的断裂能。

在材料渐进失效损伤不断累积过程中,材料承载性能不断退化,体现为材料刚度不断下降,考虑材料损伤的刚度矩阵表示为

122

$$C_d = \begin{bmatrix} (1-d_f)C_{11} & (1-d_f)(1-d_m)C_{12} & (1-d_f)C_{13} & 0 & 0 & 0 \\ & (1-d_m)C_{22} & (1-d_m)C_{23} & 0 & 0 & 0 \\ & & C_{33} & 0 & 0 & 0 \\ & sym & & (1-d_f)(1-d_m)C_{44} & 0 & 0 \\ & & & & C_{55} & 0 \\ & & & & & C_{66} \end{bmatrix}$$

$$(6-14)$$

材料的刚度按损伤演化方程折减并更新,实现损伤过程的模拟,当损伤达到临界值,材料点失效。

6.3.2 界面失效准则及损伤演化规律

为了考虑复合材料层间力学行为对层合板力学性能的影响,以及 6.3.3 节中胶层界面损伤对胶接修补结构力学性能的影响,在复合材料层间和补片与金属板之间建立界面单元,这些界面单元的力学性能由 Traction – Separation 本构模型来描述。三维界面单元存在三个应力分量(t_n, t_s, t_t)和三个位移分量(δ_n, δ_s, δ_t),应力和位移存在一定的对应关系。损伤出现前应力和位移存在线性关系,则其线弹性行为可由下式表示:

$$\begin{Bmatrix} t_n \\ t_s \\ t_t \end{Bmatrix} = \begin{bmatrix} K_{nn} & 0 & 0 \\ 0 & K_{ss} & 0 \\ 0 & 0 & K_{tt} \end{bmatrix} \begin{Bmatrix} \delta_n \\ \delta_s \\ \delta_t \end{Bmatrix} = K\delta \qquad (6-15)$$

式中:K 为刚度系数。

当界面的应力达到损伤初始准则后,损伤萌生,界面的应力和位移关系不再保持原有线性变化,本章中失效准则采用二次应力准则。

$$\left\{ \frac{\langle t_n \rangle}{t_n^0} \right\}^2 + \left\{ \frac{t_s}{t_s^0} \right\}^2 + \left\{ \frac{t_t}{t_t^0} \right\}^2 = 1 \qquad (6-16)$$

当损伤出现后,界面的应力和位移关系为

$$\begin{Bmatrix} t_n \\ t_s \\ t_t \end{Bmatrix} = (1-D) \begin{bmatrix} K_{nn} & 0 & 0 \\ 0 & K_{ss} & 0 \\ 0 & 0 & K_{tt} \end{bmatrix} \begin{Bmatrix} \delta_n \\ \delta_s \\ \delta_t \end{Bmatrix} \qquad (6-17)$$

式中:D 为界面的损伤变量,其范围为 $[0,1]$。

$$D = \begin{cases} 0 & , \quad \delta < \delta^0 \\ \dfrac{\delta^{max}(\delta - \delta^0)}{\delta(\delta^{max} - \delta^0)} & , \quad \delta^0 \leq \delta \leq \delta^{max} \\ 1 & , \quad \delta^{max} < \delta \end{cases} \qquad (6-18)$$

当 $D=0$ 时,界面的力学性能为线弹性,当 $D=1$ 时,界面失效,层合板不再传递载荷。

图 6-12 给出了线弹性损伤变化的界面单元应力与位移关系,其中 $\bar{\delta}$ 为界面单元的等效位移,表示为 $\bar{\delta}=\sqrt{\langle\delta_n\rangle^2+\delta_s^2+\delta_t^2}$, $\bar{\delta}_0$ 为初始损伤等效位移, $\bar{\delta}_f$ 为失效等效位移。本文采用基于能量的损伤演化规律:

图 6-12 拉伸牵引失效规律

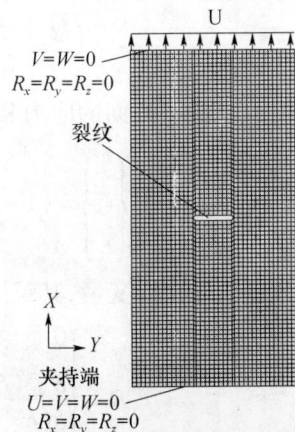

$$\left\{\frac{G_n}{G_n^C}\right\}^\alpha+\left\{\frac{G_s}{G_s^C}\right\}^\alpha+\left\{\frac{G_t}{G_t^C}\right\}^\alpha=1 \qquad (6-19)$$

式中: G_n、G_s 和 G_t 分别为界面应力在界面法向和两个切线方向所做的功; G_n^C、G_s^C 和 G_t^C 界面法向和两个切线方向的临界断裂能, α 为能量准则的幂指数。

6.3.3 算例验证及分析

通过渐进损伤分析可以清楚地了解承载复合材料层合板内部损伤的产生及扩展过程,为了验证所建立的复合材料层合板渐进损伤分析模型的有效性,以 ABAQUS 有限元软件为平台,编写用户材料子程序(UMAT),建立考虑层内材料点纤维和基体损伤演化的各向异性本构模型,实现复合材料层合板的失效判断及基于损伤变量材料点刚度连续退化算法。计算了文献[167,168]中复合材料层合板试件的拉伸极限强度和损伤破坏过程。复合材料层合板含有中心贯穿裂纹,试件形状和尺寸如图 6-13 所示,边界条件及有限元网格见图 6-14,铺层方案为 $[45°/0°/-45°/0°/90°]_s$,单层板力学性能见表 6-1。

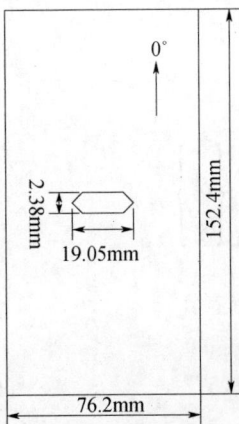

图 6-13 含中心贯穿裂纹层合板

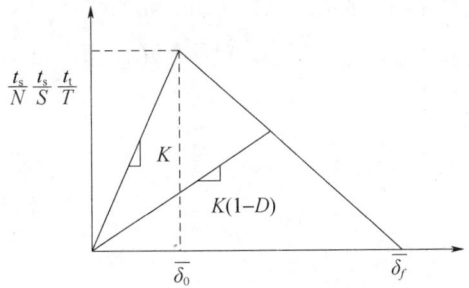

图 6-14 有限元网格和边界条件

124

表 6 - 1　T800/3900 - 2 材料属性

E_{11}/ MPa	E_{22}/ MPa	G_{12}/ MPa	v_{12}	X_t/ MPa	X_c/ MPa	Y_t/ MPa	Y_c/ MPa	S_{12}/ MPa	G_{I}	G_{II},G_{III}
159958	8963	6205	0.28	2841	1551	60	168	95	0.151	0.473

计算得到的载荷 – 位移曲线反映了含中心贯穿裂纹层合板承载过程中材料损伤累积造成的非线性响应,如图 6 - 15 所示。含中心穿透裂纹层合板在准静态拉伸载荷作用下层内损伤模式的失效扩展路径如图 6 - 16 所示。每一层都出现了纤维和基体的损伤,并且层间伴随出现了分层现象。

(1) 层合板中相同方向铺层的损伤分布相似,其中 45°铺层与 – 45°铺层损伤形式对称。

(2) 纤维的失效主要发生在 0°铺层,然后迅速扩展到 45°铺层,纤维断裂沿载荷垂直方向扩展到板自由边界(向板边缘扩展),最后层合板整体失效。0°方向铺层的纤维失效主要集中在载荷垂直方向上很窄的范围内,只有在最后阶段较大失效面积出现在板边缘。

(3) 基体失效首先发生在 90°铺层,然后迅速扩展到 45°铺层和 0°铺层,层合板的基体失效面积比纤维失效面积大很多。

(4) 层间应力是复合材料破坏机理之一,由于层间应力的作用(边缘效应),在层合板自由边界出现分层和随后分层扩展。分层失效主要发生在层合板结构失效后期,由于层内纤维和基体损伤的不断萌生和扩展,层内承载能力迅速下降,各铺层之间的层内损伤扩展和刚度退化严重不一致,这使得各铺层为了维持层间变形协调而在厚度方向上产生较大的层间应力,并且层间应力主要集中在层合板边缘,层间失效主要集中在 ±45°铺层和 0°铺层的层间。

(5) 其控制失效模式为纤维断裂和基体开裂同时发生的复合失效模式。分层损伤并不是其主要失效原因,但是能影响损伤扩展的路径。

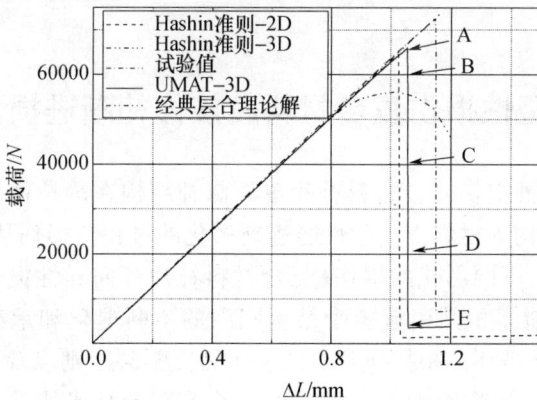

图 6 - 15　试验和数值计算载荷 – 位移曲线

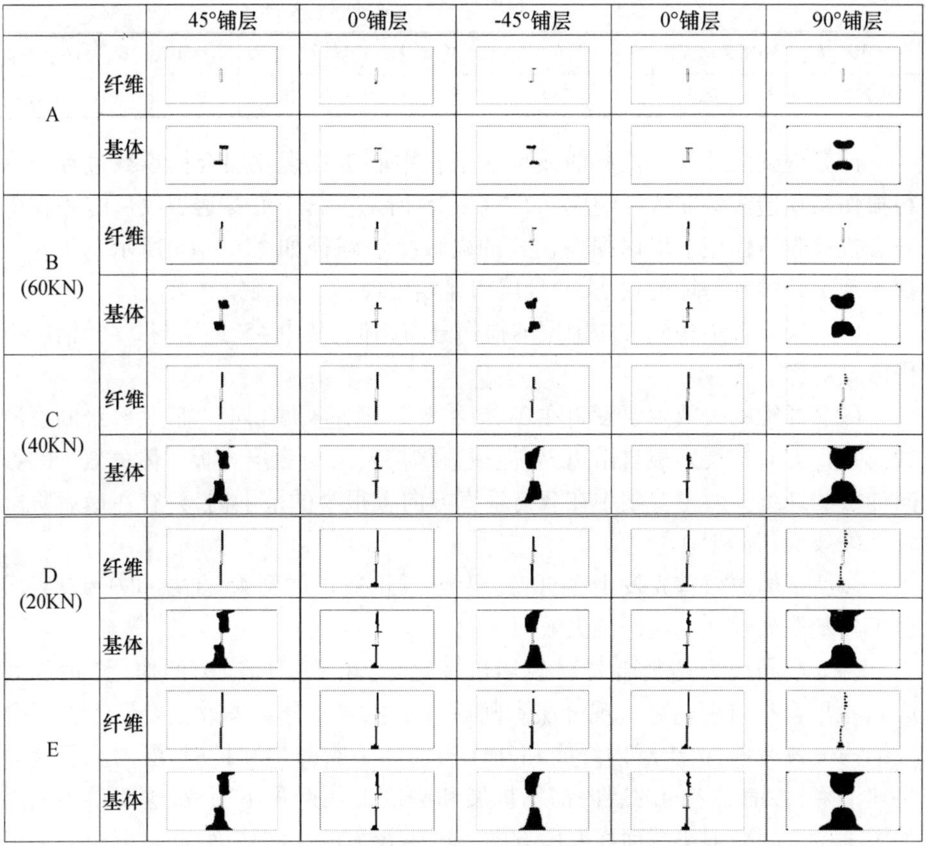

		45°铺层	0°铺层	-45°铺层	0°铺层	90°铺层
A	纤维					
	基体					
B (60KN)	纤维					
	基体					
C (40KN)	纤维					
	基体					
D (20KN)	纤维					
	基体					
E	纤维					
	基体					

图 6-16 含中心裂纹层合板损伤演化过程

（6）大面积损伤发生在加载的后半段,在极限载荷处基本没有出现损伤,一旦损伤出现,将迅速扩展直,至完全丧失承载能力,不存在稳定的损伤扩展过程。

6.4 半穿透性损伤复合材料胶接修补渐进损伤失效分析

半穿透性腐蚀损伤复合材料补片单面修补结构在静拉伸载荷作用下的失效是一个修补结构中材料点力学性能逐渐劣化的过程。损伤从薄弱处萌生,引起载荷重新分配,不同形式的损伤(复合材料补片各向异性损伤、胶层脱粘、金属韧性断裂)不断累积并引起整个结构刚度的不断退化和承载能力的不断降低,最后达到整体破坏。根据所建立的金属韧性断裂准则以及复合材料和层间损伤失效模型,利用渐进失效分析方法,结合有限元技术能够有效预测修补结构的破坏路径、损伤发展方向、破坏模式以及极限强度,可以对修补结构的强度问题进行更广泛、全面、系统和深入的研究。

6.4.1 有限元数值模型

　　胶粘搭接构型的有限元分析通常将其简化为二维平面应变模型进行求解,由于半穿透性损伤补片贴补修理结构在承受面内载荷时处于复杂的三维应力状态,不能按照搭接试件的分析方法建立在宽度方向上的平面应变有限元模型进行分析,必须采用三维有限元模型进行分析。作为一种层状结构,各层采用分离的有限元模型模拟,以 ABAQUS 有限元软件为计算平台,金属板和补片采用 8 节点六面体三维实体单元 C3D8R,胶层采用 Cohesive 单元,有限元网格如图 6-17 所示。补片与胶层之间单元连接采用共用节点,以保证位移协调,由于金属板修补区域含有未穿透孔,金属板与胶层通过"Tie"绑定约束,使两侧的单元位移和应力/应变协调。模型左端施加固定约束,右端施加位移约束,为了保证模型收敛,设置初始分析步为 0.1,最小分析步为 10^{-6},最大分析步为 0.2。

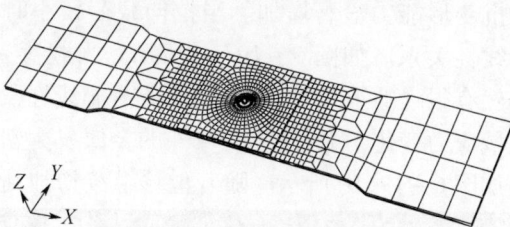

图 6-17　含半穿透性损伤复合材料单面修补有限元网格

　　金属板、复合材料补片和胶层各材料的损伤模型均采用前面两节所建立的失效准则和损伤演化规律。通过编写用户材料子程序(UMAT),加入到计算主程序中实现金属板、复合材料层合板的混合失效准则及性能退化算法。采用 Cohesive 单元来模拟胶层脱粘及复合材料层间的分层界面损伤,选用牵引分离法作为胶粘剂的失效法则。各失效模式相互影响,当满足失效准则时,损伤萌生,各材料点性能开始下降,材料刚度按各材料的损伤演化规律退化,当刚度为零,材料点失去承载能力时,完全失效,单元删除。其有限元渐进失效分析数值计算过程,如图 6-1 所示。

6.4.2 试验验证及损伤扩展模拟

　　为了验证建立的多种失效模式耦合渐进失效分析数值模型的有效性,进行了含半穿透性圆孔 LY12CZ 航空铝合金板碳/环氧复合材料补片胶接修复结构的静拉伸测试试验,含半穿透性损伤复合材料单面修补结构的几何构形与尺寸如图 6-18 所示,静拉伸破坏试验过程参照 GB/T 1447—2005 和 GB/T 228—2002 进行,轴向拉伸速率设定为 0.5mm/min,试件断裂为试验终止判据,试验过程中记录载荷与变形曲线和极限载荷,载荷与位移的测量误差均不超过1%。

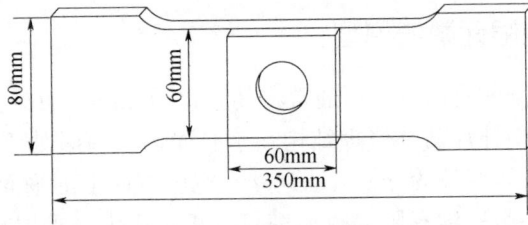

图 6-18　含半穿透性损伤复合材料单面修补结构的几何构形与尺寸

图 6-19 所示为半穿透性损伤复合材料单面胶接修补结构拉伸失效过程中金属板、胶层和补片接触面上 Von Mises 应力分布云图和所对应的结构载荷位移曲线。由于复合材料补片通过胶层的剪切作用可以有效的分担金属板载荷,部分恢复受损区域的传力路线,受损区域应力集中得到明显缓解。修补区域刚度大于金属母体刚度,整个结构变形包括母板的弹性和塑性变形以及复合材料的弹性变形,抗变形能力显著增加。当拉伸载荷较小时,材料处于弹性阶段,力与位移符合线性关系。如图 6-19(a)所示。当载荷-位移曲线进入非线性段后,结构仍然有很强的承载能力,极限载荷为非线性段的最高点,随着位移的增加,修补区域应力变化不大,修补区域外的金属发生塑性变形,表现为载荷基本保持不变,如图 6-19(b)所示。随着位移继续增加,胶层剪应变达到极

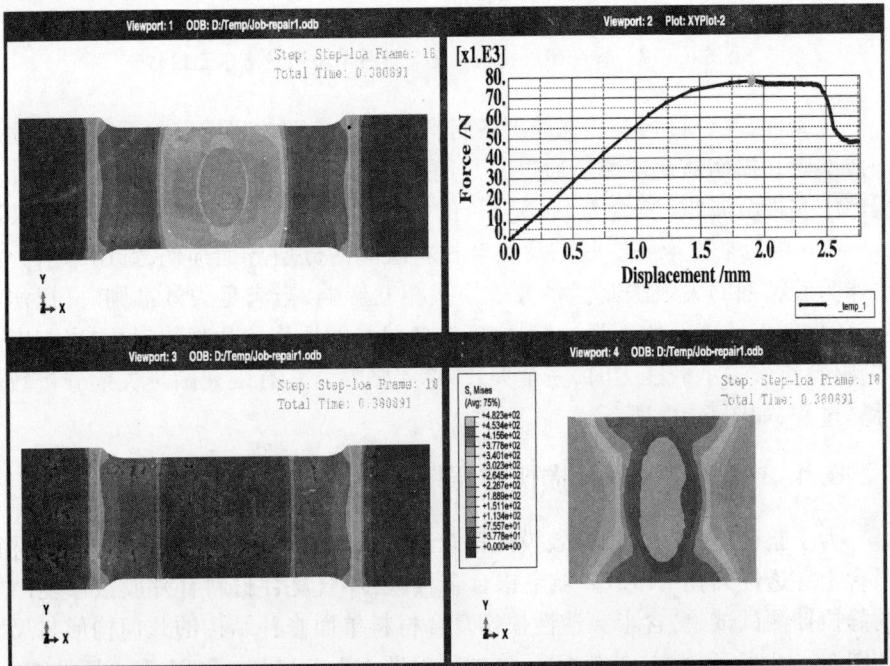

(a)

128

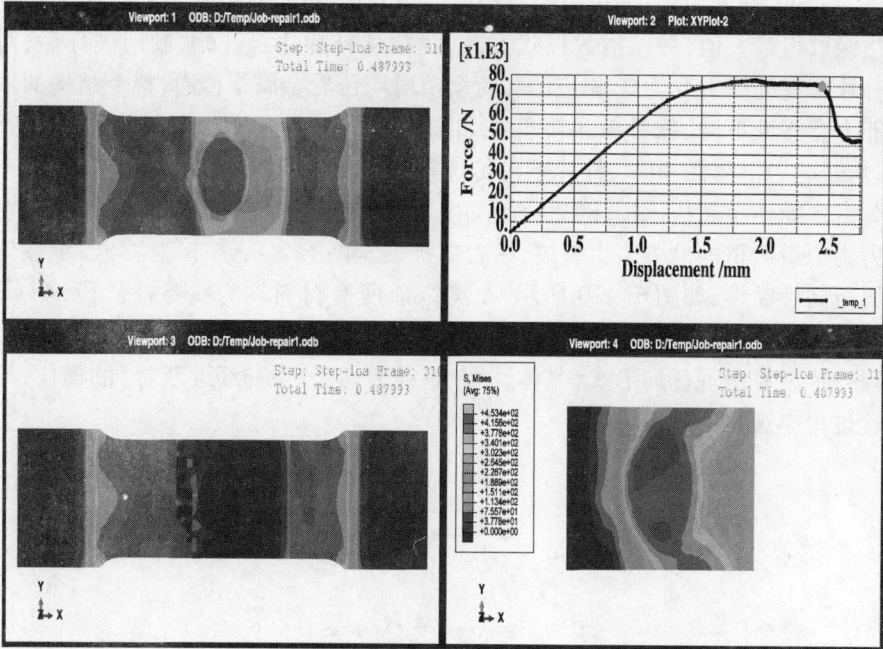

(b)

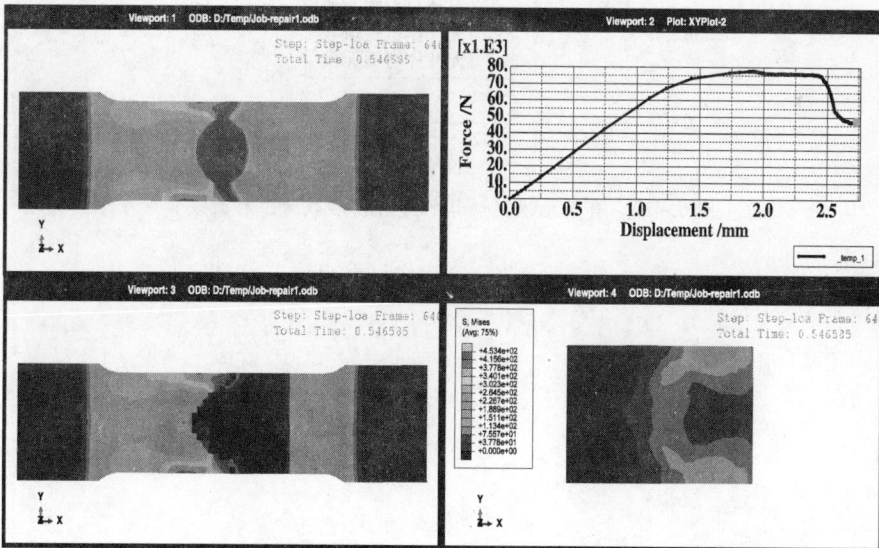

(c)

图 6 – 19　胶接修补结构各接触面应力分布及对应载荷位移曲线

（a）$P = 74878$N，$\Delta L = 1.915$mm；（b）$P = 73697$N，$\Delta L = 2.420$mm；（c）$P = 47407$N，$\Delta L = 2.750$mm。

限值,左下方开始脱粘,通过第二章胶层应力和应变分析中得到,胶层应力在补片边缘取得最大值,并以指数形式衰减,脱粘从补片边缘开始,胶层破坏后,对应补片位置的应力变为0,相应的载荷会由对应位置金属板传递,整个结构的承载能力会逐渐下降,修补效果降低。如图6-19(c),当脱胶面积达到约30%时,承载能力下降约40%,补片不再传递损伤区域的载荷,补片失去功效,所有载荷由含损伤金属板承担,随后金属发生塑性损伤,同时伴有明显颈缩现象,在应力集中最严重的地方萌生裂纹,然后向扩展至断裂。从修补结构开始承载到金属板韧性断裂,如图6-20所示,A点以前所有材料均为线弹性阶段,A-B段金属板以及胶层开始塑性变形,C-D段胶层迅速脱粘,补片失去功效,整个过程补片没有出现任何形式(基体开裂、基纤剪切、分层和纤维断裂)的损伤,与试验过程中观察的现象符合。

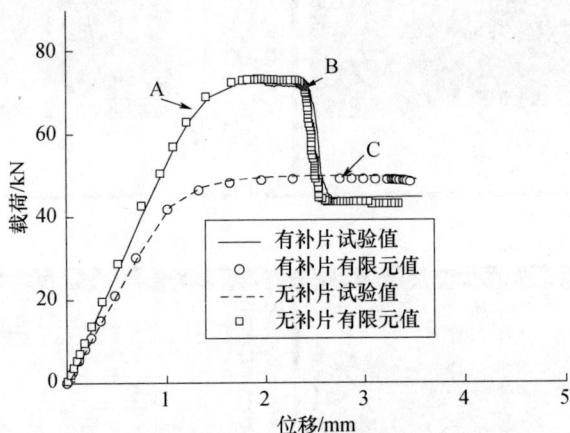

图6-20 有限元模型计算的修补前后载荷位移曲线

130

第七章 复合材料胶接/胶螺混接
修理结构的数值分析

由前面的分析可知,胶层的抗剥离抗剪切承载能力是影响胶接修复效果的关键,如果由于施工条件限制,胶层的强度达不到最优,或者修复结构中存在较强的剪切变形和剥离应力,如果胶层提前失效,就会使得补片无法发挥应有的作用,修复效果会大打折扣。在这种情况下,在胶接基础上通过打螺钉进行加强也不失为一种可行的修复方法,这就是胶接/胶螺混接修复。获取复合材料胶接/胶螺混接修理结构具有封闭形式的应力应变解析解存在一定的难度,而且即便获得了由于形式会特别复杂而难以用来指导工程实践,而有限元方法等数值分析方法可以很好地解决这些问题。本章主要对复合材料胶接/胶螺混接修理结构中各组件的受力状态,以及裂纹板中裂纹尖端的SIF进行了分析。

7.1 复合材料胶接/胶螺混接修复效果的影响参数

7.1.1 螺栓连接的几何参数

螺栓连接的几何参数主要有端距 e、板宽 W、列距 S、排距 P、边距 S_w、孔径 D,具体定义如图 7 – 1 所示。

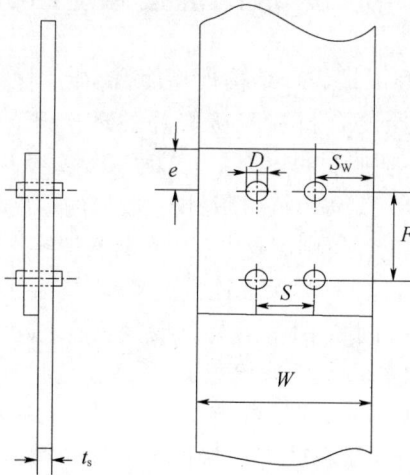

图 7 – 1 螺栓连接的几何参数

关于几何参数对复合材料修理结构力学性能的影响,前人已经开展过许多有意义的工作。为避免复合材料螺栓连接结构出现低强度的失效模式,表7-1给出了螺栓连接件几何位置的一般选择参考。

表7-1 机械连接中几何参数的选择

S/D	P/D	S_W/D 或 W/D	e/D	D/t_s
≥5	≥4	≥2.5	≥3	[1,2]

同时,需要指出的是,多排螺栓连接时,由于各连接孔间隙不同,导致各螺栓之间的载荷分配不均匀,而载荷传递时主要由连接两端的螺栓完成,所以工程设计中建议复合材料螺栓连接设计中使用的螺栓不超过两排,并使其平行排列,以提高连接强度和疲劳强度。

7.1.2 拧紧力矩

对螺栓施加拧紧力矩会对复合材料厚度方向的挤压强度产生影响,从而提高修理结构的承载能力。但试验表明,拧紧力矩并不是越大越好,当拧紧力矩超过一定量的值后,挤压强度不再增加或者增加很小,而此时过大的拧紧力矩反而会造成复合材料补片的挤压损伤。

对不同直径的螺栓,推荐的拧紧力矩值由表7-2中给出。

表7-2 螺栓的拧紧力矩推荐值

螺栓直径/mm	2	3	4	5
拧紧力矩/(N·m)	0.5~1	1~1.5	1.5~2	2~3

7.2 复合材料胶接/胶螺混接修理结构有限元模型

对于复合材料胶螺混接修理结构模型而言,补片材料和几何参数的选择,以及胶粘剂的选择按照复合材料胶接修补的理论进行选取,即补片材料为T300/E51碳纤维/环氧树脂材料,铺层方式为$[0°/±45°/90°]_4$,形状尺寸与第三章所用相同,胶层选用J150环氧树脂材料,胶层的厚度为0.15mm。而螺栓数目的选择以及几何参数的设置则需要参照复合材料螺栓连接的理论进行选取。

在重要受力结构件之间,为保证连接的安全,需要采用多个螺栓的连接方式。同时,由于各连接孔间隙不同,容易导致各螺栓之间的载荷分配不均匀,并且载荷传递时主要由连接两端的螺栓完成,所以工程设计中又建议连接设计中使用的螺栓不超过两排(列),并尽可能采用平行排列,避免交错排列,以提高连接强度和疲劳寿命。复合材料胶螺混接修理结构中螺栓的数目及其排列方式主要有以下三种方式可供选择,如图7-2所示。

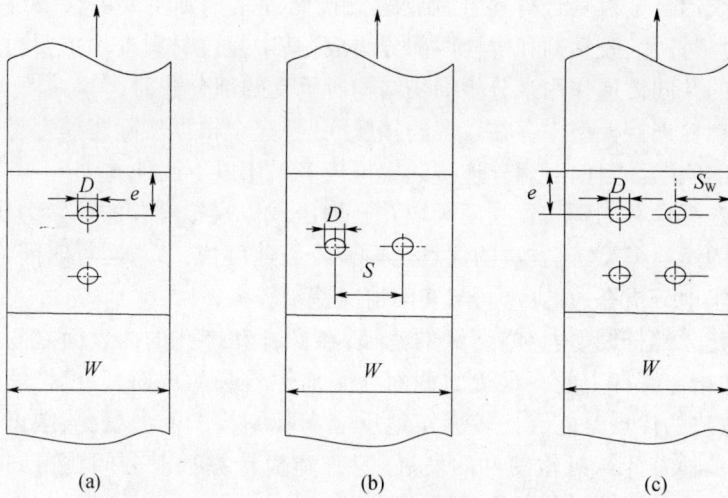

图 7-2　螺栓的数目及排列方式选择

(a)串联双螺栓连接;(b)并联双螺栓连接;(c)双排四螺栓连接。

在以上三种方式中,沿力的加载方向,串联两孔的布置形式给母板所造成的损伤最小,所以本节选择图 7-2(a)的螺栓排列方式对含裂纹铝合金厚板结构进行修补。

螺栓材料选择高强度合金钢 30CrMnSiA 材料,其弹性模量和泊松比分别为204GPa、0.3。根据 7.1 节,螺栓直径 D 取为 5mm,端距 e 取为 15mm,具体几何尺寸如图 7-3 所示。

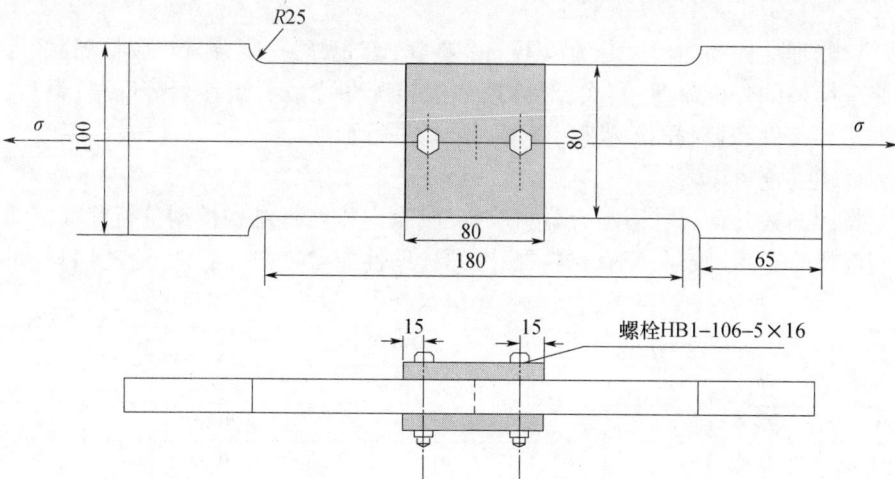

图 7-3　含裂纹铝合金板复合材料胶螺混接修理结构示意图

含裂纹铝合金板复合材料补片胶螺混接修理结构则主要由含裂纹铝合金板、复合材料补片、胶粘剂和螺栓四部分组成,其中复合材料补片主要通过螺栓和胶粘剂的共同传递作用来分担损伤结构所承受的部分载荷。

由于螺栓连接模型中存在较多的接触问题,完全根据实际建模容易出现迭代不收敛的问题。目前对螺栓连接的模拟较多采用以下两种方法:

(1)在螺栓孔周围布置受压区域并施加压载以模拟螺栓的预紧力作用,不建立实际的螺栓模型,该方法的优点是模型收敛速度快,节省运算时间,但缺点是不能真实地分析孔边的应力,与实际情况差别较大;

(2)建立螺杆模型,忽略螺纹的建模,在螺杆和螺孔的内表面之间建立绑定约束,并指定螺杆上的一个受力截面为施加螺栓载荷截面,以模拟螺栓的预紧力,该方法的优点是能够比较真实地反应实际结构的受力状况,缺点是运算速度较慢。随着计算机软硬件的发展,三维建模计算耗时的问题得到有所解决。所以本章采用第二种方法对螺栓进行建模。

ABAQUS 中,不同的单元代表了不同的几何类型。实体单元能够用来创建具有任意形状并且承受任意载荷的模型。壳单元主要用来模拟某一个方向的尺寸远小于其他方向的尺寸的构件,例如复合材料等。同时,壳单元中的连续体壳单元类似于三维实体单元,它可以对整个结构进行离散化。因此,本章在复合材料补片胶接/胶螺混接修理结构三维有限元建模过程中,采用分析应力和位移的实体单元对含裂纹铝合金板进行模拟,采用连续体壳单元对复合材料补片进行模拟,采用三维体单元模拟胶粘剂。

7.3 建模过程

对修理结构的建模可分为以下三个步骤:首先,建立复合材料胶接/胶螺混接修理结构的分析模型;其次,对修理结构装配图中的各组件划分网格;最后,施加边界条件和控制加载类型,对修理结构进行加载。

1. 建立分析模型

按照前述几何尺寸对复合材料胶接/胶螺混接修理结构模型进行建模。将含裂纹铝合金板、胶层、复合材料补片、螺栓的性能参数进行汇总,见表7-3。

表7-3 铝板、胶粘剂、螺栓以及补片材料的性能参数

材料	弹性模量/GPa			剪切模量/GPa			泊松比		
	E_1	E_2	E_3	G_{12}	G_{13}	G_{23}	γ_{12}	γ_{13}	γ_{23}
LY12CZ	73.8	—	—	—	—	—	0.33	—	—
J150	2.9	—	—	—	—	—	0.33	—	—
30CrMnSiA	204	—	—	—	—	—	0.3	—	—
T300/E51	134	10.3	10.3	5.5	5.5	3.2	0.33	0.33	0.33

由于复合材料胶接/胶螺混接修理结构是不同材料的组合体,所以不同材料界面间约束的定义十分关键。将胶接区域的界面节点自由度完全 Tie(绑定约束)在一起,可以模拟出补片与胶层、胶层与铝合金板之间协同变形的状态。因此,在复合材料补片与胶层、胶层与铝合金裂纹板之间的界面节点建立 Tie (绑定约束),以模拟胶层连接。对于复合材料胶螺混接修理结构而言,补片与含裂纹铝合金板之间除了通过胶层连接之外,还存在螺接部分,因此在螺栓与补片界面之间定义摩擦系数为 0.2 的接触,以模拟螺栓与补片之间的接触,并采用螺栓载荷模拟螺栓中所施加的预紧力,图 7-4 所示为模型中所定义的施加螺栓载荷的面,螺栓中的预紧力(P)大小设置为 2000N。

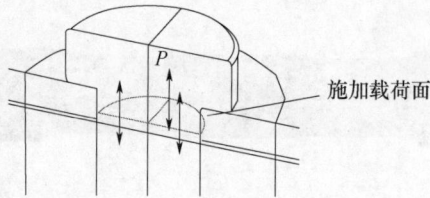

图 7-4　螺栓中的预紧力模拟

通过上述分析方法,建立的复合材料胶接/胶螺混接修理结构三维有限元模型如图 7-5、图 7-6 所示。

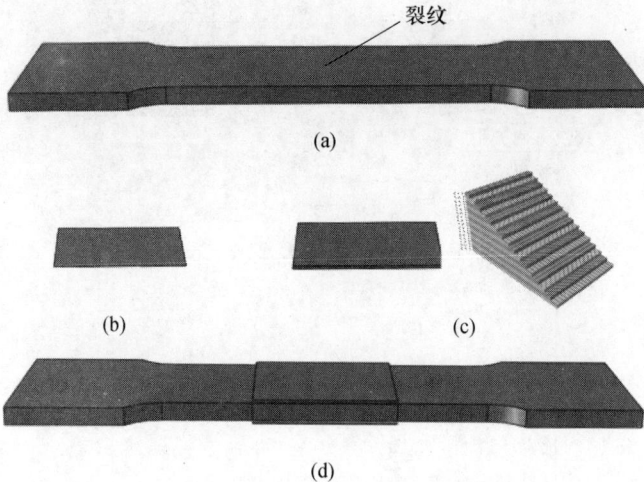

图 7-5　复合材料胶接修理结构三维模型建立过程
(a)含裂纹金属板;(b)胶层;(c)补片及铺层方式;(d)复合材料胶接修复结构整体装配图。

图 7-5、图 7-6 中,裂纹的生成主要采用以下方法:在 interaction 模块下,首先指定裂纹的初始位置(Assign seam),其次在裂纹的尖端,定义裂纹的扩展方向(方向矢量),最后设置裂纹属性,并定义裂纹尖端的奇异性,以完成裂纹的

135

生成。具体操作方法如图 7-7 所示。

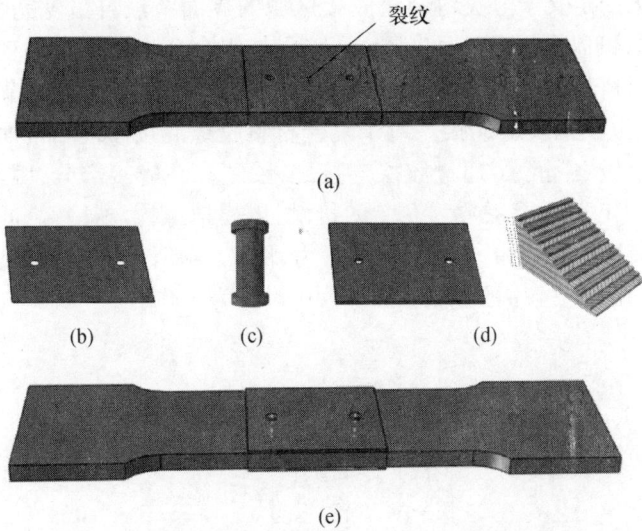

图 7-6 复合材料胶螺混接修理结构三维模型建立过程
(a)含裂纹金属板;(b)胶层;(c)螺栓;(d)补生及铺层方式;
(e)复合材料胶螺混接修复结构整体装配图。

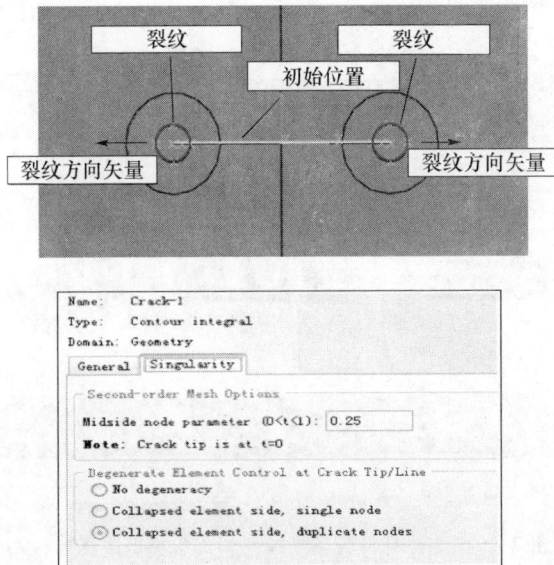

图 7-7 裂纹的生成步骤

2. 划分网格

为了节省计算机资源,提高运算效率,本章取 1/4 模型进行分析和计算。

由于在 ABAQUS/CAE 中可以直接进行边界、加载载荷的定义,所以切去两边夹头部分,最后留下的计算模型如图 7-8 所示。

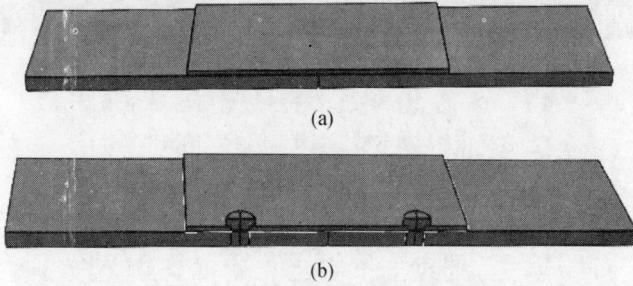

(a)

(b)

图 7-8 修理结构的计算模型

(a)复合材料胶接修复结构计算模型;(b)复合材料胶螺混接修复结构计算模型。

对金属板、螺栓的建模采用适合分析应力集中问题的 C3D20R 三维实体单元;对胶层的建模采用对位移求解结果较精确的 C3D8R 三维实体单元;补片的厚度和面内尺度之比大于 1/15,属于厚壳问题,采用 SC8R 单元(8 节点连续壳单元)模拟,不同单元的几何形状和积分点数目如图 7-9 所示。

C3D20R   SC8R   C3D8R

图 7-9 各组件单元示意图

在线弹性条件下,由于裂纹尖端在几何尺寸上的不连续性,导致裂纹尖端的应力场存在奇异性。为表征裂纹尖端急剧变化的应力场,裂纹尖端的单元数目需要增加。因此,布局全局种子大小为 1mm,设置裂纹处网格密度大小为 0.1mm,进行网格密度细化,得到复合材料胶接/胶螺混接修补结构的网格划分模型,如图 7-10、图 7-11 所示。

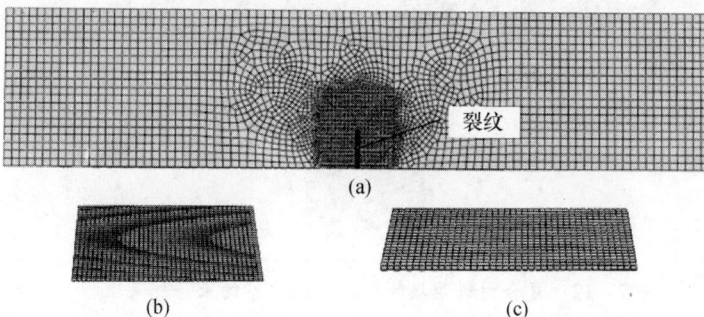

裂纹

(a)

(b)

(c)

(d)

图7-10　复合材料胶接修理结构网格划分模型

（a）含损伤金属板的网格划分；（b）胶层的网格划分；

（c）补片的网格划分；（d）整体网格划分图。

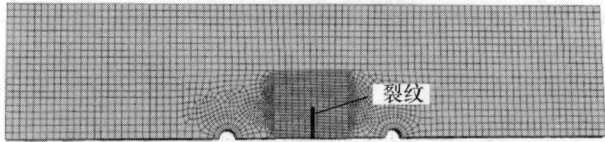

裂纹

(a)

(b)

(c)

(d)

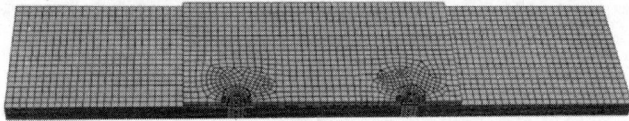

(e)

图7-11　复合材料胶螺混接修理结构网格划分模型

（a）含损伤金属板的网格划分；（b）胶层的网格划分；（c）螺栓的网格划分；

（d）补片的网格划分；（e）整体网格划分图。

　　由于建立的模型是1/4模型，所以建立对称边界约束。采用铝合金板一端固定，另一端施加载荷的约束形式对修理结构进行加载，复合材料胶接修理结构的边界约束条件如图7-12所示。由于复合材料胶螺混接修理结构的边界约束条件类似于复合材料胶接修理结构的边界约束条件，所以在此不再赘述。

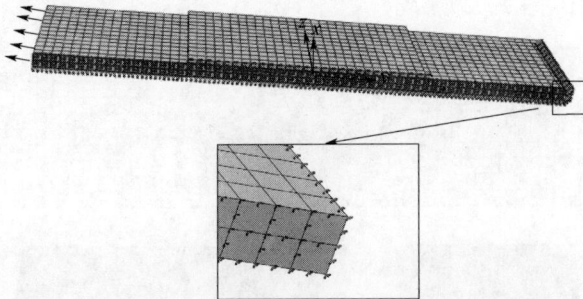

图7-12　复合材料胶接修理结构的边界约束条件及坐标系

7.4　应力分析

7.4.1　胶层应力分析

在复合材料胶接/胶螺混接修理结构中,损伤结构通过胶层的传递作用把载荷部分地传达到复合材料补片上,因此分析其应力状态对评估胶层的承载能力十分重要。在下部分计算中的模型的远场拉伸应力均为 150MPa。

1. 胶层剪应力的分布

由力学知识可知,在三维结构中,某一点处的应力状态由 6 个独立应力分量组成:三个正应力分量(S_{xx}、S_{yy}、S_{zz})和三个剪应力分量(S_{xy}、S_{xz}、S_{yz})。在修理结构端部施加沿 y 方向的面载荷,胶层所承受的剪应力主要为 S_{yz}。

图 7-13、图 7-14 分别给出了复合材料胶接修理结构、复合材料胶螺混接修理结构的 1/4 计算模型中,胶层剪应力 S_{yz} 沿 x 轴方向和 y 轴方向的分布图。图中,点 $(x,y) = (0,0)$ 和线 $y = \pm40$ 分别代表胶层靠近裂纹中心处位置和胶层的两端部位置。

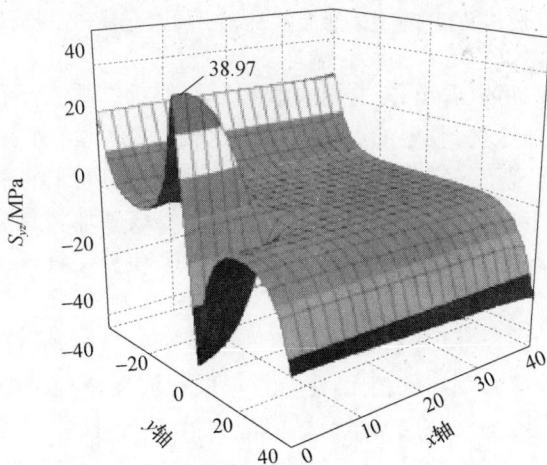

图 7-13　胶接修理结构中胶层 S_{yz} 沿 x 轴方向和 y 轴方向的分布图

从图 7-13 中可以看出,复合材料胶接修理结构在垂直于于载荷方向的胶层两端以及裂纹的边缘处,胶层的剪应力较大,而其他大部分区域的剪应力接近于零。这说明复合材料胶接修理结构中胶层的剪应力主要靠胶层端部和裂纹的边缘区域进行传递,而其他区域所承担的载荷较小。因此可以判断,在单向拉伸载荷条件下,如果胶层出现剪切破坏,那么该破坏形式将首先出现在平行于载荷方向的胶层端部和裂纹处。值得说明的是,对于大部分低应力区域来

139

说,由于所承担的载荷较小,如果存在空隙或脱粘现象,并不会立马造成修理结构的破坏,在某种意义上讲这些低应力区域提升了修理结构的损伤容限,这也是大多数修理结构具有较长补片长度的原因。

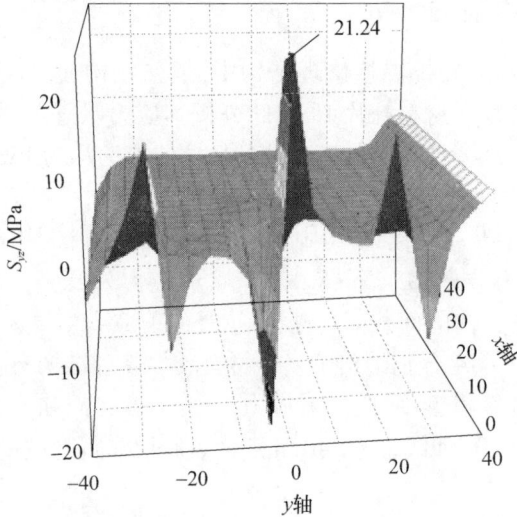

图 7 – 14   胶螺混接修理结构中胶层 S_{yz} 沿 x 轴方向和 y 轴方向的分布图

从图 7 – 14 中可以看出,复合材料胶螺混接修理结构在平行于载荷方向的胶层两端和裂纹边缘处,胶层的剪应力值也比较大,除此之外,在螺栓孔的安装位置处,胶层也出现了一定的应力集中现象。可以判断胶螺混接修理结构在单向拉伸载荷条件下,如果胶层出现剪切破坏,那么该破坏将首先出现在平行于载荷方向的胶层端部、裂纹处和螺栓孔位置处,这和胶接修理结构的破坏形式有所差异。

将图 7 – 13、图 7 – 14 中代表剪应力数值大小的坐标轴进行对比还可以看出,与复合材料胶接修理结构相比,复合材料胶螺混接修理结构中,除了剪切破坏形式发生了改变之外,胶层所承受的剪应力值还要明显低于胶接修理结构中胶层所承受的剪应力值,这是由于在复合材料胶螺混接修理结构中,螺栓的存在分担了胶层所承受的部分剪切力。以裂纹中心位置处为例,胶接修理结构中胶层在该处的最大应力值为 38.97MPa,而胶螺混接修理结构中胶层在该处的最大应力值为 21.24MPa,下降比例为 45.67%,说明螺栓的存在分担了胶螺混接修理结构中胶层约 1/2 的剪切应力。

图 7 – 15 为复合材料胶螺混接修理结构中螺栓 1/4 计算模型的剪应力 S_{yz} 分布图。从图中可以看出,螺栓的最大剪应力出现在连接金属板的上下表面附近,即金属板与胶层、胶层与补片的两个交界面处,这也解释了胶层为什么在螺栓孔的安装位置处也出现了应力集中的原因。

140

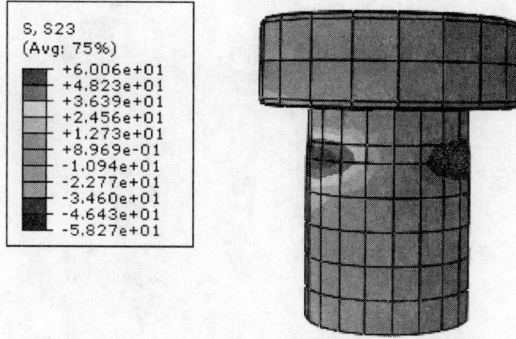

图 7 - 15   螺栓所承受的剪应力 S_{yz} 分布图

2. 胶层正应力的分布

图 7 - 16、图 7 - 17 分别给出了复合材料胶接修理结构、胶螺混接修理结构的 1/4 计算模型中,胶层正应力 S_{zz} 沿 x 轴方向和 y 轴方向的分布图。

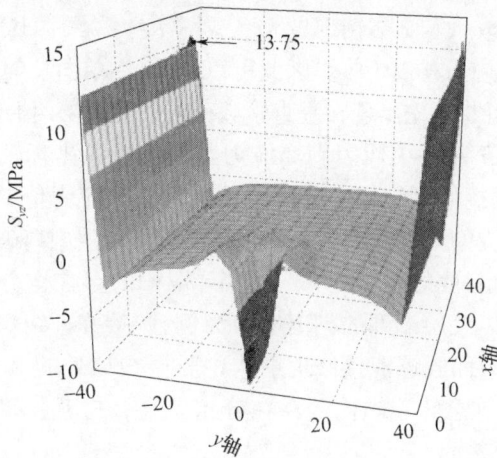

图 7 - 16   胶接修理结构中 S_{zz} 沿 x 轴方向和 y 轴方向的分布图

从图 7 - 16 中可以看出,复合材料胶接修理结构中,对修理效果不利的正应力 S_{zz}(即沿 z 轴方向为正的剥离应力)在垂直于载荷方向的胶层两端取得最大值(胶层端部的最大剥离应力为 13.75MPa);裂纹边缘处也存在剥离应力,但其值很小;除上述区域外的其他区域的剥离应力几乎为零。因此可以推断,在单向拉伸载荷作用下,胶层发生剥离破坏的位置将会首先出现在垂直于载荷方向的胶层两端。另外,从图 7 - 16 中还可以看出,不同于图 7 - 17 胶层的剪应力分布,复合材料胶接修理结构中胶层剥离应力更加集中分布在垂直于载荷方向的胶层两端,这会使得胶层端部发生剥离破坏的可能性大于胶层发生剪切破坏的可能性。

141

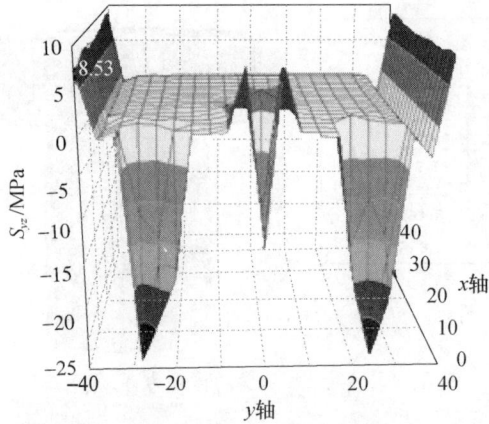

图 7 - 17　胶螺混接修理结构中 S_{zz} 沿 x 轴方向和 y 轴方向的分布图

从图 7 - 17 中可以看出：复合材料胶螺混接修理结构中，对修理效果不利的正应力 S_{zz}（沿 z 轴方向为正的剥离应力）在垂直于载荷方向的胶层两端和裂纹边缘处的值都比较大（胶层端部的最大剥离应力为 8.53MPa）；除上述区域外，其他区域的剥离应力几乎为零。因此可以推断，在单向拉伸载荷条件下，胶层发生剥离破坏的位置将首先出现在垂直于载荷方向的胶层两端部和裂纹边缘处。

将图 7 - 16、图 7 - 17 中代表剥离应力数值大小的坐标轴进行对比可以看出，复合材料胶螺混接修理结构中胶层所承受的剥离应力值要明显低于胶接修理结构中胶层所承受的剥离应力值，这会使得胶层发生剥离破坏的可能性大大降低，这说明复合材料胶螺混接修理结构中，螺栓的存在也分担了胶层所承受的部分剥离应力。以胶层端部的剥离应力为例，胶接修理结构中胶层在该处的最大值为 13.75MPa，而胶螺混接修理结构中胶层在该处的最大值为 8.53MPa，下降了约 34.94%，这意味着螺栓的存在分担了复合材料胶螺混接修理结构中胶层约 1/3 的剥离应力。

图 7 - 18 为螺栓 1/4 计算模型中的正应力 S_{zz} 分布图。其中，螺栓的最大正应力出现在连接金属板上下表面附近，该部位的轴向拉伸变形最大。

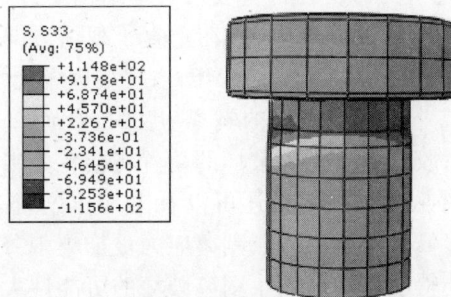

图 7 - 18　螺栓所承受的正应力 S_{zz} 分布图

7.4.2 补片应力分析

本节分析单向受载情况下复合材料胶接/胶螺混接修理结构中,补片各铺层的 Von − Mises 应力分布图。补片的铺层数为 16 层,铺层顺序为[0°/45°/−45°/90°]$_4$,如图 7 − 19 所示,图中方向 1 代表了补片的主纤维方向,与加载方向平行。图 7 − 20、图 7 − 21 分别给出了复合材料胶接修理结构、胶螺混接修理结构中补片各铺层的 Von − Mises 应力云纹图(单位:MPa)。

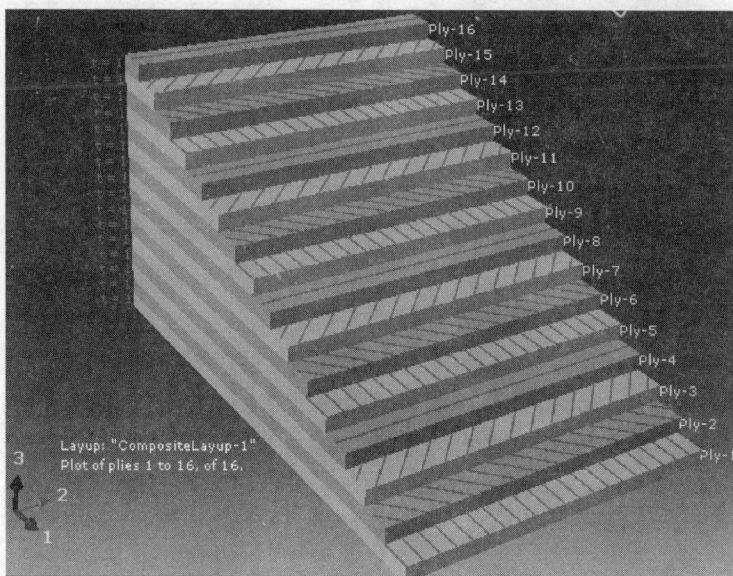

图 7 − 19 补片的铺层方式

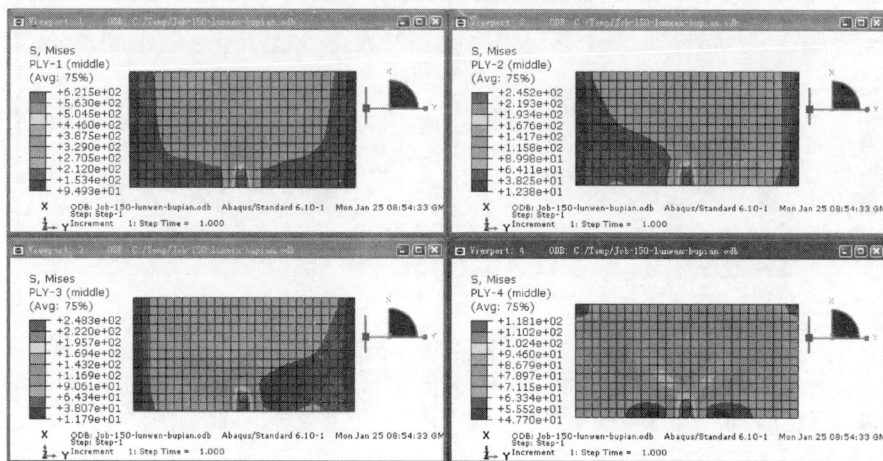

(a)

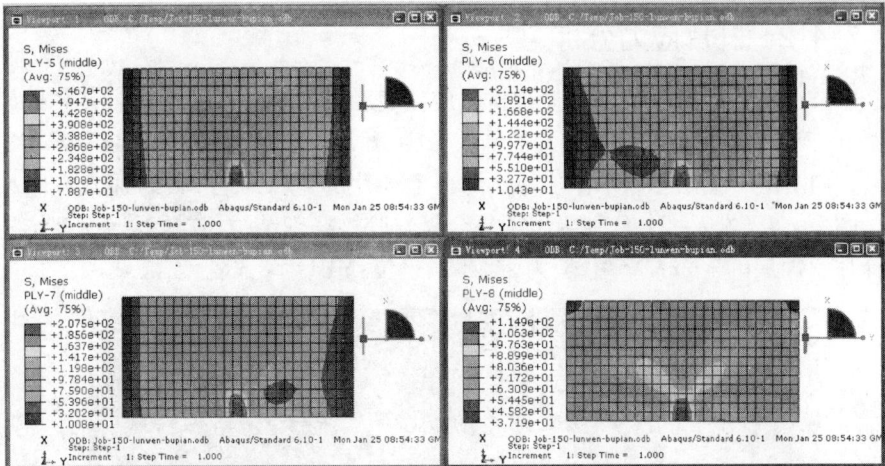

(b)

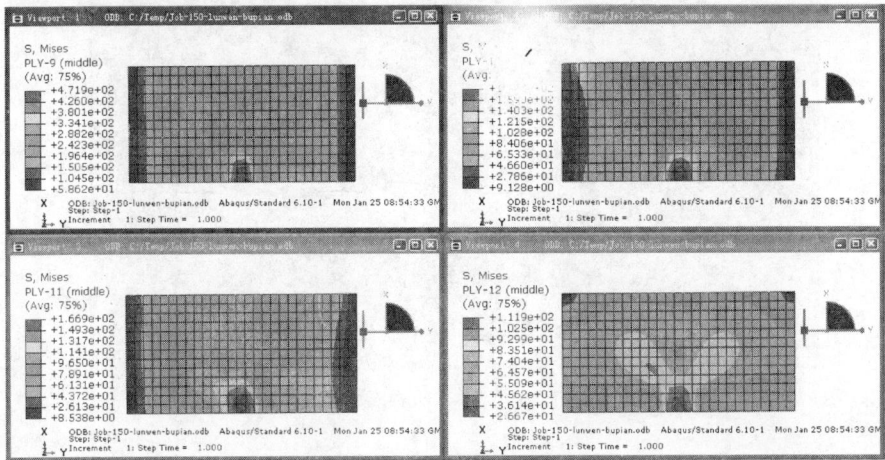

(c)

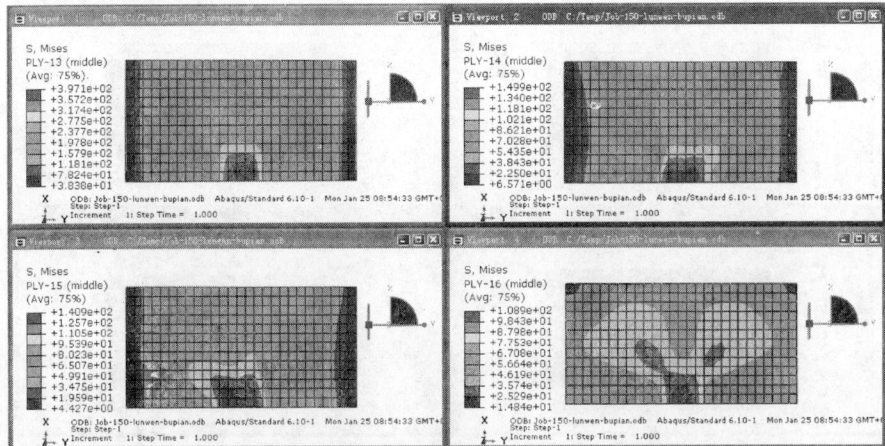

(d)

144

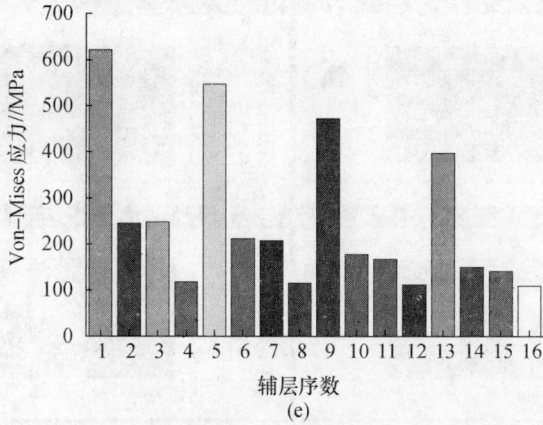

(e)

图 7 - 20　胶接修理结构中补片各铺层 Von - Mises 应力分布云纹图

(a) 补片第 1 ~ 4 铺层应力分布图；(b) 补片第 5 ~ 8 铺层应力分布图；(c) 补片第 9 ~ 12 铺层应力分布图；
(d) 补片第 13 ~ 16 铺层应力分布图；(e) 各铺层中的最大应力。

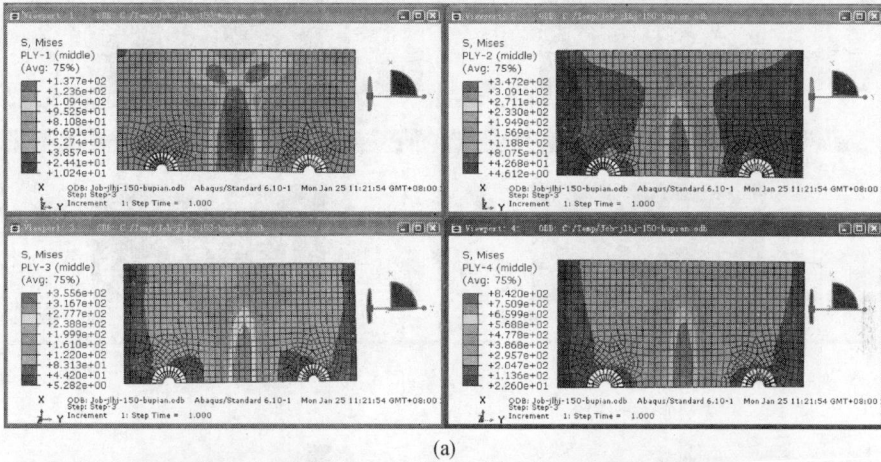

(a)

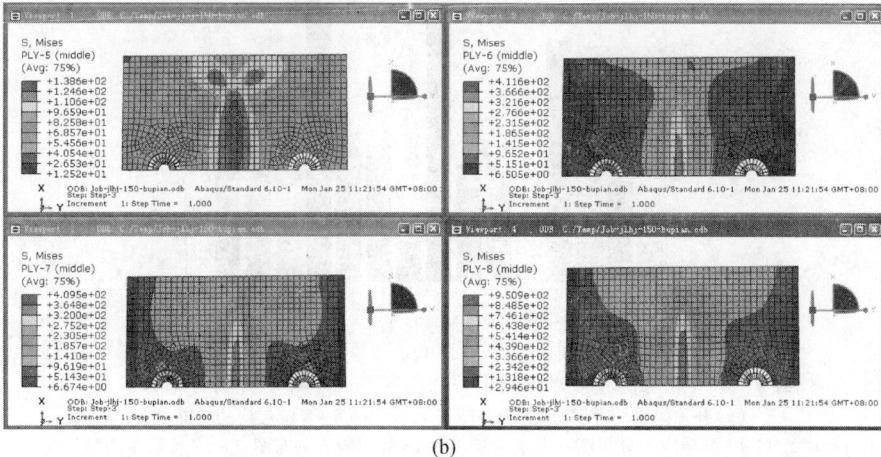

(b)

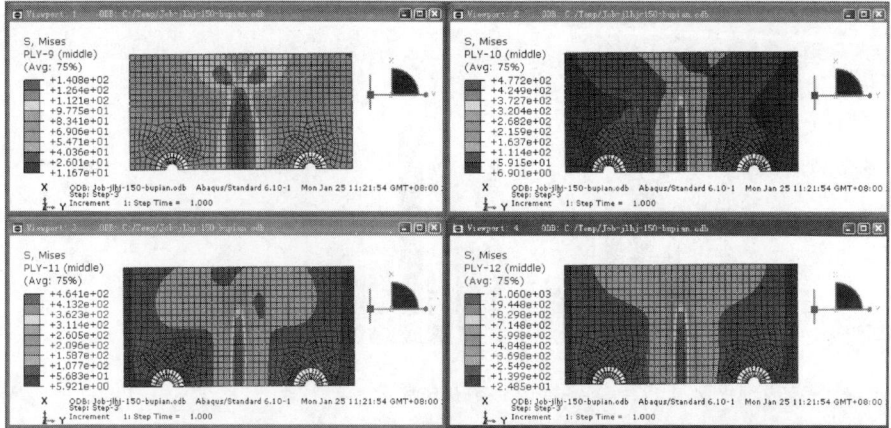

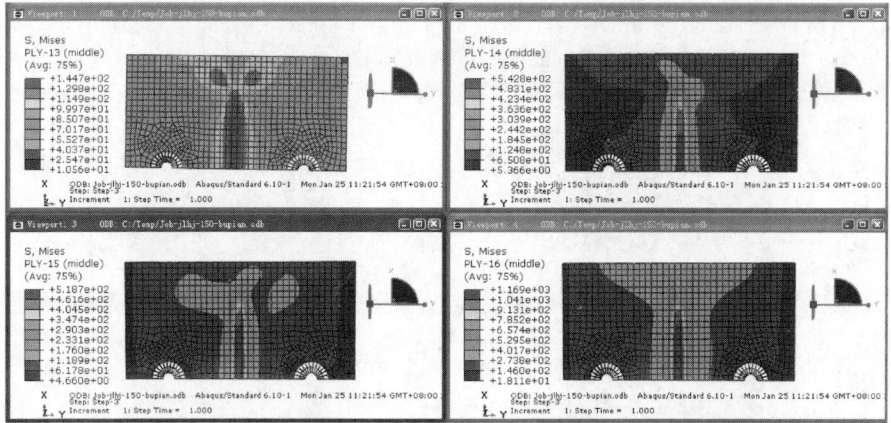

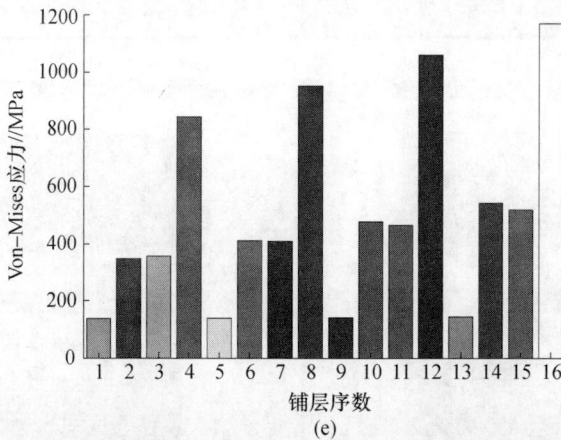

图 7 - 21　胶螺混接修理结构中补片各层 Von - Mises 应力分布云纹图
(a)补片第 1 ~ 4 铺层应力分布图;(b)补片第 5 ~ 8 铺层应力分布图;
(c)补片第 9 ~ 12 铺层应力分布图;(d)补片第 13 ~ 16 铺层应力分布图;(e)各铺层中的最大应力。

从图 7-20 中可以看出,复合材料胶接修理结构中,补片中不同角度的铺层所承受的应力也不相同。在单向拉伸载荷作用下,0°铺层(第 1、5、9、13 层)所承受的应力 >45°铺层(第 2、6、10、14 层)所承受的应力 > -45°铺层(第 3、7、11、15 层)所承受的应力 >90°铺层(第 4、8、12、16 层)所承受的应力,因此可以判断,0°铺层由于所受应力最大,在拉伸载荷作用下会首先发生破坏。同时,从图 7-20(e)中还可以看出,对于相同角度的铺层而言,铺层所受应力随着铺层数字的增大而减小,即沿着远离胶接区域的方向而递减。

从图 7-21 中可以看出,复合材料胶螺混接修理结构中,补片中不同角度铺层所承受的应力也不相同。在单向拉伸载荷作用下,90°铺层(第 4、8、12、16 层)所承受的应力 >45°铺层(第 2、6、10、14 层)所承受的应力 > -45°铺层(第 3、7、11、15 层)所承受的应力 >0°铺层(第 1、5、9、13 层)所承受的应力,因此可以判断,90°铺层由于所受应力最大,在拉伸载荷作用下会首先发生破坏。同时,从图 7-21(e)中还可以看出,对于相同角度的铺层而言,铺层所受应力随着铺层数字的增大而增大,即沿着远离修补区域的方向而递增。

将图 7-21 和图 7-20 作对比可以看出,复合材料胶螺混接修理结构中补片所承受的最大 Von-Mises 应力为 1198.2MPa,而复合材料胶接修理结构中补片所承受的最大 Von-Mises 应力为 620.3MPa,这说明胶螺混接修理结构中,通过胶接和螺接共同作用而传递到补片中的应力要明显多于胶接修理结构中仅通过胶接而传递到补片中的应力。

7.5 裂纹尖端的应力强度因子

图 7-22 给出了采用第五章方法求得的复合材料胶接修理结构中裂纹板裂纹尖端的 SIF 沿金属板厚度方向上的变化曲线。$t_s = 0$、$t_s = 10$ 代表金属板的修理面位置,$t_s = 5$ 代表金属板的中心处位置。从图中可以看出,裂纹尖端的 SIF 在厚度方向上并不相同,由修理面位置到金属板中心位置单调递增,如果修理结构承受交变载荷作用,那么这种现象的出现会使得修理结构的裂纹扩展速率在厚度方向上变得不均匀,由修理面位置到金属板中心位置单调递增。

复合材料胶接修理结构中,裂纹尖端的 SIF 在靠近修理面 $t_s = 0$、$t_s = 10$ 位置取得最小值 16.8MPa·$m^{1/2}$,在中心位置 $t_s = 5$ 处取得最大值 17.92MPa·$m^{1/2}$。在厚度方向上的平均值为 17.37MPa·$m^{1/2}$,与未修补结构中裂纹尖端的 SIF 值 27.74MPa·$m^{1/2}$ 相比,经胶接修补后金属板裂纹尖端的 SIF 降幅为 37.4%。

图 7-23 给出了复合材料胶螺混接修理结构中裂纹板裂纹尖端的 SIF 沿金属板厚度方向上的变化曲线。从图 2.29 中可以看出,类似于胶接修理结构,裂纹尖端的 SIF 在厚度方向上也不相同,由修理面位置到中心位置单调递增,在靠近修理面 $t_s = 0$、$t_s = 10$ 位置取得最小值 13.42MPa·$m^{1/2}$,在中心处位置 $t_s = 5$ 处取得最大值 16.04MPa·$m^{1/2}$。在厚度方向上的平均值为 15.35MPa·$m^{1/2}$,与未修补结构中裂纹尖端的 SIF 值 27.74MPa·$m^{1/2}$ 相比,经胶螺混接修补后金属板裂纹尖端的 SIF 降幅为 44.7%,大于单纯胶接修补方式所引起的 SIF 降低幅度。螺栓的加入能够在一定程度上抑制原有结构中裂纹的扩展。

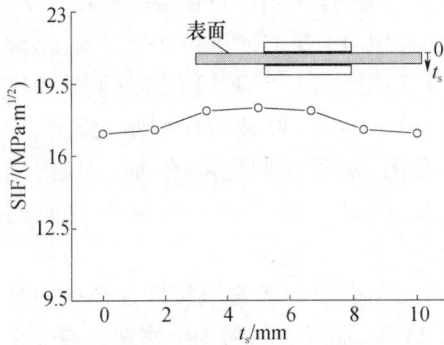

图 7-22 胶接修理结构中裂纹尖端 SIF
沿金属板厚度方向上的变化曲线

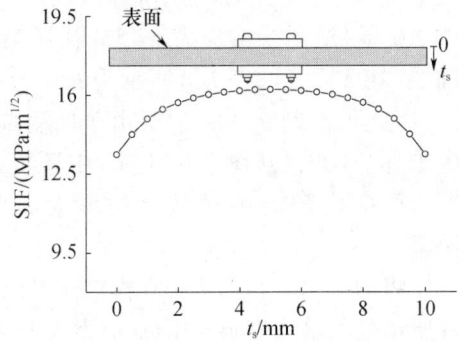

图 7-23 胶螺混接修理结构中 SIF 沿
金属板厚度方向上的变化曲线

螺栓的引入在损伤母板上引入了新的损伤,该损伤更有利于新裂纹的生成,因此对结构强度和疲劳的寿命影响更为复杂。本节的结果说明胶螺混接的效果并不是优于单纯胶接。但是在外场条件下,如果胶层工艺和质量难以保障的条件下,螺钉确实能够增强抗剥离和抗剪切的能力,延迟胶层的破坏,起到一定的结构强化作用。

148

第八章 复合材料补片胶接/
胶螺混接修理结构试验研究

本章以含中心裂纹的 LY12CZ 板模拟含损伤的铝合金厚板结构,并采用复合材料补片胶接修理工艺和胶螺混接修理工艺分别对其进行修理,制备了复合材料补片胶接/胶螺混接修理试验件,以便于进行对比分析。试件的其他尺寸与第三章相同,只是中心裂纹板的厚度变为 10mm,以便于考察被修复板的厚度对于修复效果的影响。

8.1 试验件与试验过程

复合材料胶接试验件的制备过程与第三章相同,这里不再赘述。胶螺混接修理试件的制备相对复杂,必须对补片进行钻孔以安装螺栓,并且在钻孔过程中尽量减少对碳纤维的破坏。因此,胶螺混接修理试件的制备过程主要包括以下三个步骤:

第一步,预置开孔的复合材料补片。按照铺层设计要求,对复合材料预浸料补片进行逐层铺贴并逐层进行压实,以赶走层与层之间可能残留的气泡,为了增加补片的耐磨性和耐蚀性,最后一层铺贴玻璃纤维布。铺贴完成后,采用碳纤维预浸料推荐的固化制度对补片进行固化。固化完成后,按照布置方式对补片进行钻孔,得到开孔的复合材料补片。

第二步,将开孔的复合材料补片胶接在母板表面。在含损伤试件的待修理区域均匀涂抹 J150 胶粘剂,将制备好的开孔复合材料补片铺贴在胶层区域,如图 8-1 所示。

图 8-1 贴补好的复合材料补片

第三步,安装螺栓,固化胶层。通过螺栓将母板和复合材料补片连接固定,然后,采用 J-150 的固化制度对修补区域的胶粘剂进行固化。通过上述工艺制备的复合材料胶螺混接修理件如图8-2所示。

图8-2　复合材料胶螺混接修理试件

　　静力拉伸试验参照 GB/T 1447—2005 和 GB/T 228—2002 进行,轴向拉伸速率设定为0.5mm/min,试件断裂为试验终止判据。连续加载直至试件断裂,记录试件的断裂载荷和破坏形式,以及失效时的极限位移。疲劳试验同样采用 MTS810—500KN 疲劳试验机加载。试验参照 GB/T 3075—2008 和 GB/T 6398—2000 进行,轴向最大载荷为损伤未修理试件静拉伸强度的50%,基准应力比为0.1,正弦波加载,频率10Hz,交变动载误差不超过2%。试验中观察修理结构疲劳失效模式,记录剩余疲劳寿命和一定疲劳周次下含损伤金属板中的裂纹长度。如果试件剩余疲劳寿命超过10^6次,则终止实验。

8.2　静拉伸试验结果分析

　　测试了四类试验件的极限载荷和极限位移,每组包含三个试件,试验件的编号及试验结果见表8-1,各组试验结果的分散性较小。

表8-1　静拉伸试验结果

试样类型	编号	极限载荷/kN	平均值/kN	分散系数/%	极限位移/mm	平均值/mm
完好试件	1#	346.5	360	3.1	20.9	26.6
	2#	362.4			25.9	
	3#	370.1			33	
含损伤试件	4#	182.2	184.5	1.2	1.5	1.57
	5#	185.6			1.6	
	6#	185.8			1.6	
胶接修理试件	7#	271.2	270.1	1.3	2.6	2.8
	8#	267.1			2.8	
	9#	272.1			3	
胶螺混接修理试件	10#	263.9	267.2	1.1	2.4	3.23
	11#	268.4			3.5	
	12#	269.4			3.8	

1. 极限载荷

为了方便对比,同样利用3.4节所定义的承载能力保留率 η 和承载能力恢复率 χ 两个指标考察胶螺混接的修复效果。

表8-2列出了各类型修理试件的承载能力保留率和承载能力恢复率。

表8-2　各类型修理试件的承载能力保留率和承载能力恢复率

试样类型	极限载荷平均值/kN	承载能力保留/%	承载能力恢复率/%
完好试件	360	100	—
含损伤试件	184.5	51.25	—
胶接修理试件	270.1	75	23.8
胶螺混接修理试件	267.2	74.2	23

和完好试验件相比,由于裂纹的存在,金属板中承载的净截面积减小,含有损伤未修理铝合金试件承载能力的保留率仅为51.25%;经过修理后,复合材料补片胶接修理后铝合金试件的承载能力保留率提高到75%,复合材料补片胶螺混接修理后铝合金试件的承载能力保留率提高到74.2%,相对于损伤试验件,复合材料补片胶接修理、胶螺混接修理铝合金试件的承载能力恢复率 χ 分别为23.8%、23%。复合材料补片胶接修理试件和复合材料补片胶螺混接修理铝合金试件的承载能力恢复率相差并不大。

2. 抗变形能力

完好试验件的平均失效位移为26.6mm,含损伤未修理试件的平均失效位移为1.57mm,复合材料补片胶接修理后铝合金试件的平均失效位移为2.8mm,复合材料补片胶螺混接修理后铝合金试件的平均失效位移为3.23mm。

结构失效位移的大小反应了试件抗变形能力的强弱。定义抗变形能力保留率 γ 和抗变形能力恢复率 η 两个指标来考察试验件的抗变形能力恢复情况。

其中,抗变形能力保留率 γ 定义为试验件(损伤或修补试验件)的平均失效位移 L_{test} 与完好试验件的平均失效位移 L_{perfect} 之比,表达式如下:

$$\gamma = \frac{L_{\text{test}}}{L_{\text{perfect}}} \times 100\% \qquad (8-1)$$

抗变形能力恢复率 η:修理试验件与损伤试验件的平均失效位移之差 $(L_{\text{bonded}} - L_{\text{cracked}})$ 与完好试验件的平均失效位移 L_{perfect} 之比,表达式如下:

$$\eta = \frac{L_{\text{bonded}} - L_{\text{cracked}}}{L_{\text{perfect}}} \times 100\% \qquad (8-2)$$

表8-3列出了各类型修理试件的抗变形能力保留率和抗变形能力恢复率。

表 8 - 3   各类型修理试件的抗变形能力保留率和抗变形能力恢复率

试样类型	平均失效位移/mm	抗变形能力保留率/%	抗变形能力恢复率/%
完好试件	26.6	100	—
含损伤试件	1.57	5.9	—
胶接修理试件	2.8	10.5	4.6
胶螺混接修理试件	3.23	12.1	6.2

从表 8 - 3 中可以看出,和完好试验件相比,含有损伤未修理铝合金试件的抗变形能力大幅减弱,抗变形能力的保留率仅为 5.9%;经过修理后,复合材料补片胶接修理后铝合金试件的抗变形能力保留率提高到 10.5%,复合材料补片胶螺混接修理后铝合金试件抗变形能力保留率提高到 12.1%,相对于损伤试验件,抗变形能力恢复率分别为 4.6%、6.2%。相对于复合材料补片胶接修理试验件,复合材料补片胶螺混接修理试件的抗变形能力明显增加。这是由于螺钉的作用使得补片能够更大限度地参与变形。

3. 载荷位移曲线

从各组试件中选出失效载荷接近平均值的试验件,并绘制出试件的载荷位移曲线图 8 - 3 所示。

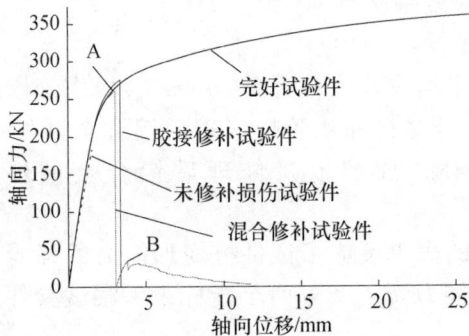

图 8 - 3   各组试验件的载荷位移曲线

从图 8 - 3 中可以看出,完好试验件在静拉伸试验过程中,表现出典型的延性金属的特性,其载荷 - 位移曲线主要由弹性、屈服、塑性变形三个阶段组成,而其他三种试验件则没有明显的屈服和塑性阶段。同时,从图 8 - 3 中还可以看出,在完好试验件的弹性阶段,胶接修补试验件和混合修补试验件的刚度与完好试验件的刚度值差别很小,这说明复合材料修补结构的刚度与完好板的刚度是一致的。

对于复合材料补片胶螺混接修理试验件来说,加载过程中存在两个载荷峰值(A 和 B)。并从试验过程中观察到,在第一个载荷峰值(A)过后,铝合金板首先失效断裂,大部分胶层已经发生损坏,几乎不具备承载能力,补片未完全破坏,主要传力路线变为损伤母板到铆钉再到补片,试验件仍能继续加载;直至第二个峰值(B)过后,补片完全破坏,螺栓连接失效,试验才停止加载,载荷值变为零。这说明由于螺栓连接的存在,在第一个载荷峰值过后,修补试验件仍有一定的承载能力和抗变形能力,直到由于补片与螺栓两者之间出现严重的挤压破坏,补片发生完全破坏,修理试件才彻底失去承载能力。

4. 破坏形式分析

图 8-4 和图 8-5 分别为复合材料补片胶接修理试验件和胶螺混接修理试验件的破坏形貌。

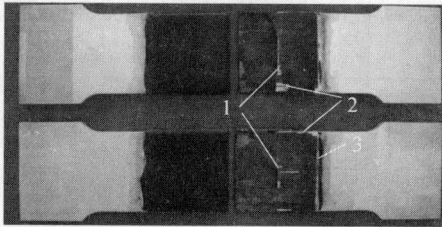

图 8-4 复合材料补片胶接修补试验件的破坏形貌

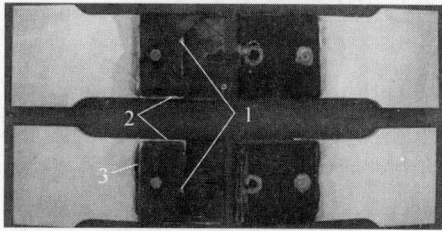

图 8-5 复合材料补片胶螺混接修补试验件的破坏形貌

可以看出,无论是胶接修理结构还是胶螺混接修理结构,在修补区域的胶接界面上均残留着大量的复合材料,这说明补片与经过磷酸阳极化表面处理的铝合金粘结性能满足了复合材料修理对金属表面处理的要求。两种修理试验件中胶接界面上残留的复合材料补片均出现了不同程度的分层、纤维断裂和基体开裂的现象。

无论是胶接修理结构还是胶螺混接修理结构,在修补区域的胶接界面上均出现了轻微的胶层脱粘现象。复合材料胶螺混接修理试验件中胶接界面上发生脱胶的面积要明显小于复合材料胶接修理试验件中胶接界面上发生脱胶的面积(胶接界面上发生脱胶的位置如图中1、2、3 所示,其中,位置1 代表裂纹附近边缘处,位置2、3 代表了胶接区域的两端部)。这充分说明了由于螺栓连接的存在,胶螺混接修理试验件中胶层所承受的应力要明显小于复合材料胶接修理试验件中胶层所承受的应力,这和 7.4 节中胶层应力分析的有限元结果是一致的。

在单向拉伸载荷作用下,复合材料胶接修理试件的主要破坏形式是铝合金板的失效断裂,复合材料补片的分层、纤维断裂、基体开裂,以及胶层的轻微脱粘破坏等;而复合材料补片胶螺混接修理试验件的主要破坏形式则是铝合金板的失效断裂,复合材料补片的分层、纤维断裂、基体开裂,胶层的轻微脱粘破坏,以及补片与螺栓之间的挤压破坏等。

8.3 疲劳试验结果与分析

测试了四类试验件在最大载荷($F_{\max}$)为90kN,应力比(R)为0.1条件下的疲劳寿命,每类包含5个试验件,试验件编号及试验结果见表8-4。

表8-4 疲劳试验结果

试样类型	疲劳寿命/周	平均值/周	分散系数/%
完好试件	821032	889010	0.07
	951247		
	894751		
	901450		
	876570		
含损伤试件	5012	5040	0.02
	4961		
	5147		
	4568		
	5512		
胶接修理试件	112623	141240	0.35
	112000		
	199097		
	184520		
	97960		
胶螺混接修理试件	200393	164467	0.19
	144098		
	148909		
	192654		
	136280		

查阅材料手册中 LY12CZ 的应力比 0.1 的 $S-N$ 曲线得知,在与试验条件相同的应力水平下,疲劳寿命约为 80 万次,而实际测得完好试样的疲劳寿命均值为 889010 次,试验结果与之吻合。

1. 疲劳寿命

如表 8-4 所列,在同等应力水平条件下,含中心裂纹损伤试件的剩余疲劳寿命仅为完好试件的疲劳寿命的 0.6%。相对于含损伤试件,经复合材料补片胶接修补后铝合金试件的疲劳寿命提高了约 28 倍,恢复为完好试件疲劳寿命的 16%;经复合材料补片胶螺混接修理后铝合金试件的疲劳寿命提高了约 33 倍,恢复为完好试件疲劳寿命的 19%。在等幅交变载荷作用下,复合材料补片胶螺混接修理试件的剩余疲劳寿命恢复率约为复合材料补片胶接修理试件的的剩余疲劳寿命恢复率的 1.1 倍。

2. 裂纹长度与疲劳周次的关系

含裂纹铝合金构件在交变载荷作用下,构件中的裂纹会继续扩展,当达到一定值后结构会发生总体破坏,这种现象称作疲劳破坏,而疲劳裂纹扩展速率的快慢在很大程度上决定了疲劳寿命的长短,因此有必要开展复合材料补片胶接/胶螺混接修理试件中铝合金板的裂纹长度与疲劳循环次数关系的研究。

对于含损伤未修补铝合金试件,采用图 8-6 中的测试方法,对一定疲劳循环次数下的裂纹长度进行测量。由于循环加载初期的短裂纹存在很强的闭合效应,导致对裂纹长度的判断存在困难,对于微裂纹的扩展行为必须在扫描电镜下采用原位观测方法进行捕捉,因此本章所采用的这种方法只能捕捉到相对宏观的裂纹扩展行为。图 8-7 为未修补试件裂纹扩展长度 a 与疲劳周次 N 的对应关系曲线,该试件在循环加载 1200 次左右捕捉到了在线切割处开始出现长度为 5mm 的裂纹扩展,且其裂纹扩展速率经过了一个逐步加快的过程,在裂纹扩展长度达到临界尺寸 19mm 后,试件过载瞬断。

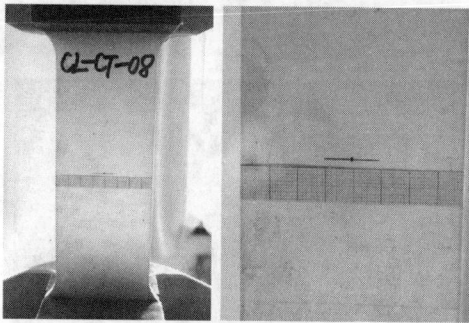

图 8-6 未修理试件的疲劳试验

但是对于复合材料补片胶接/胶螺混接修理试验件而言,由于补片的存在,覆盖住了裂纹扩展区域,无法直接测量试验件的裂纹长度,因此在试验中采用

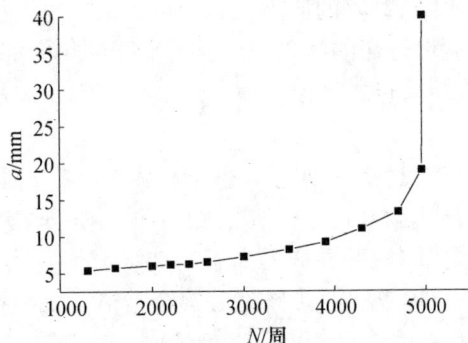

图 8-7   19#试件裂纹扩展长度 a 与疲劳寿命 N 的关系

疲劳加载过程中加入少量载荷值较大而频率较低的超载谱块,利用谱块在试验件上形成比正常加载谱块更深的疲劳辉纹,或者称为裂纹扩展前缘线载荷加载历程与所形成的疲劳裂纹扩展前缘线的对应关系,进而通过测量前缘线之间的距离测得疲劳裂纹扩展长度 a 与循环加载周次 N 的关系。本章节的具体加载方法为每循环 10000 次 90kN 等幅交变载荷,加入循环次数为 20 次的 F_{max} = 120kN, F_{min} = -20kN, f = 5Hz 的超载谱块。由于超载载荷不大,且高载循环次数比例只有 1/5000,所以可以忽略超载塑性对疲劳寿命的影响。

从每组的复合材料补片胶接/胶螺混接修理试验件中,选出一个疲劳寿命接近平均值的试验件,研究其疲劳裂纹扩展情况。图 8-8、图 8-9 为采用上述方法得到的胶接修补试验件和胶螺混合修理试验件的疲劳断口形貌。

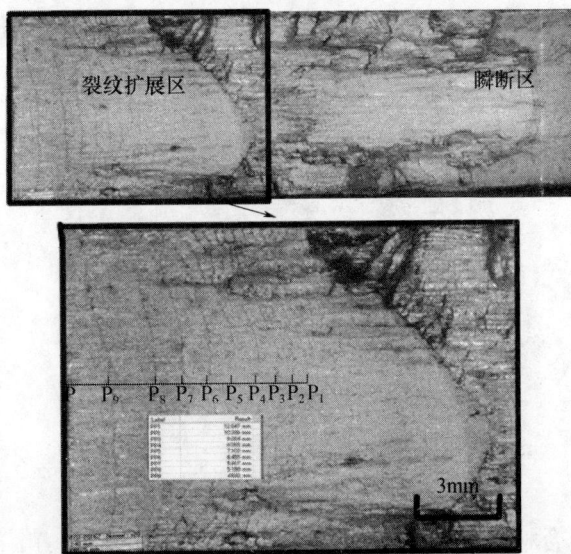

图 8-8   胶接试验件的疲劳断口

156

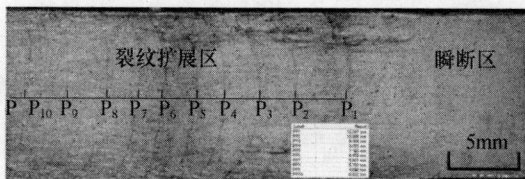

图 8 - 9　胶螺混合修补试验件的疲劳断口

试样断口上留下了典型的疲劳裂纹扩展前缘线,并且这些前缘线为一条条弧线,这说明修理试件在厚度方向的裂纹扩展速率是不均匀的,并且在靠近补片处的裂纹扩展速率要明显小于远离补片处的裂纹扩展速率。这是由于在修理试件中,复合材料补片对靠近接触面处裂纹的约束更加严格,使得靠近修理面位置处的裂纹尖端应力强度因子相较其他位置的应力强度因子要小一些,从而导致裂纹前缘扩展速率相较其他位置的速率要小一些。这和 7.5 节中裂纹尖端应力强度因子的有限元分析结果是一致的。

试样断口上留下了典型的裂纹扩展痕迹和瞬断痕迹,即修理结构在交变载荷作用下,当裂纹扩展长度接近临界尺寸时,裂纹快速扩展,并最终导致结构发生过载瞬断。

这两个试验件的疲劳寿命分别为 112623 周和 148909 周,而观察图 8 - 8、图 8 - 9 中的疲劳断口形貌发现,这两个试验件的试样断口上留下疲劳裂纹扩展前缘线数目分别为 9 个和 10 个,因此可以大致估算,这两个试验件的疲劳裂纹萌生寿命约为 $112623 - 9 \times 10020 = 22443$ 周和 $148909 - 10 \times 10020 = 48709$ 周,约占整个剩余疲劳寿命的 19.9% 和 32.7%。

胶接修补试验件和胶螺混合修补试验件在厚度方向上的裂纹扩展纹线关于中心位置并不完全对称,出现这种现象的原因可能是修理试样中铝合金板的前后表面处理工艺存在误差,或者是加载过程中存在着夹持偏心的误差。为了研究修理试件的疲劳裂纹扩展情况,本章以铝板厚度方向中心位置处裂纹扩展前缘线之间的距离为裂纹长度的参考值,测得疲劳裂纹长度与一定循环周次的关系,如图 8 - 10、图 8 - 11 所示。

从图 8 - 10 和图 8 - 11 可以观察出无论是复合材料胶接修理试件还是复合材料胶螺混接修理试件,在疲劳载荷作用下其裂纹扩展速率均均经过一个先快后慢再快的情形。造成这种现象的可能原因是在裂纹扩展初期,裂纹尺寸较小,补片的功能并没有完全发挥,大部分的载荷还是由金属板传递,所以裂纹的扩展速率相对较快;当裂纹扩展到一定尺寸时,金属板的部分载荷通过补片传递,裂尖的应力集中系数降低,使得裂纹的扩展速率变慢;当裂纹扩展接近补片边缘时,补片止裂的效果会明显减弱,从而使得裂纹的扩展速率再次增加,当扩展至临界长度后,裂纹迅速贯穿整个金属板,修理试件由于过载而断裂失效。

157

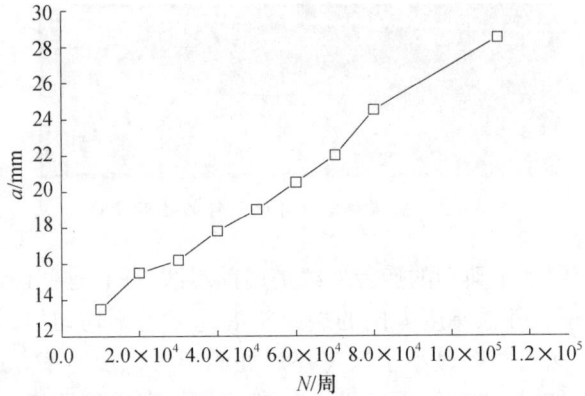

图 8 - 10　胶接修补试件裂纹扩展长度 a 与疲劳寿命 N 的关系

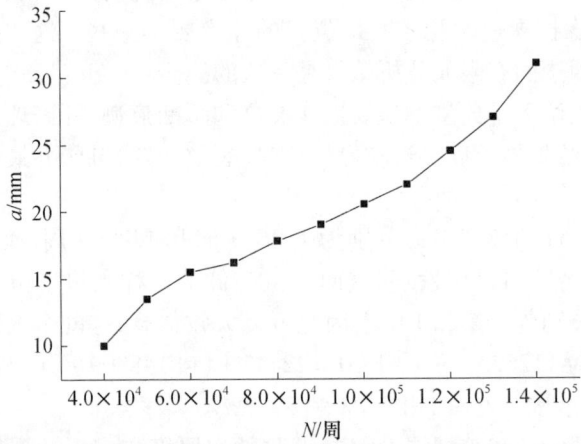

图 8 - 11　胶螺混接试件裂纹扩展长度 a 与疲劳寿命 N 的关系

3. 破坏形貌

图 8 - 12 给出了疲劳载荷作用下,部分复合材料胶接修理试件和胶螺混接修理试件的破坏形貌。

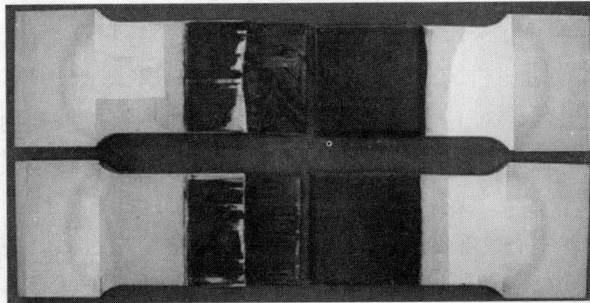

(a)

(b)

图 8 - 12　疲劳载荷作用下部分修理试件的破坏形貌

(a)胶接修理试件的破坏形貌;(b)胶螺混接修理试件的破坏形貌。

从图 8 - 12 中两种修理结构的破坏形貌可以看出,无论是胶接修理结构还是胶螺混接修理结构,在修补区域的胶接界面上均出现了大量的脱粘现象。除此之外,两种修理试验件中的复合材料补片还出现了严重的分层、纤维断裂和基体开裂的现象。在疲劳载荷作用下,复合材料胶接修理试件的主要破坏形式是铝合金板的失效断裂,复合材料补片的分层、纤维断裂、基体开裂,以及胶层的严重脱粘破坏;而复合材料补片胶螺混接修理试件的破坏形式中,除了铝合金板的失效断裂,复合材料补片的分层、纤维断裂、基体开裂,胶层的严重脱粘破坏之外,还包含补片与螺栓之间的挤压破坏等形式。

第九章 复合材料补片胶接/
胶螺混接修理结构静强度分析

本章主要对对含裂纹铝合金板复合材料补片胶接/胶螺混接修理结构的静拉伸性能进行了分析和预测。

9.1 静拉伸性能预测方法

9.1.1 修理结构的失效模式

1. 复合材料补片胶接修理结构的失效模式

对于复合材料补片胶接修理结构,在外载荷作用下,可能出现的失效模式主要包括以下几种:

(1) 含裂纹铝合金板的破坏(裂纹扩展);

(2) 复合材料补片的破坏(分层、纤维断裂、基体开裂等);

(3) 胶层的破坏;

(4) 金属板和补片之间的界面脱粘破坏;

(5) 其他部位出现新的裂纹破坏。

复合材料补片胶接修理结构出现的失效模式如图 9-1 所示。

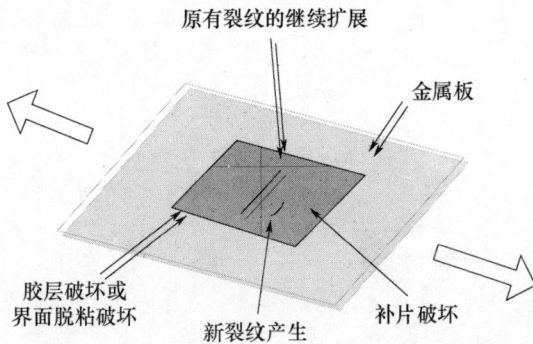

图 9-1 复合材料补片胶接修理结构的失效模式

2. 复合材料补片胶螺混接修理结构的失效模式

对于复合材料补片胶螺混接修理结构而言,其主要失效模式除了包含上述胶接修理结构中出现的失效模式以外,还包括螺栓连接结构中可能出现的失效模式,如被连接件的拉断、剪切、挤压、劈裂和拉脱破坏,其中,劈裂破坏可以看作是拉伸与剪切破坏的组合形式,如图9-2所示。

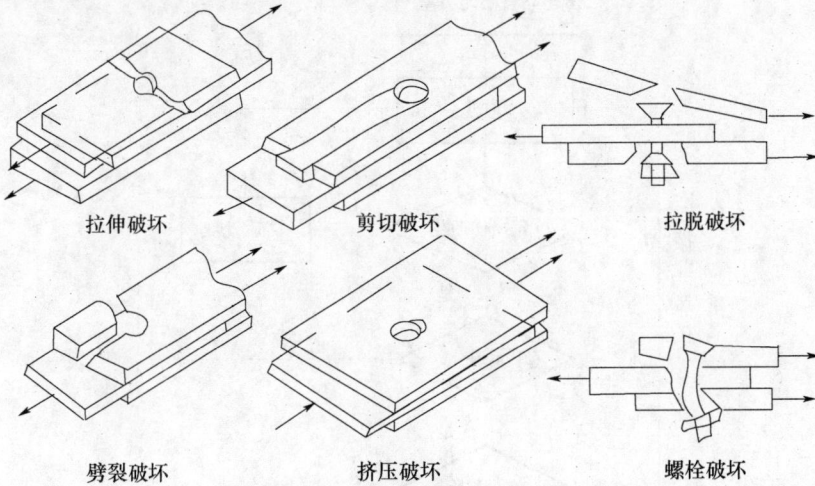

拉伸破坏   剪切破坏   拉脱破坏

劈裂破坏   挤压破坏   螺栓破坏

图9-2 螺栓连接结构中的失效模式

各失效模式之间并不是独立出现的,而是相互影响、相互制约的。通常地,修理结构的破坏又往往从上述最薄弱的环节开始。当任意一种损伤(金属板断裂、胶层脱粘、补片失效等)形式出现时,载荷便会重新分配加载,并导致新的损伤形式出现,直到最终整体结构发生失效破坏。

9.1.2 混合修补结构静强度的渐进损伤分析方法

渐进损伤分析方法是一种可以预测结构失效模式和失效载荷的有限元计算方法。它包含应力求解、失效分析、材料性能退化、失效判定等四个步骤,如图9.3所示。其中第一步为,建立修补结构的有限元模型,分析结构中各组件的应力/应变;第二步,定义材料损伤的萌生准则,判断材料损伤的起始;第三步,定义损伤演化准则,如果材料中的单元出现损伤,则根据演化准则进行性能退化,直至刚度变为零,并进行单元删除;第四步,循环迭代继续加载,重新分析修理结构的应力分布,直至结构最终失效。

渐进损伤方法的优点是在预测修理结构的失效载荷时,可以综合考虑9.1.1节中所述的各种失效模式以及它们之间的相互耦合关系。但该方法在数值计算过程中需要输入的参数众多,并且这类参数的试验获取较为困难,从而造成计算工作量较大,使得收敛效果也比较差。

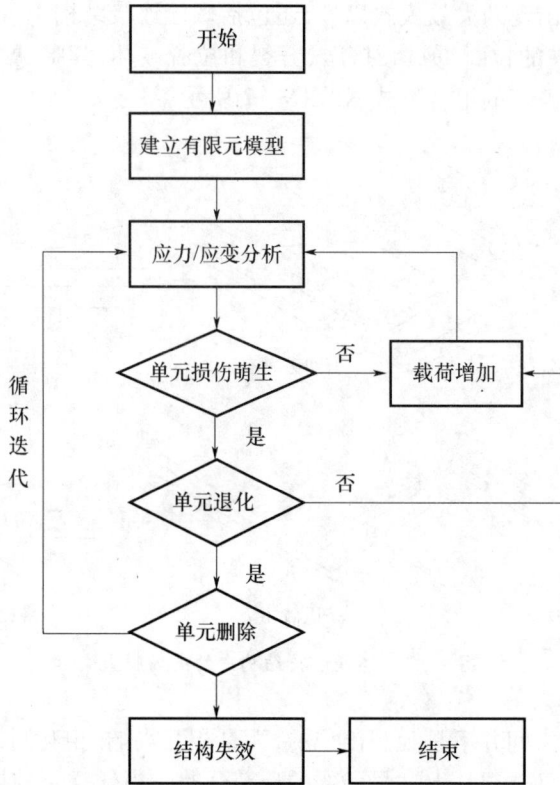

图 9-3　渐进损伤分析方法分析流程

9.1.3　断裂判据分析方法

含裂纹结构发生脆性断裂的判据为 $K = K_{IC}$(简称 K 判据)。其中,K 为裂纹尖端的应力强度因子;K_{IC} 是 K 的临界值,为材料常数,表征了材料阻止裂纹扩展的能力,是材料抵抗断裂的一个韧性指标。

含裂纹结构发生弹塑性断裂的判据为 $\delta = \delta_m$。其中,δ 为裂纹张开位移,指裂纹体受载后,在原裂纹尖端垂直于裂纹方向上所产生的位移,简称 COD (Crack Opening Displacement),δ_m 表示裂纹发生失稳扩展时张开位移的临界值,所以弹塑性断裂判据也简称 COD 判据。

如果材料的 K_{IC} 或者 δ_m 已知,那么结合应力强度因子及裂纹张开位移的计算方法,便可以估算出使得结构失稳扩展、断裂的临界载荷。由于思路清晰,计算步骤简单,K 判据或 COD 判据常应用于结构的断裂分析问题。

含裂纹铝合金板经复合材料补片胶接/胶螺混接修理后,裂纹仍然存

162

在,补片的引入只是改变了原裂纹板的传力路线和应力应变场分布。同时,从8.3.1节中两种修理结构的试验测试结果可知,虽然修理结构在静拉伸载荷作用下出现了多种失效模式,但修理结构的最大承载能力仍然是由金属裂纹板的失效断裂而决定的,即金属裂纹板断裂失效以后,修理试样也瞬间失去最大承载能力。因此,K判据或COD判据仍然适用于复合材料补片胶接/胶螺混接修理结构的临界载荷(即修理结构最大拉伸载荷)估算。

由于较难判断单向拉伸载荷作用下,复合材料补片胶接/胶螺混接修理结构究竟会发生何种方式的断裂,因此,本章采用K判据和COD判据两种方法预测复合材料补片修理结构的静拉伸最大载荷。

9.2 断裂判据方法分析结构最大拉伸载荷

9.2.1 应力强度因子K判据

1. K判据的分析思路

由K判据的内容可知,随着拉伸载荷的增加,复合材料补片胶接/胶螺混接修理结构中裂纹板裂纹尖端的应力强度因子K值也会逐渐增大,当其值增大到金属板材料的断裂韧性时,金属裂纹板即会发生脆性断裂,在金属裂纹板发生断裂失效之后,修理结构便也失去最大承载能力。此时,铝合金裂纹板发生失稳断裂时所对应的拉伸载荷即为复合材料补片胶接/胶螺混接修理结构的最大拉伸载荷。复合材料补片胶接/胶螺混接修理结构中裂纹板裂纹尖端的K值可以利用7.5节中的方法求得。

2. K判据的分析步骤

分析复合材料补片胶接/胶螺混接修理结构的静拉伸最大载荷主要包括以下四个步骤:首先,由第三章的试验测试结果得知,含裂纹铝合金板未修补试件在单向拉伸载荷作用下的极限载荷,并记作P_1;其次,在第七章有限元建模的基础上,对复合材料补片胶接/胶螺混接修理模型逐级施加载荷$P_a < P_b < P_c < P_d \cdots$(其中$P_i > P_1$, $i = a, b, c, d \cdots$),并输出各级载荷作用下修理结构中,裂纹板裂纹尖端应力强度因子的值K_i,直到K_i大于等于裂纹板材料的K_{IC};紧接着,在上述有限元分析结果的基础上,拟合复合材料补片胶接/胶螺混接修理模型中裂纹尖端的应力强度因子K_i与外载荷P_i之间的关系,求得K_i与P_i之间的关系式;最后,根据应力强度因子K_i与外载荷P_i关系式,可求得K_i接近裂纹板材料的断裂韧性K_{IC}时,所对应的外载荷值P_{max},P_{max}即为修理结构的最大拉伸载荷。具体分析步骤如图9-4所示。

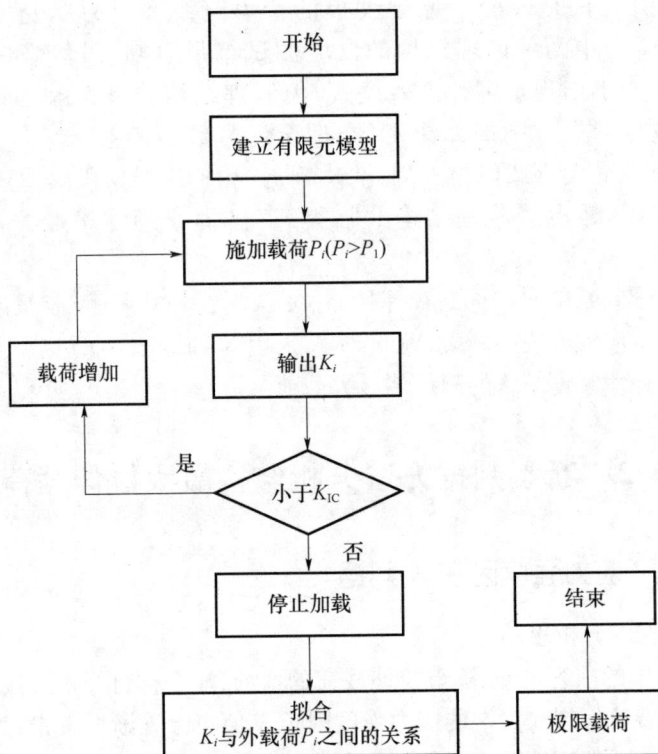

图 9-4 具体分析步骤

9.2.2 裂纹张开位移 COD 判据

1. 裂纹张开位移的定义

考虑含裂纹铝合金板在其缺陷区域(裂纹尖端区域)往往存在着较大的塑性变形的实际,将第 7.3.5 节中有限元分析模型的基本假设条件放宽,把金属板的线弹性参数改为弹塑性参数。

2. COD 判据的的分析思路

类似于 K 判据的分析思路,由 COD 判据的内容可知,随着拉伸载荷的增加,复合材料补片胶接/胶螺混接修理结构中裂纹板裂纹的 COD 也会逐渐增大,当其值增大到金属板材料的临界张开位移时,金属裂纹板即会发生塑性断裂,在金属裂纹板发生断裂失效之后,修理结构便也失去最大承载能力。此时,铝合金裂纹板发生失稳断裂时所对应的拉伸载荷即为复合材料补片胶接/胶螺混接修理结构的最大拉伸载荷。结合第二章中的有限元方法,复合材料补片胶接/胶螺混接修理结构中裂纹板裂纹的 COD 值可以通过裂纹张开位移的定义求得。

164

3. COD 判据的的分析步骤

采用 COD 判据分析复合材料补片胶接/胶螺混接修理结构的静拉伸最大载荷也包括四个步骤:首先,在有限元模型中增加铝合金板的弹塑性属性参数,寻找裂纹尖端的弹塑性交点,计算裂纹张开位移;其次,在建立的模型中,对复合材料补片胶接/胶螺混接修理结构进行逐级加载 $P_a < P_b < P_c < P_d \cdots$(其中 $P_i > P_1, i = a,b,c,d\cdots$),并计算求得各级载荷作用下修理结构中裂纹板的裂纹张开位移值 δ_i,直到 δ_i 大于裂纹板材料的 δ_m,停止加载;在上述有限元分析结果的基础上,拟合复合材料补片胶接/胶螺混接修理模型中裂纹的张开位移值 δ_i 与外载荷 P_i 之间的关系,求得 δ_i 与 P_i 之间的关系式;最后,根据裂纹张开位移值 δ_i 与外载荷 P_i 关系式,可求得 δ_i 接近裂纹板材料的临界张开位移 δ_m 时,所对应的外载荷值 $P_{\max}$,即为修理结构的最大拉伸载荷。具体分析步骤如图 9-5 所示。

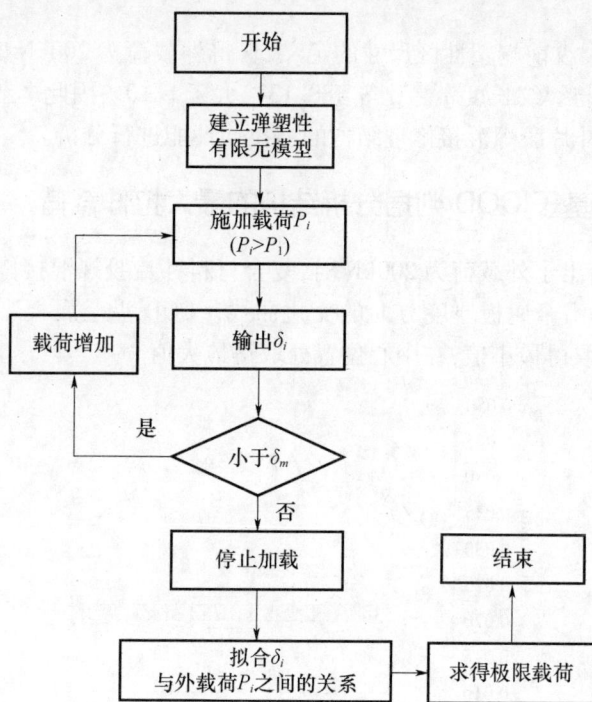

图 9-5 具体分析步骤

9.3 复合材料补片胶螺混接修理结构的最大拉伸载荷预测

9.3.1 裂纹板裂纹尖端的塑性区尺寸

图 9-6 给出了外载荷为 200kN 时,复合材料补片胶螺混接修理结构中裂

纹板的等效塑性应变云纹图。从应变云纹图可以看出,金属板的裂纹尖端也出现了明显的应力集中,这说明材料在未达到极限载荷之前,也出现了明显的屈服。

图 9-6　复合材料补片胶螺混接修补裂纹板的等效塑性应变分布

根据 I 型裂纹前端塑性区尺寸的定义,求得外载荷为 200kN 时裂纹尖端的塑性区尺寸 R 与裂纹长度 a 之比等于 0.131,大于 1/10。因此本节采用 COD 判据对复合材料补片胶螺混接修理结构的静拉伸性能进行分析。

9.3.2　基于 COD 判据分析结构的最大拉伸载荷

图 9-7 给出了外载荷为 200kN 时,复合材料补片胶螺混接修理结构中,裂纹尖端的 COD 沿金属板厚度方向的变化曲线。COD 沿金属板厚度方向,在靠近修理面位置取得最小值,在中心位置处取得最大值。

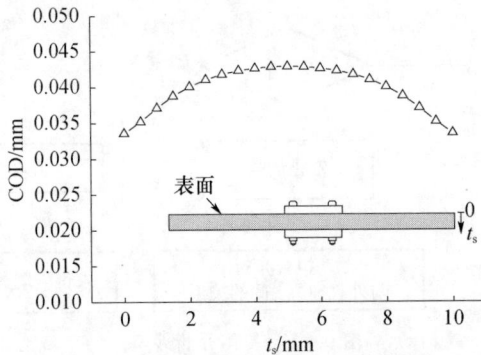

图 9-7　裂纹尖端的张开位移(COD)沿金属板厚度方向的变化曲线

类似于复合材料补片胶接修理结构的静强度预测分析过程,在有限元计算时,在复合材料补片胶螺混接修理结构模型一端施加的载荷最小值满足条件:$P_a \geqslant 180\text{kN}$。在此基础上逐级增加载荷,并求出复合材料补片胶螺混接修理结构在不同载荷作用下的裂纹板裂纹尖端的张开位移。

166

由上节可知金属板的临界 COD 值 $\delta_m = 0.053\text{mm}$。由此可见,在 260kN 时,裂纹尖端的张开位移开始大于临界张开位移值 δ_m,因此停止加载。

图 9-8 为复合材料补片胶螺混接修理结构中,裂纹板裂纹尖端的张开位移在厚度方向上的平均值随载荷的变化曲线。采用二次多项式拟合方法对上述曲线进行拟合,拟合关系式如下:

$$\delta_i = 0.129 - 1.22 \times 10^{-3} \times F + 3.75 \times 10^{-6} \times F^2 \qquad (9-3)$$

通过上述拟合关系式,可以求得 $\delta_i = \delta_m = 0.053\text{mm}$ 时,修理结构的外载荷值为 242.5kN,而试验测得复合材料补片胶螺混接修理结构的极限载荷平均值为 267.2kN,两者之间的误差为 8.7%。

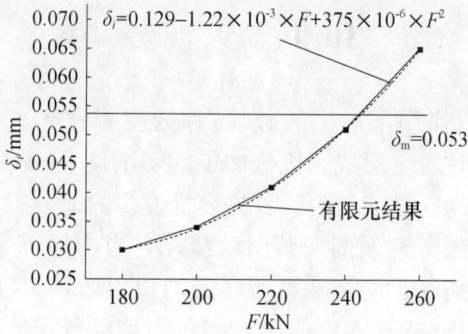

图 9-8 裂纹尖端的张开位移随载荷的变化曲线

第十章 复合材料补片胶接/胶螺混接修理结构疲劳特性分析

本章主要对含裂纹铝合金板复合材料补片胶接/胶螺混接修理结构的疲劳性能进行分析。

10.1 疲 劳

构件在交变应力作用下产生的破坏,称为疲劳破坏。疲劳总是在应力最高,强度最弱的局部位置上形成。机械加工的切削痕、阶梯过渡区、圆孔部分以及夹杂物等应力集中处,是疲劳裂纹首先容易发生的地方。

工程上,有高周疲劳与低周疲劳两种概念。当构件所受应力较低,疲劳裂纹在弹性区中扩展,裂纹扩展至断裂所经历的应力循环次数 N 较高,或裂纹形成寿命较长,称为高周疲劳,亦称应力疲劳。当构件所受的应力较高或因存在孔槽、圆角等应力集中区,局部应力已超过材料的屈服极限,形成较大的塑性区,裂纹主要在塑性区扩展,裂纹扩展所经历的循环周数 N 较低,或裂纹形成寿命较短,称为低周疲劳,又称为应变疲劳。

工程中一般把失效周数 N 小于 10^4 次的疲劳问题视为低周疲劳问题,失效周数 N 大于 10^4 次的疲劳问题视为高周疲劳问题。

如果在应力循环 ΔN 次之后,裂纹扩展量为 Δa,则应力每循环一周,裂纹扩展为 $\frac{\Delta a}{\Delta N}$(mm/周),取极限,用微分 $\frac{da}{dN}$ 表示,称为裂纹扩展速率。

对于疲劳裂纹扩展速率的研究,主要在于寻求裂纹扩展速率与有关力学参量之间的数学表达式。应力强度因子是线弹性裂纹体裂尖力学环境的表征参量。在高周疲劳中,以应力强度因子变化幅值 ΔK 作为宏观裂纹扩展预测的基本参数比其他参量更好地关联裂纹扩展速率,即裂纹扩展速率 $\frac{da}{dN}$ 为 ΔK 的函数。由材料的恒幅载荷试验表明,疲劳裂纹扩展速率 $\frac{da}{dN}$ 随应力强度因子幅值 ΔK 的变化,在双对数坐标上可以用反"S"型曲线来描述,如图 10-1 所示。

这条曲线大致由三个阶段组成。第一阶段(图中 A 区),应力强度因子 ΔK

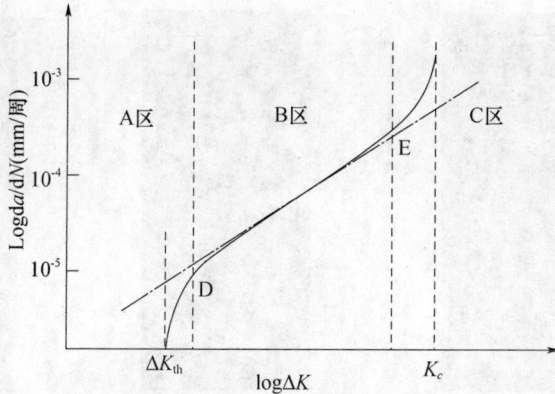

图 10 - 1　疲劳裂纹扩展 $\log \dfrac{\mathrm{d}a}{\mathrm{d}N}$ – $\log \Delta K$ 关系图

值很低,裂纹基本上不扩展(ΔK 值小于某一界限值 ΔK_{th} 时,该值称为裂纹扩展的门槛值)。

第二阶段(图中 B 区),$\log \dfrac{\mathrm{d}a}{\mathrm{d}N}$ – $\log \Delta K$ 关系是一条直线,为裂纹扩展阶段。关于这一阶段裂纹扩展速率规律的表征方式很多,其中形式较简单应用比较广泛的为 Paris 公式,如式(10 - 1)所示。

$$\frac{\mathrm{d}a}{\mathrm{d}N} = C \left(\Delta K \right)^{m} \tag{10 - 1}$$

式中:$\Delta K = K_{\max} - K_{\min}$ 为应力强度因子变化范围;C 和 m 为与试验条件(环境、频率、温度和应力比 R 等)有关的材料常数。

第三阶段(图中 C 区),应力强度因子幅值 ΔK 继续增大,此时的 K_{Imax} 已接近材料的 K_{IC},裂纹扩展速率急剧增快直至断裂。

构件的疲劳裂纹扩展寿命 N_{f} 可由式(10 - 1)积分得到。

10. 2　复合材料补片胶接/胶螺混接修理结构的疲劳寿命计算

图 10 - 2 给出了 $F = 90\mathrm{kN}$ 时,复合材料补片胶接/胶螺混接修理结构在不同裂纹扩展长度下,裂纹尖端的等效应力应变云纹图。

从图 10 - 2 中可以看出,对于复合材料补片胶螺混接修理结构,半裂纹长度从 15mm 增大到 25mm,裂纹尖端的等效塑性应变值始终为零,因此可以推测,修理试样的疲劳裂纹始终是在弹性区扩展的。而且由第前面的疲劳试验测试结果可知,胶螺混合修理试样的疲劳寿命远大于 10^{4} 次,由此可见,复合材料补片胶接/胶螺混接修理结构的疲劳问题属于高周疲劳问题,即应力疲劳问题。

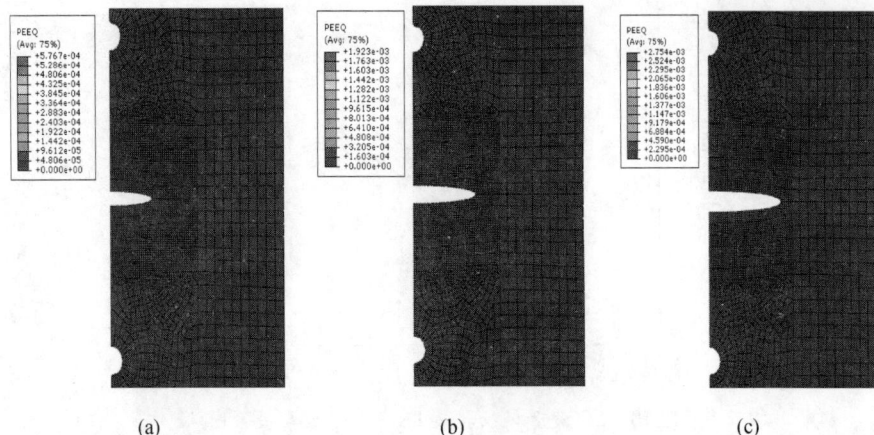

图 10 - 2　胶螺混接修理结构中的等效应力应变云纹图

(a) $a = 15\text{mm}$;(b) $a = 20\text{mm}$;(c) $a = 25\text{mm}$。

对于复合材料补片胶接/胶螺混接修理结构而言,由于无法直接获取结构中裂纹板裂纹尖端的应力强度因子,需要采用有限元方法对应力强度因子进行求解。

分析修理结构的疲劳性能主要包括以下四个步骤:第一步,确定相同试验条件下的材料常数 C 和 m;第二步,采用有限元方法计算输出复合材料补片胶接/胶螺混接修理结构中裂纹尖端的 K 和 SIF 变化幅值 ΔK;第三步,计算不同裂纹长度 a 所对应的 K 和 SIF 变化幅值 ΔK,分析 ΔK 和裂纹长度 a 之间的关系;最后,代入 Paris 积分公式,求得修理结构的疲劳裂纹扩展寿命。具体的求解步骤如图 10 - 3 所示。

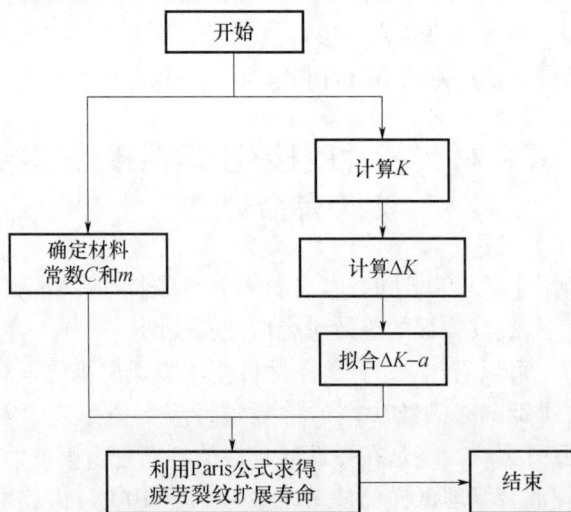

图 10 - 3　结构疲劳性能分析具体步骤

10.3　复合材料补片胶接/胶螺混接修理结构疲劳性能分析

10.3.1　材料常数 C 和 m 的确定

按照 GB – 6398 采用割线法得到裂纹扩展速率 $\mathrm{d}a/\mathrm{d}N$ 与半裂纹长度 a 之间的关系如图 10 – 4 所示。

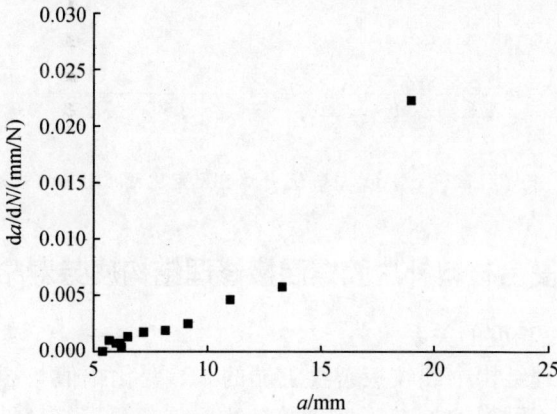

图 10 – 4　未修补试件裂纹扩展速率 $\mathrm{d}a/\mathrm{d}N$ 与半裂纹长度 a 之间的关系

通过含中心贯穿裂纹的有限宽板 I 型 SIF 的表达式 $K = \sigma F \sqrt{\pi a}$，求得裂纹板在疲劳载荷作用下的裂纹扩展速率 $\mathrm{d}a/\mathrm{d}N$ 与裂纹尖端 SIF 变化幅度 ΔK 之间的关系如图 10 – 5 所示。

对图 10 – 5 中的横向坐标和纵向坐标取对数，并采用线性拟合方法，得到试验条件下 Paris 公式中的材料常数 C 和 m，如图 10 – 6 所示。

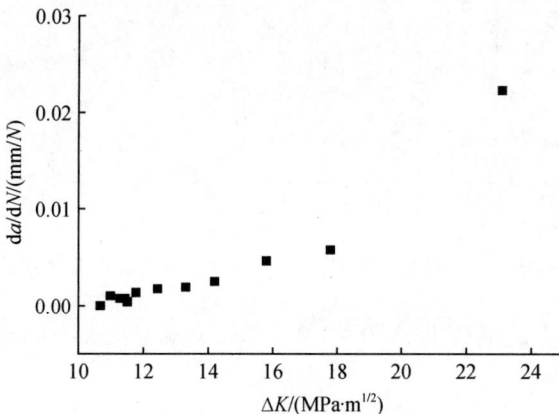

图 10 – 5　未修补试件裂纹扩展速率 $\mathrm{d}a/\mathrm{d}N$ 与裂纹尖端 SIF 变化幅度 ΔK 之间的关系

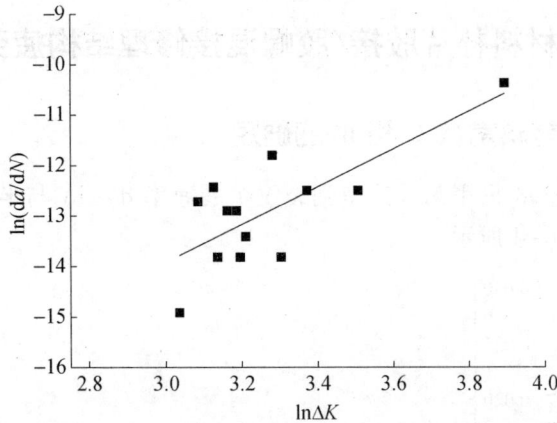

图 10 - 6　未修补试件 da/dN 与裂纹尖端 SIF 变化幅度 ΔK 的双对数关系

10.3.2　复合材料补片胶螺混接修理结构疲劳寿命

1. SIF 与裂纹长度的关系

首先了解修理结构中裂纹板裂纹尖端的 SIF 变化幅值与裂纹长度之间的关系。通过建立不同裂纹长度的复合材料补片胶螺混接修理结构的三维有限元模型,求得疲劳载荷作用下应力强度因子 K 和相应的 SIF 变化幅值 ΔK 与半裂纹长度 a 之间的关系,如图 10 - 7 和图 10 - 8 所示。

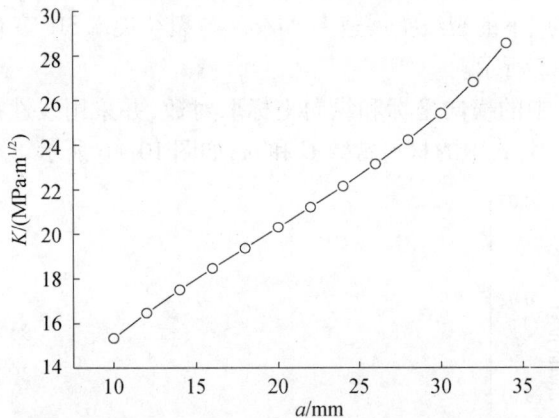

图 10 - 7　胶螺混接修理结构中应力强度因子 K 与半裂纹长度 a 之间的关系

采用多项式方法拟合出图 10 - 8 中 SIF 变化幅值 ΔK 与半裂纹长度 a 之间的关系,关系式为

$$\Delta K = 4.53 \times 10^{-3} a^2 + 0.268a + 10.96 \qquad (10 - 2)$$

172

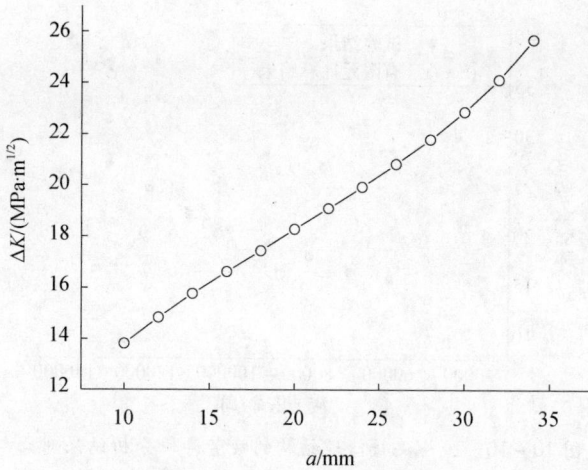

图 10-8　胶螺混接修理结构中 SIF 变化幅值 ΔK 与半裂纹长度 a 之间的关系

拟合曲线如图 10-9 所示。

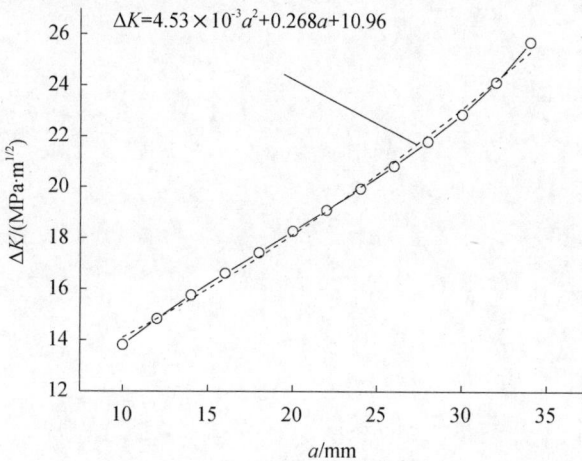

$$\Delta K = 4.53 \times 10^{-3} a^2 + 0.268 a + 10.96$$

图 10-9　胶螺混接修理结构中 SIF 变化幅值 ΔK 与半裂纹长度 a 之间的关系拟合

2. 结构疲劳寿命分析

　　把式(10-2)代入 Paris 公式,并进行积分,便可求得复合材料补片胶螺混接修理结构的疲劳裂纹扩展寿命,疲劳裂纹扩展寿命与疲劳裂纹萌生寿命的和即为修理结构的疲劳寿命。图 10-10 为采用上述方法得到的修理结构的疲劳循环次数与裂纹长度的关系。最终预测的疲劳寿命与试验得到的疲劳寿命结果两者之间的误差为 8.2% 。

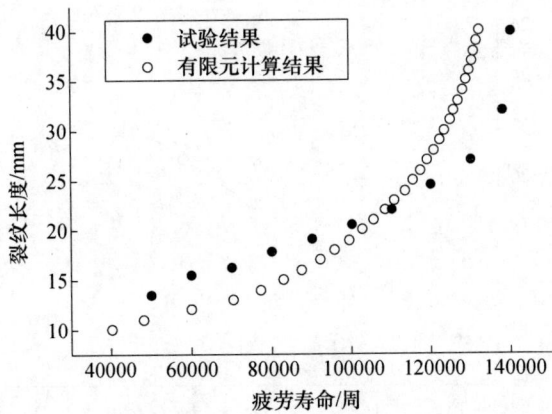

图 10 - 10　胶螺混接修理结构的疲劳寿命分析结果对比

第十一章　修理参数对复合材料胶螺混接修理结构力学性能的影响

本章从工程实际应用的角度出发,探讨修理参数对复合材料补片修理试件静拉伸性能和耐疲劳性能的影响,并给出修理参数的优化结果。

11.1　胶螺混接修理结构修复效果的主要影响因素

影响复合材料补片胶螺混接修理方式修理效果的因素众多,这些因素主要可以归纳为以下三类:

(1) 材料参数:补片的材料类型、铺层方式、胶粘剂的材料和厚度等;

(2) 连接几何参数:补片的形状、长度、宽度、厚度,几何尺寸(排距/孔径、列距/孔径、端距/孔径、边距/孔径、厚度/孔径),孔排列方式;

(3) 紧固件参数:紧固件类型(螺栓、铆钉等)、紧固件尺寸、预紧力大小;

由于复合材料胶螺混接修理方式可以看作是一种在胶接修理的基础上添加了螺栓连接的修理方式,因此在修理设计时,对补片和胶粘剂的材料参数以及几何参数的选择,可以依据复合材料胶接修理方式的修理设计理论。而本章重点考察紧固件尺寸 D(孔径)、连接几何参数 e/D(端距/孔径)、预紧力大小 P 三类参数对复合材料补片胶螺混接修理结构力学性能的影响,所用的模型尺寸与第十章尺寸相同。

11.2　修理参数对静强度的影响分析

在研究修理参数对修理结构静拉伸性能的影响之前,做以下基本假设:修理结构的最大承载能力是由金属裂纹板的失效断裂而决定的。

11.2.1　螺栓直径 D 对修理结构最大拉伸载荷的影响

当螺栓直径 D 与被连接件厚度 t(此处 t 为被连接件中薄件的厚度,在修理结构中指补片的的厚度,下同)之比较小时,易发生紧固件的弯曲失效和剪断失效,但当螺栓直径 D 与被连接件厚度 t 之比过大,又会容易导致被连接件的剪切破坏,因此螺栓直径 D 与被连接件厚度 t 之比的取值范围在 $1 \sim 2$ 之间。补片的厚度为 2.4mm，所以本章对 $D/t = 1$ ($D = 2.4$mm)、1.25 ($D = 3$mm)、1.5 ($D = 3.6$mm)、1.75 ($D = 4.2$mm)、2 ($D = 4.8$mm)5 种情况进行了计算，分析比较了采用不同直径螺栓的铝合金板的 COD 和修理结构的最大拉伸载荷，如图 11-1 所示。

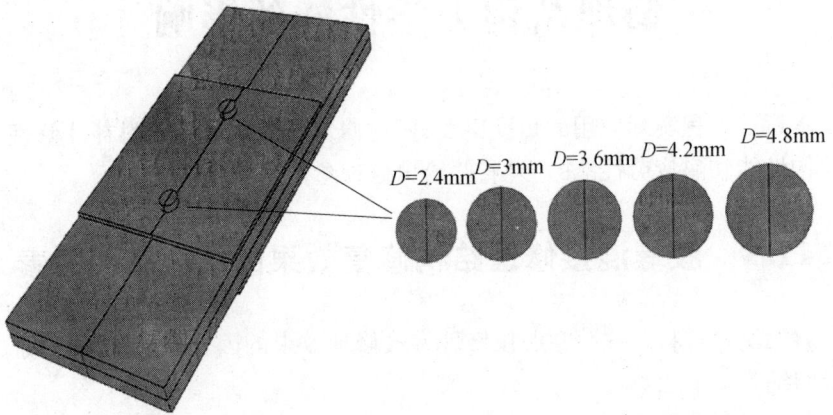

图 11-1　不同螺栓直径大小的胶螺混接修补结构的有限元模型

选取的螺栓直径大小不同，复合材料胶螺混接修补结构中铝合金板的 COD 也明显不同。当母板承受的外部载荷为 150MPa 时，采用不同螺栓直径大小的复合材料补片胶螺混接结构中，铝合金板的 COD 如图 11-2 所示。随着 D/t 的增加，复合材料补片胶螺混接修补结构中铝合金板的 COD 不断增大。利用第九章 COD 判据预测修补结构最大拉伸载荷的方法，绘制采用不同螺栓直径大小的复合材料补片胶螺混接结构的最大拉伸载荷随着 D/t 的变化曲线如图 11-3 和图 11-4 所示。

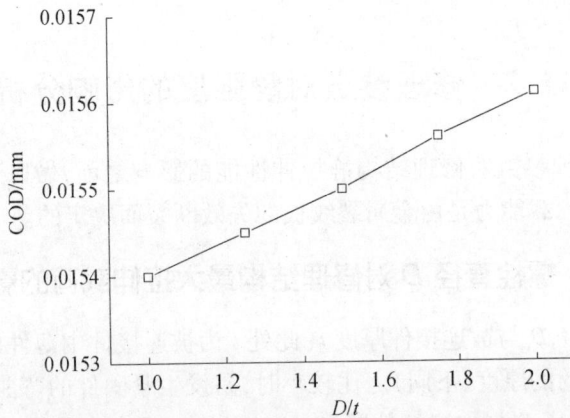

图 11-2　不同螺栓直径大小的修理结构中铝合金板的裂纹张开位移

176

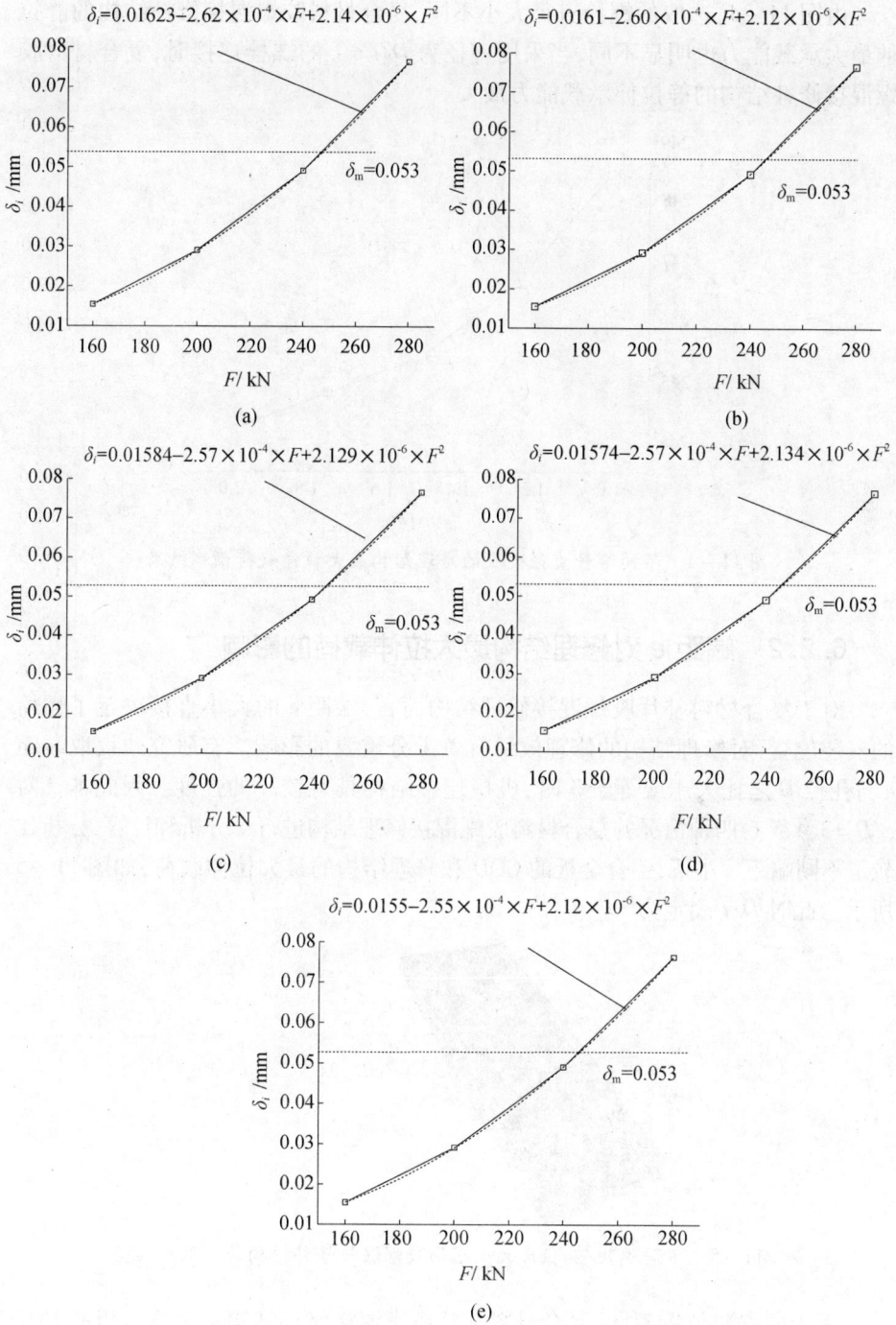

$$\delta_i = 0.01623 - 2.62 \times 10^{-4} \times F + 2.14 \times 10^{-6} \times F^2$$

$$\delta_i = 0.0161 - 2.60 \times 10^{-4} \times F + 2.12 \times 10^{-6} \times F^2$$

$$\delta_i = 0.01584 - 2.57 \times 10^{-4} \times F + 2.129 \times 10^{-6} \times F^2$$

$$\delta_i = 0.01574 - 2.57 \times 10^{-4} \times F + 2.134 \times 10^{-6} \times F^2$$

$$\delta_i = 0.0155 - 2.55 \times 10^{-4} \times F + 2.12 \times 10^{-6} \times F^2$$

(a)　　　　　　　　(b)

(c)　　　　　　　　(d)

(e)

图 11 - 3　不同螺栓直径大小下的修理结构 COD 与外载荷的关系

（a）$D/t = 1$；（b）$D/t = 1.25$；（c）$D/t = 1.5$；（d）$D/t = 1.75$；（e）$D/t = 2$。

由图 11 - 4,选取的螺栓直径大小不同,复合材料胶螺混接修补结构的静拉伸最大承载能力也明显不同,当采用直径为 $D/t = 1$ 的螺栓连接时,复合材料胶螺混接修补结构的静拉伸承载能力最大。

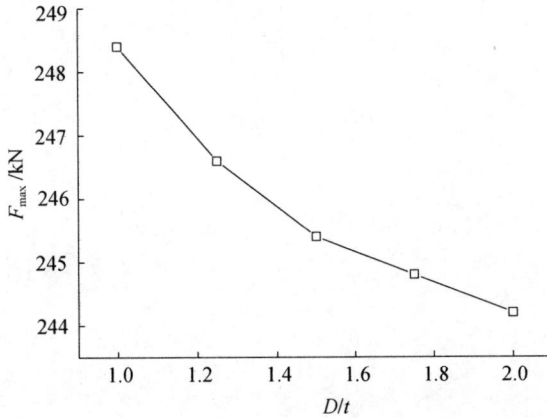

图 11 - 4   不同螺栓直径大小的修理结构最大拉伸载荷预测结果

6.2.2   端距 *e* 对修理结构最大拉伸载荷的影响

对于复合材料补片胶螺混接修理结构而言,端距 *e* 的大小直接决定了螺栓的安装位置,对修理结构的修理效果有着十分重要的影响。有研究建议取端距 *e* 与孔径 *D* 之比大于或等于 3 时,机械连接结构具有较高的强度。因此本章对 $e/D = 3$、4、5、6 四种情况的复合材料胶螺混接修理结构进行了分析和计算,分析比较了不同端距大小下,铝合金板的 COD 和修理结构的最大拉伸载荷,如图 11 - 5 所示。此时 D/t 固定为 1。

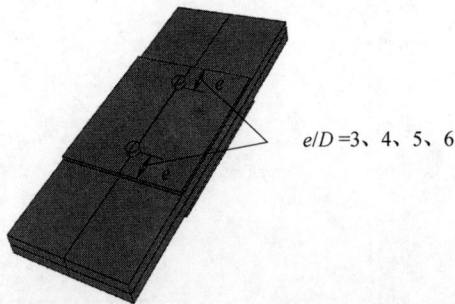

图 11 - 5   不同端距/孔径比大小下的胶螺混接修补结构的有限元模型

螺栓的安装位置不同,复合材料补片胶螺混接修补结构中铝合金板的 COD 也不相同,两者不成线性关系。当母板承受的外部载荷为 150MPa 时,采用不同端距大小的复合材料补片胶螺混接结构中,铝合金板的 COD 如图 11 - 6 所示。

178

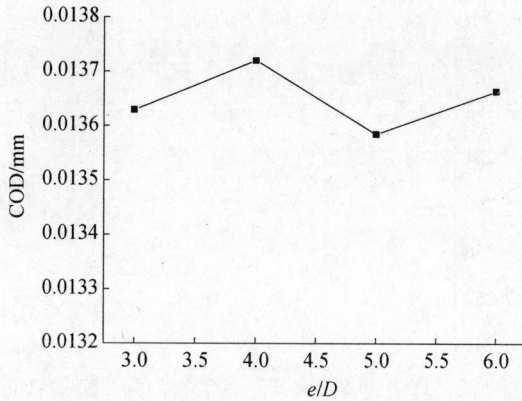

图 11 - 6 不同端距/孔径比大小下修补结构中铝合金板的 COD

可以看出,复合材料补片胶螺混接修补结构中铝合金板的裂纹张开位移在 $e/D = 5$ 时,取得最小值,在 $e/D = 4$ 时,取得最大值。

基于 COD 判据,对采用不同端距大小的复合材料补片胶螺混接结构的最大拉伸载荷进行了预测,预测过程和预测结果分别如图 11 - 7 和图 11 - 8 所示。

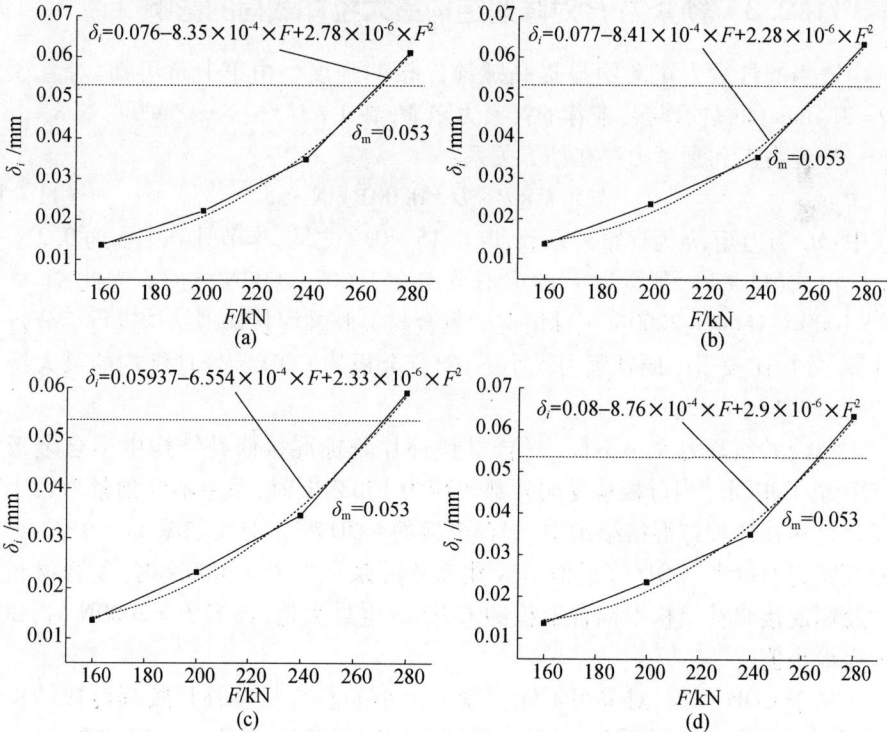

图 11 - 7 不同端距/孔径比大小下修理结构的 COD 与外载荷之间的关系曲线

(a)$e/D = 3$;(b)$e/D = 4$;(c)$e/D = 5$;(d)$e/D = 6$。

179

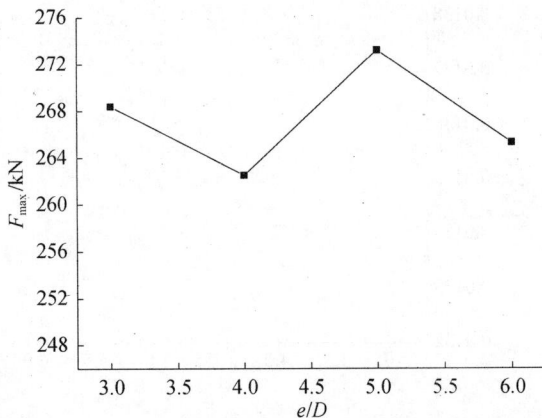

图 11 - 8 不同端距/孔径比大小下修理结构的最大拉伸载荷

选取的端距/孔径比大小不同,复合材料补片胶螺混接修补结构的静拉伸最大承载能力也明显不同,当 $e/D=5$ 时,复合材料补片胶螺混接修补结构的静承载能力最大,而当 $e/D=4$ 时,复合材料补片胶螺混接修补结构的静承载能力最小。

11.2.3 预紧力 P 对修理结构最大拉伸载荷的影响

适当的拧紧力矩会明显提高螺栓连接的强度。由第七章可知,对直径为 $D=2.4\text{mm}$ 的螺栓连接,推荐的拧紧力矩 M_t 在 $1\sim1.5\text{N}\cdot\text{m}$ 之间。

拧紧力矩和预紧力存在如下关系:

$$M_t = k \times P \times D \times 0.001 \quad \text{N}\cdot\text{m} \tag{11-1}$$

式中: M_t 为力矩; k 为拧紧力系数,取 $0.15\sim0.2$ 之间,本节计算中取为 0.2 。

由式(11-1),预紧力 P 的取值范围在 $1000\sim2000\text{N}$ 之间。因此,本章对 $P=1000\text{N}$、1500N、2000N 三种情况的复合材料胶螺混接修理结构进行了分析和计算,分析比较了不同预紧力大小下,铝合金板的 COD 和修理结构的最大拉伸载荷,其中 $e/D=5$ 。

螺栓的预紧力大小不同,复合材料补片胶螺混接修补结构中铝合金板的 COD 也不相同。当母板承受的外部载荷为 150MPa 时,采用不同预紧力大小的复合材料补片胶螺混接结构中,铝合金板的 COD 变化曲线如图 11-9 所示,随着预紧力的增大,COD 值近似呈线性递减关系。当 $P=1000\text{N}$ 时,复合材料补片胶螺混接修补结构中铝合金板的 COD 取得最大值,而当 $P=2000\text{N}$ 时,COD 取得最小值。

基于 COD 判据,对采用不同预紧力大小的复合材料补片胶螺混接结构的最大拉伸载荷进行了预测,预测过程和预测结果分别如图 11-10 和图 11-11 所示。

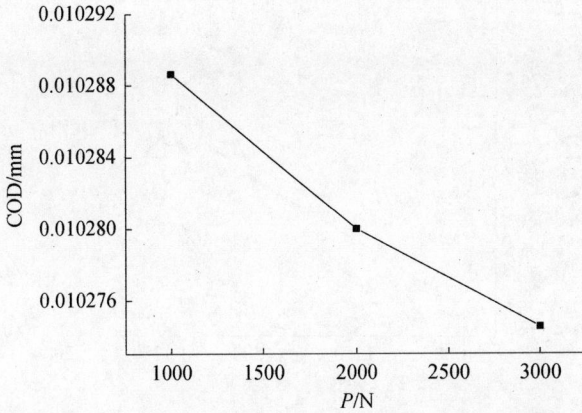

图 11 - 9　不同预紧力大小的修补结构中铝合金板的 COD

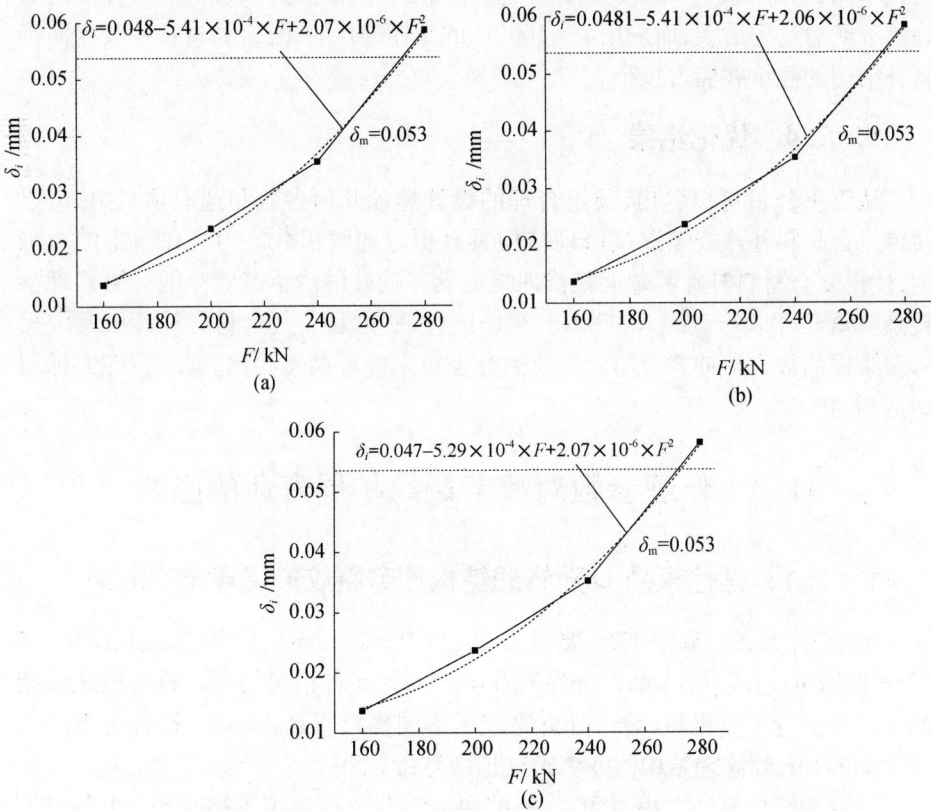

(a)

(b)

(c)

图 11 - 10　不同预紧力大小下修补结构的 CDO 随着预紧力的变化曲线
(a) $P = 1000\mathrm{N}$；(b) $P = 1500\mathrm{N}$；(c) $P = 2000\mathrm{N}$。

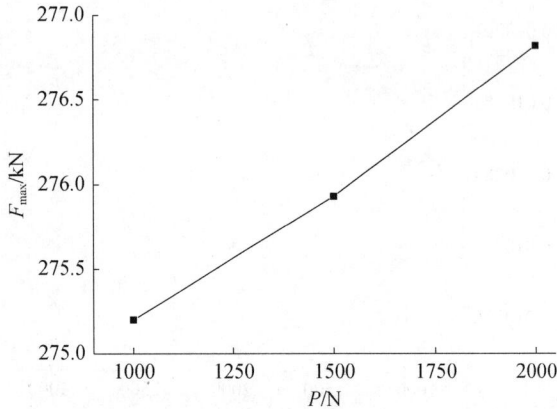

图 11 - 11   不同预紧力大小下修补结构的最大拉伸载荷预测结果

选取的预紧力大小不同,复合材料补片胶螺混接修补结构的静承载能力也明显不同,当采用 $P = 2000\mathrm{N}$ 的螺栓连接时,复合材料补片胶螺混接修补结构的静承载能力达到最大,而采用 $P = 1000\mathrm{N}$ 的螺栓连接时,复合材料补片胶螺混接修补结构的静承载能力较小。

11.2.4   优化结果

从以上分析可以看出,通过合理的设计螺栓几何参数和选取预紧力,可以使得复合材料补片胶螺混接修理结构具有更好的静承载能力。在给定的范围内,使得复合材料补片胶螺混接修理结构具有较好的静承载能力的一组修理参数是:$D/t = 1$;$e/D = 5$;$P = 2000\mathrm{N}$。在该组修理参数下,复合材料补片胶螺混接修理结构的最大拉伸载荷与含裂纹铝合金板未修补结构相比,其承载能力保留率达到80%。

11.3   修理参数对疲劳裂纹扩展寿命的影响

11.3.1   螺栓直径 D 对修理结构疲劳裂纹扩展寿命的影响

类似于 11.2.1 节,本章主要对 $D/t = 1(D = 2.4\mathrm{mm})$、$1.25(D = 3\mathrm{mm})$、$1.5(D = 3.6\mathrm{mm})$、$1.75(D = 4.2\mathrm{mm})$、$2(D = 4.8\mathrm{mm})$ 5 种情况的复合材料胶螺混接修理结构进行了分析和计算,分析比较了不同螺栓直径大小下,铝合金板的裂纹尖端的 SIF 和修理结构的疲劳裂纹扩展寿命。

选取的螺栓直径大小不同,修补结构中铝合金板裂纹尖端的 SIF 也明显不同。当外部载荷为 150MPa 时,采用不同螺栓直径大小的复合材料补片胶螺混接结构中,铝合金板的裂纹尖端 SIF 如图 11 - 12 所示。

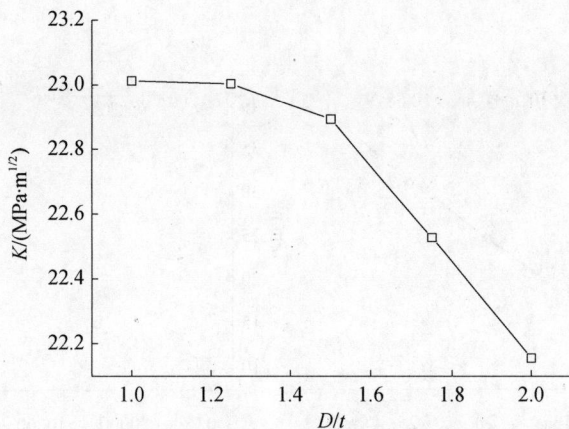

图 11 − 12　不同螺栓直径大小下修理结构中金属板裂纹尖端的 SIF

　　可以看出,随着 D/t 的增加,复合材料补片胶螺混接修补结构中铝合金板裂纹尖端的 SIF 不断减小,当 $D/t = 2$ 时,铝合金板中的裂纹尖端 SIF 取得最小值。

　　采用第十章方法,对采用不同螺栓直径大小的复合材料补片胶螺混接结构的疲劳裂纹扩展寿命进行了预测。预测过程和预测结果如图 11 − 13 和图 11 − 14 所示。

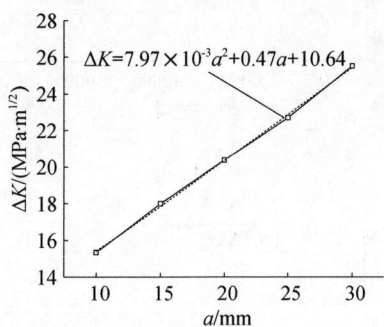

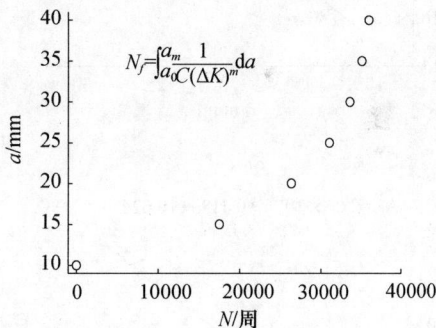

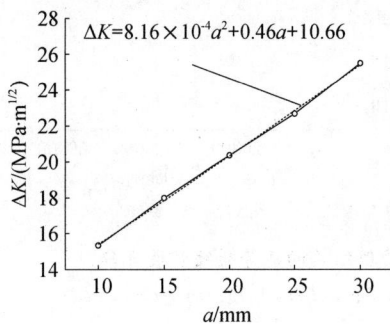

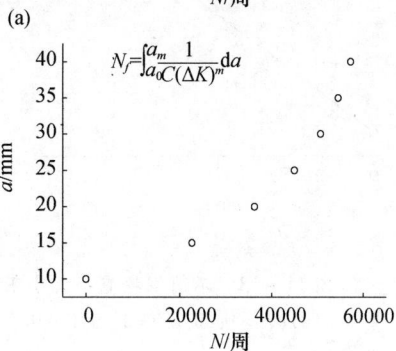

$$\Delta K = 7.97 \times 10^{-3} a^2 + 0.47a + 10.64$$

$$N_f = \int_{a_0}^{a_m} \frac{1}{C(\Delta K)^m} da$$

(a)

$$\Delta K = 8.16 \times 10^{-4} a^2 + 0.46a + 10.66$$

$$N_f = \int_{a_0}^{a_m} \frac{1}{C(\Delta K)^m} da$$

(b)

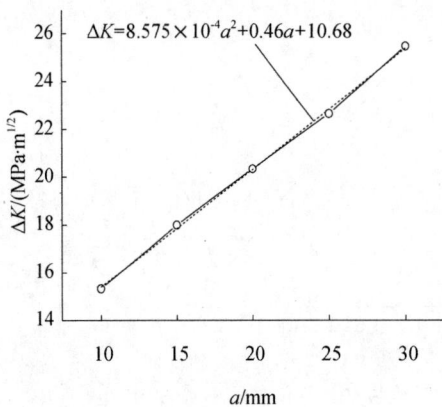

$\Delta K=8.575\times10^{-4}a^2+0.46a+10.68$

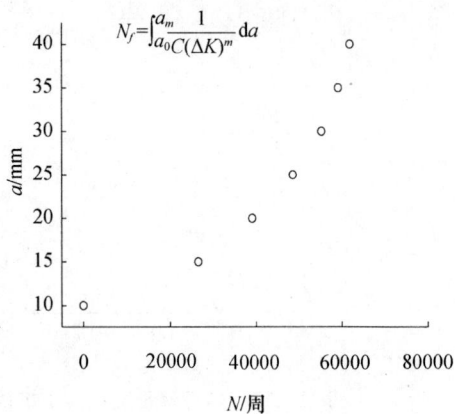

$N_f=\int_{a_0}^{a_m}\dfrac{1}{C(\Delta K)^m}\,\mathrm{d}a$

(c)

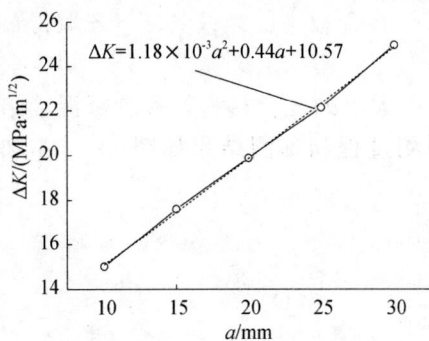

$\Delta K=1.18\times10^{-3}a^2+0.44a+10.57$

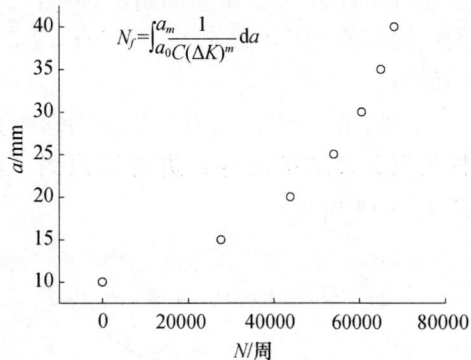

$N_f=\int_{a_0}^{a_m}\dfrac{1}{C(\Delta K)^m}\,\mathrm{d}a$

(d)

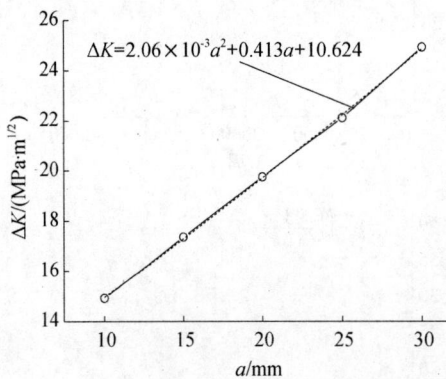

$\Delta K=2.06\times10^{-3}a^2+0.413a+10.624$

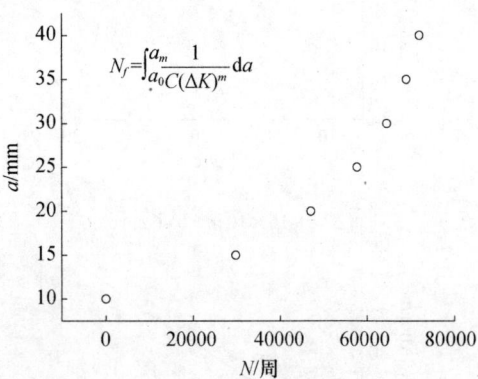

$N_f=\int_{a_0}^{a_m}\dfrac{1}{C(\Delta K)^m}\,\mathrm{d}a$

(e)

图 11 – 13　不同螺栓直径大小下修理结构的疲劳裂纹扩展寿命

(a)$D/t=1$；(b)$D/t=1.25$；(c)$D/t=1.5$；(d)$D/t=1.75$；(e)$D/t=2$。

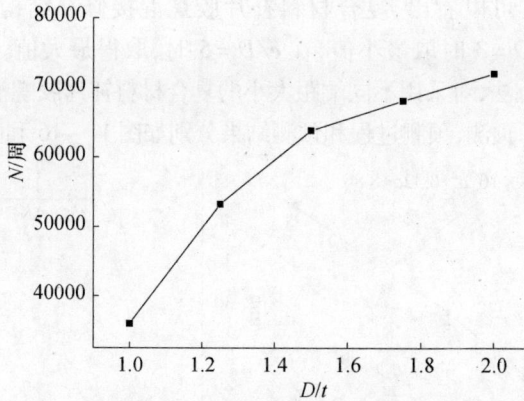

图 11 - 14   不同螺栓直径大小下修理结构的疲劳裂纹扩展寿命预测结果

选取的螺栓直径大小不同,复合材料补片胶螺混接修补结构的疲劳裂纹扩展寿命也明显不同,当采用直径为 $D/t=2$ 的螺栓连接时,复合材料补片胶螺混接修补结构的疲劳裂纹扩展寿命最长。

11.3.2　端距 e 对修理结构疲劳裂纹扩展寿命的影响

本章对 $e/D=3$、4、5、6 四种情况的复合材料胶螺混接修理结构进行了分析和计算,分析比较了不同端距下,铝合金板的裂纹尖端 SIF 和修理结构的疲劳裂纹扩展寿命。孔径 D/t 固定为 2。

选取的端距大小不同,复合材料补片胶螺混接修补结构中铝合金板的裂纹尖端的 SIF 也不相同。当外部载荷为 150MPa 时,采用不同端距大小的复合材料补片胶螺混接结构中,铝合金板的的裂纹尖端 SIF 如图 11 - 15 所示。

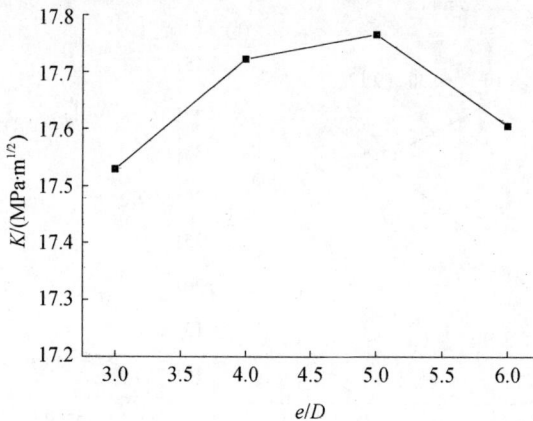

图 11 - 15   不同端距孔径比大小下修理结构中金属板裂纹尖端的 SIF

从图 11 – 15 可以看出,复合材料补片胶螺混接修补结构中铝合金板的裂纹尖端 SIF 在 $e/D=3$ 时取最小值,在 $e/D=5$ 时,取得最大值。

基于有限元方法,对采用不同端距大小的复合材料补片胶螺混接结构的疲劳裂纹扩展寿命进行了预测,预测过程和预测结果分别如图 11 – 16 和图 11 – 17 所示。

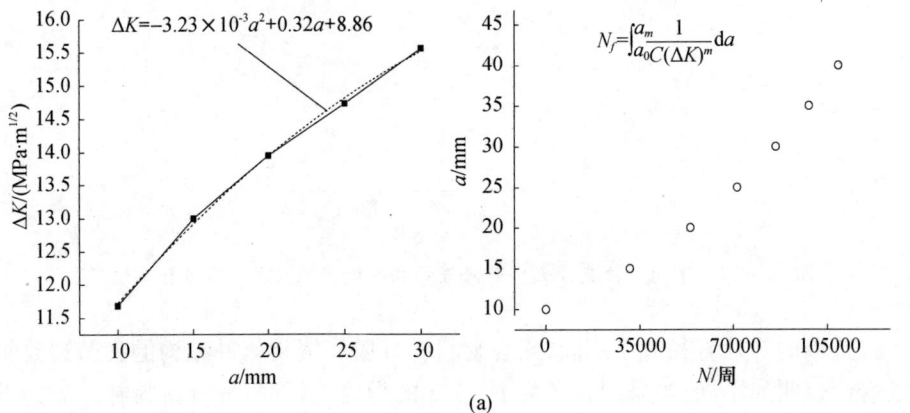

(a)

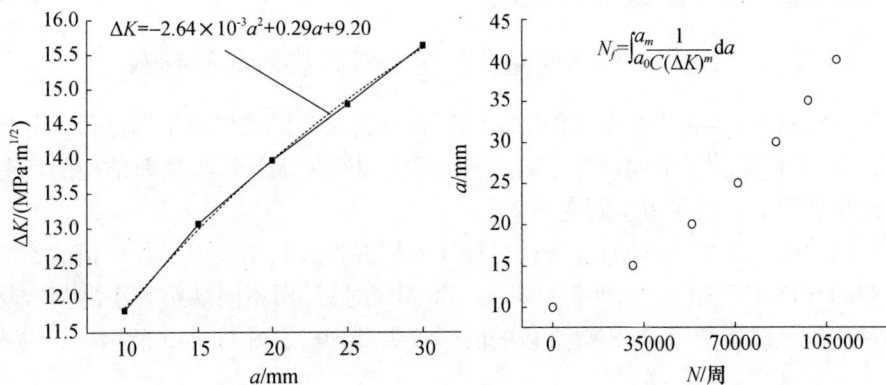

(b)

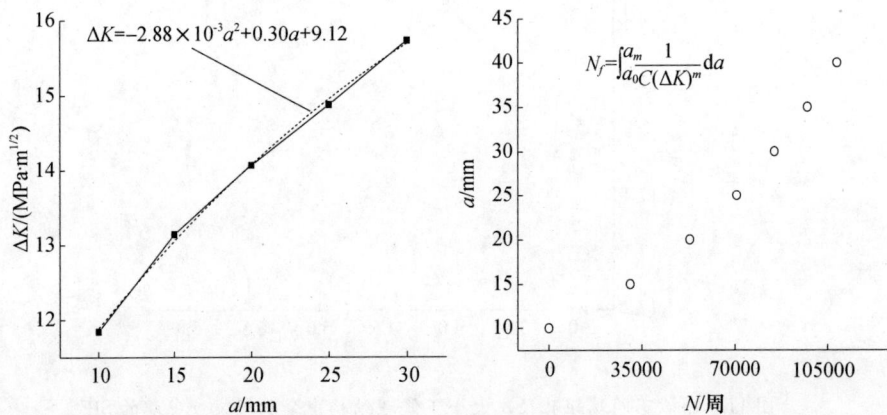

(c)

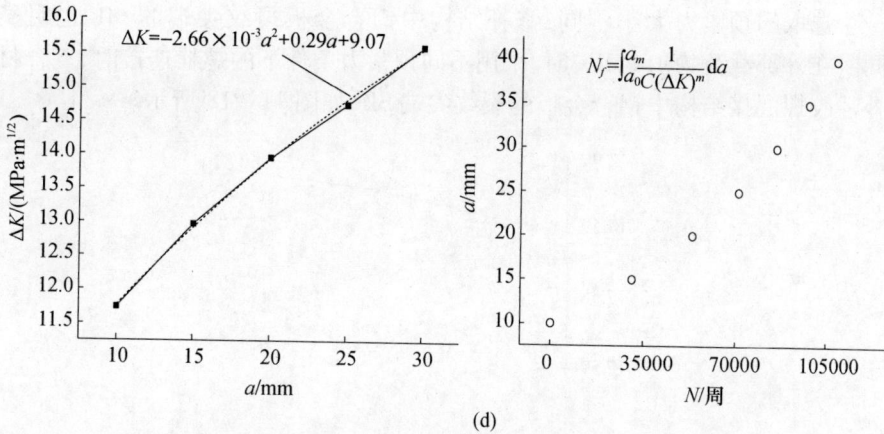

$$\Delta K = -2.66 \times 10^{-3} a^2 + 0.29a + 9.07$$

$$N_f = \int_{a_0}^{a_m} \frac{1}{C(\Delta K)^m} \mathrm{d}a$$

(d)

图 11 - 16　不同端距/孔径比大小下的修理结构疲劳裂纹扩展寿命预测过程
(a)$e/D=3$；(b)$e/D=4$；(c)$e/D=5$；(d)$e/D=6$。

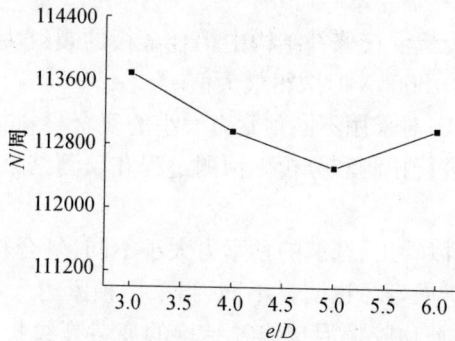

图 11 - 17　不同端距/孔径比大小下的修补结构疲劳寿命预测结果

由图 11 - 17 可以看出,选取的端距/孔径比大小不同,复合材料补片胶螺混接修补结构的疲劳裂纹扩展寿命也明显不同,当采用端距/孔径比为 $e/D=3$ 的螺栓连接时,复合材料补片胶螺混接修补结构的疲劳裂纹扩展寿命最长,当采用端距/孔径比为 $e/D=5$ 的螺栓连接时,复合材料补片胶螺混接修补结构的疲劳裂纹寿命最短。

11.3.3　预紧力 P 对修理结构疲劳裂纹扩展寿命的影响

对直径为 $D/t=2(D=4.8\mathrm{mm})$ 的螺栓,推荐的拧紧力矩值在 $2\sim4\mathrm{N}\cdot\mathrm{m}$ 之间。根据力矩求解公式(11 - 1)可求得,预紧力的取值范围在 $2000\sim3000\mathrm{N}$ 之间。对 $P=2000\mathrm{N}$、$2500\mathrm{N}$、$3000\mathrm{N}$ 三种情况的复合材料胶螺混接修理结构进行了分析和计算,分析比较了不同预紧力大小下,铝合金板的裂纹尖端 SIF 和修理结构的疲劳裂纹扩展寿命。端距/孔径比取为 $e/D=3$。

选取的预紧力大小不同,修补结构中铝合金板裂纹尖端的 SIF 也明显不同。在外部载荷为 150MPa 时,采用不同预紧力条件下的螺栓连接时,复合材料补片胶螺混接结构中铝合金板的裂纹尖端 SIF 如图 11 - 18 所示。

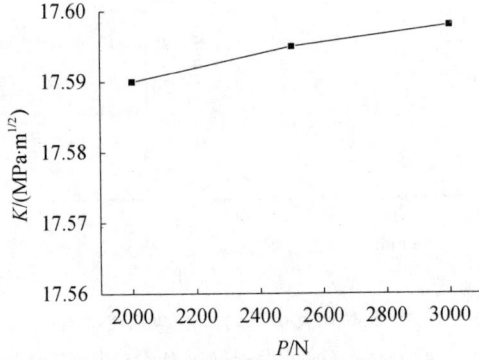

图 11 - 18   不同预紧力修补结构铝合金板裂纹尖端的 SIF

复合材料补片胶螺混接修补结构中铝合金板的裂纹尖端 SIF 在 $P = 2000\text{N}$ 时取得最小值,在 $P = 3000\text{N}$ 时取得最大值。

利用有限元方法,对采用不同预紧力大小的复合材料补片胶螺混接结构的疲劳裂纹扩展寿命进行预测和分析。预测过程和预测结果分别如图 11 - 19 和图 11 - 20 所示。

由图 11 - 20 可以看出,选取的预紧力大小不同,复合材料补片胶螺混接修补结构的疲劳裂纹扩展寿命也明显不同,当采用预紧力大小为 $P = 2000\text{N}$ 的螺栓连接时,复合材料补片胶螺混接修补结构的疲劳裂纹扩展寿命最长,当采用预紧力大小为 $P = 3000\text{N}$ 的螺栓连接时,复合材料补片胶螺混接修补结构的疲劳裂纹扩展寿命最短。

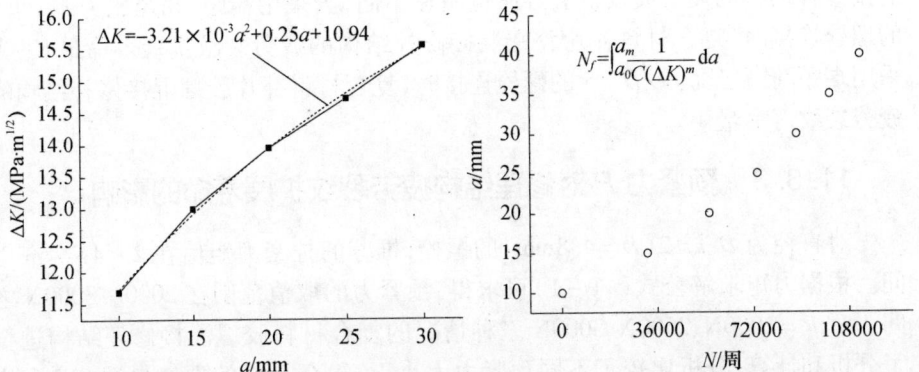

(a)

188

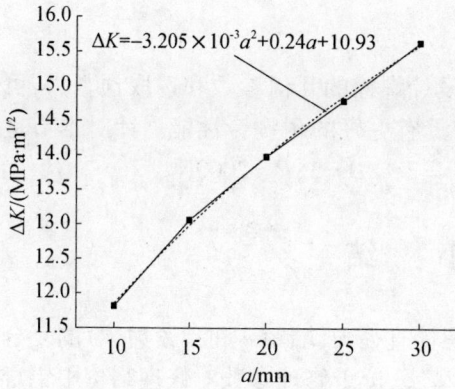

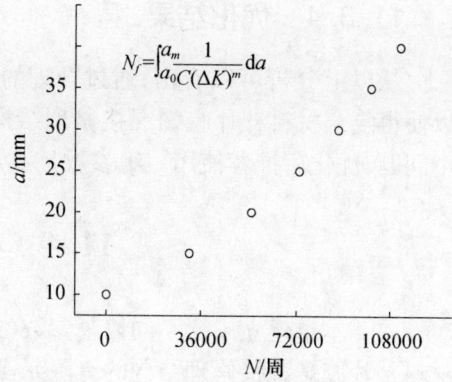

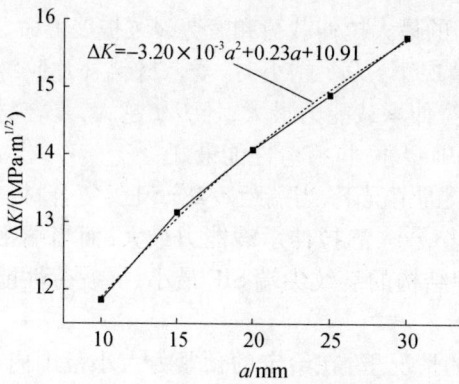

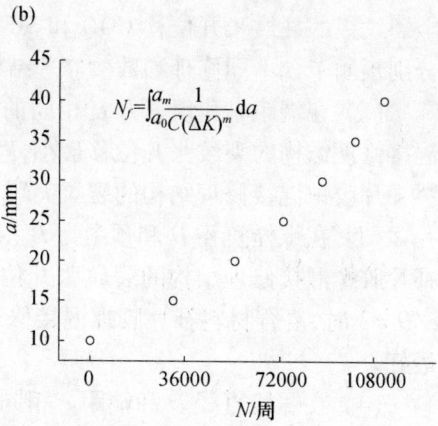

$\Delta K = -3.205 \times 10^{-3} a^2 + 0.24a + 10.93$

$N_f = \int_{a_0}^{a_m} \dfrac{1}{C(\Delta K)^m} \mathrm{d}a$

(b)

$\Delta K = -3.20 \times 10^{-3} a^2 + 0.23a + 10.91$

$N_f = \int_{a_0}^{a_m} \dfrac{1}{C(\Delta K)^m} \mathrm{d}a$

(c)

图 11 - 19　不同预紧力修理结构的疲劳裂纹扩展寿命预测

（a）$P = 2000\mathrm{N}$；（b）$P = 2500\mathrm{N}$；（c）$P = 3000\mathrm{N}$。

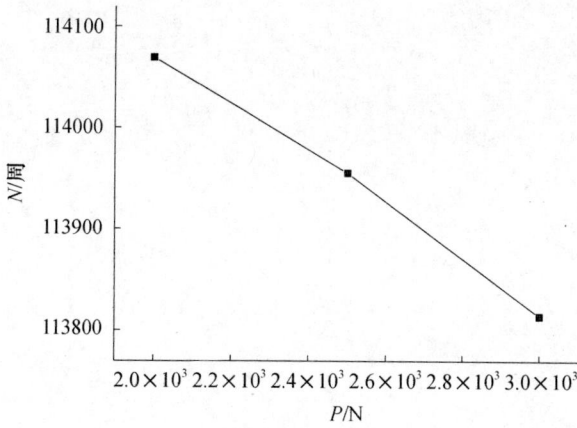

图 11 - 20　不同预紧力修理结构的疲劳裂纹扩展寿命

189

11.3.4 优化结果

从以上分析可以看出,通过合理的设计螺栓的几何参数和选取预紧力,可以使得复合材料补片胶螺混接修理结构具有更好的耐疲劳性能。针对本节这个问题,优化后推荐使用一组参数是:$D/t = 2$;$e/D = 3$;$P = 2000$N。

11.4 小 结

(1) 本章建立了含不同修复参数(螺栓直径 D、端距 e 和预紧力 P)的复合材料补片胶螺混接修理结构的有限元模型,分析了修理参数对修理结构中铝合金裂纹板的裂纹张开位移 COD 和 SIF 的影响,并通过 COD 判据和有限元方法分别预测了含不同修理参数的修理结构的最大拉伸载荷和疲劳裂纹扩展寿命。

(2) 在端距 e 和预紧力 P 相同的情况下, D/t 越小时,复合材料补片胶螺混接修理结构的裂纹张开位移最小,静拉伸承载能力最大;径 D/t 越大,复合材料补片胶螺混接修理结构的裂纹尖端 SIF 最小,抗疲劳性能最好。

(3) 在螺栓直径 D 和预紧力 P 相同的情况下,当端距 $e/D = 5$ 时,复合材料补片胶螺混接修理结构的裂纹张开位移最小,静拉伸承载能力最大;而当端距 $e/D = 3$ 时,复合材料补片胶螺混接修理结构的裂纹尖端 SIF 最小,抗疲劳性能最好。

(4) 在螺栓直径 D 和端距 e 相同的情况下,在给定的预紧力大小范围内,预紧力越小,复合材料补片胶螺混接修理结构的裂纹张开位移最小,静拉伸承载能力最大,同时,复合材料补片胶螺混接修理结构的裂纹尖端 SIF 也最小,耐疲劳性能也最好。

附录:复变函数法求解断裂问题

复变函数法求解含穿透性裂纹板断裂参量属于弹性力学平面问题的范畴，其基本方程为双调和方程。根据复变函数理论，平面问题的应力函数总可以用两个解析函数表示，从而求解应力场、位移场、应力强度因子和裂纹张开位移。对于 I 型和 II 型等特殊二维裂纹问题，可以采用 Westergaard 函数，即由需要求解两个复变解析函数简化为确定一个复变函数，使问题简化。

$$U(x,y) = \mathrm{Re}\int \mathrm{d}z \int Z(z)\,\mathrm{d}z + y\mathrm{Im}\int Z(z)\,\mathrm{d}z \qquad (\text{附}-1)$$

$Z(z)$ 称为 Westergaard 复应力函数。

则应力和裂纹面位移表达式为

$$\begin{cases} \sigma_{xx} = \mathrm{Re}Z - y\mathrm{Im}Z' \\ \sigma_{yy} = \mathrm{Re}Z + y\mathrm{Im}Z' \\ \sigma_{xy} = -y\mathrm{Re}Z' \end{cases} \qquad (\text{附}-2)$$

$$\begin{cases} u_x = \dfrac{1+\nu}{E}\left[(1-2\nu)\mathrm{Re}\int Z\mathrm{d}z - y\mathrm{Im}Z\right] \\ u_y = \dfrac{1+\nu}{E}\left[2(1-\nu)\mathrm{Im}\int Z\mathrm{d}z - y\mathrm{Re}Z\right] \end{cases} \qquad (\text{附}-3)$$

如附图 1 所示，无限大板含穿透性裂纹，裂纹长度为 $2a$，裂纹面承受分布载荷 $P(x)$，计算裂尖 A 和 B 的应力强度因子以及裂纹面的张开位移。

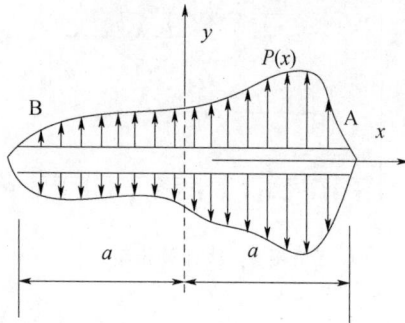

附图 1　无限大板含穿透性裂纹

取 Westergaard 复应力函数为

$$Z_I(z) = \int_{-a}^{a} \frac{P(\zeta)}{\pi(z-\zeta)} \frac{\sqrt{a^2-\zeta^2}}{\sqrt{z^2-a^2}}\mathrm{d}\zeta \qquad (\text{附}-4)$$

则裂尖 A 和 B 的应力强度因子分别为

$$K_{I,A} = \int_{-a}^{a} \frac{P(\zeta)}{\sqrt{\pi a}} \sqrt{\frac{a+\zeta}{a-\zeta}}\mathrm{d}\zeta \qquad (\text{附}-5)$$

$$K_{I,B} = \int_{-a}^{a} \frac{P(\zeta)}{\sqrt{\pi a}} \sqrt{\frac{a-\zeta}{a+\zeta}}\mathrm{d}\zeta \qquad (\text{附}-6)$$

双面修补线弹簧模型的复变函数解法

如附图 2 所示,裂纹面上承受两种载荷,一是 σ_0 压力,二是 $k \times u_y$(由于裂纹面纵向位移引起的弹簧的拉力)。考虑 $y=0$,裂纹面沿载荷方向上的位移:

$$u_y = 2\frac{1-\nu^2}{E} \times \mathrm{Im}\int Z\mathrm{d}z \qquad (\text{附}-7)$$

则裂纹面上的外载荷为

$$P(\zeta) = P0 - k \times u_y \qquad (\text{附}-8)$$

$$P(\zeta) = P0 - k \times 2\frac{1-\nu^2}{E} \times \mathrm{Im}\int Z\mathrm{d}z \qquad (\text{附}-9)$$

令

$$f(\zeta) = P(\zeta) - P0 - k \times 2\frac{1-\nu^2}{E} \times \mathrm{Im}\int Z\mathrm{d}z \qquad (\text{附}-10)$$

通过数值方法计算出 $P(\zeta)$。

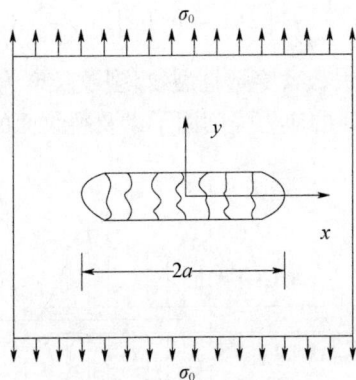

附图 2   线弹簧模型

192

参考文献

［1］穆志韬. 海军飞机结构腐蚀损伤规律及使用寿命研究［D］. 北京:北京航空航天大学,2001.

［2］陈绍杰. 复合材料结构修理指南［M］. 北京:航空工业出版社,2001.

［3］陈祥宝. 复合材料结构损伤修理［M］. 北京:化学工业出版社,2001.

［4］张盯. 复合材料补片胶接修理损伤飞机金属结构力学性能研究［D］. 烟台:海军航空工程学院,2011.

［5］Baker A A. Repair of cracked or defective metallic aircraft components with advanced fibre composites［J］. Composite Structure ,1984 ;2:153 – 234.

［6］Baker A A Fiber composite repair of cracked metallic aircraft component – practical and basic aspects［J］. Composites,1987,18(4):293 – 307.

［7］Baker A A. Repair efficiency in fatigue – cracked aluminum components reinforced with boron/epoxy patches ［J］. Fatigue Fracture Engineer Material Structure 1993;16:753 – 765.

［8］Baker A A. Bonded composite repair of fatigue – cracked primary aircraft structure［J］. Composite Structure, 1999,47:431 – 443.

［9］Baker A A,Rose L R F,Walker K F. Repair substantiation for a bonded composite repair to F111 lower wing skin［J］. Applied Composite Materials,1999(6):251 – 267.

［10］Baker A A,Jones R,Rose L R F. Advances in the Bonded Composite Repair of Metallic Aircraft Structures ［M］. Amsterdam:Elsevier Publisher,2002:137 – 175.

［11］Baker A A. Fatigue Life Recovery in Corroded Aluminum Alloys Using Bonded Composite Reinforcements ［J］. Applied Composite Materials,2006,13:127 – 146.

［12］Rose L R F. An application of the inclusion analogy for bonded reinforcement［J］. International Journal of Solids and Structures,1981,17:827 – 838.

［13］Rose L R F. A Cracked Plate Repaired by Bonded Reinforcement［J］. International Journal of Fracture, 1982,18(2):135 – 144.

［14］Rose L R F. Crack reinforcement by distributed springs［J］. Journal of the Mechanics and Physics of Solids,1987,35:383 – 405.

［15］Rose L R F. Influence of debonding on the efficiency of crack patching［J］. Theoretical and Applied Fracture Mechanics,1987,7:125 – 132.

［16］Rose L R F,Wang C H. Closure analysis of small fatigue cracks with a self – similar plastic wake［J］. Journal of the Mechanics and Physics of Solids,2001,49:401 – 429.

［17］Jones R,Callian R J. Finite Element Analysis of Patched Cracks［J］. Journal of Structural Mechanics, 1979,7(2):107 – 130.

［18］R. Jones. Cracked patching analysis and design［J］. Journal of Structure Mechanics,1982 (2):177 – 190.

［19］Jones R,Callian R J,Aggarwal K C. Analysis of Bonded repair to damaged fiber Composite structures［J］. Engineering Fracture Mechanics,1983,17(1):37 – 46.

［20］Ting T,Jones R,Chiu W K,eta. Composite repairs to rib stiffened panels［J］. Composite structures,1999,

193

47:737 - 743.

[21] Jones R,Chiu W K. Composite repairs to cracks in thick metallic components[J]. Composite Structures, 1999(44):17 - 29.

[22] Jones R,Whittingham B,Marshall I H. Bonded repairs to rib stiffened wing skins[J]. Composite structures, 2002,57:453 - 458.

[23] Jones R,Krishnapillai K,Pitt S. Crack patching: Predicting fatigue crack growth[J]. Theoretical and applied fracture mechanics,2006,45:79 - 91.

[24] Jones R,Chiu W K. Composite repairs to cracks in thick metallic components[J]. Composite structures, 1999,44:17 - 29.

[25] Jones R,Pitt S. Crack patching revisited [J]. Composite structures,2006,76:218 - 223.

[26] Erdogan F,Arin K. A sandwich plate with part - through and disbongding crack[J]. Engineering Fracture Mechanics,1973,4:67 - 86.

[27] Joseph P F,Erdogan F. Plates and Shells Containing a Surface Crack Under General Loading Conditions [R]. NASA Contractor Report 178323,NASA Langley Research Centre,USA. 1987.

[28] Joseph P F. Erdogan F. Surface crack problems in plates. International Journal of Fracture[J]. 1989,41: 105 - 131.

[29] Keer L M,Lin C T,Mura T. Fracture analysis of adhesively bonded sheets[J]. Journal of Applied Mechanics,1976,43,652 - 656.

[30] Wang C H. Analysis of cracks in constrained layers[J]. International Journal of Fracture,1997,83,1 - 17.

[31] Wang C H. Fatigue crack closure analysis of bridged cracks representing composite repairs[J]. Fatigue and Fracture of Engineering Materials and Structures,1999,23:477 - 488.

[32] Wang C H,Rose L R F. Bonded repair of cracks under mixed mode loading [J]. International Journal of Solids and Structures,1998,35:2749 - 2773.

[33] Wang C H,Rose L R F. A crack bridging model for bonded plates subjected to tension and bending [J]. International Journal of Solids and Structure,1999,36:1985 - 2014.

[34] Wang C H,Rose L R F,Callinan,eta. Thermal stresse in a plate with a circular reinforcement [J]. International Journal of Solids and Structures,2000,37:4577 - 4599.

[35] Wang C H,Callinan R J,Rose L R F. Analysis of out - of - plane bending of one - sided repair [J]. International Journal of Solids and Structures,1998,35:1653 - 1675.

[36] Wang C H,Rose L R F,Baker A A. Modelling of the fatigue growth behaviour of patched cracks [J]. International Journal of Fracture,1998,88:L65 - L70.

[37] Callinan R J,Rose L R F,Wang C H. Three - dimensional stress analysis of crack patching [C]. In: Proceedings of the International Conference on Fracture,ICF - 9,1997:2151 - 2158.

[38] Naboulsi S,Mall S. Modeling of cracked metallic structure with bonded composite patch using three layer technique[J]. Composite Structure,1996,35:295 - 308.

[39] Naboulsi S,Mall S. Thermal effects on adhesively bonded composite repair of cracked aluminum panels[J]. Theoretical and Applied Fracture Mechanics,1997,26(1):1 - 12.

[40] Naboulsi S,Mall S. Analysis of cracked metallic structure with imperfectly bonded composite patch[R]. AIAA - 97 - 1363.

[41] Naboulsi S,Mall S. Fatigue crack growth analysis of adhesively repaired panel using perfectly and imperfectly composite patches[J]. Theoretical and Applied Fracture Mechanics,1997,(28):13 - 28.

[42] Naboulsi S,Mall S. Nonlinear analysis of bonded composite patch repair of cracked aluminum panels[J].

194

Composite structures,1998,(41):303 – 313.

[43] Naboulsi S,Mall S. Characterization of fatigue crack growth in aluminum panels with a bonded composite patch[J]. Composite structures,1997,37(3/4):321 – 334.

[44] Schubbe J J,Mall S. Modeling of cracked thick metallic structure with bonded composite patch repair using three – layer technique[J]. Composite structures,1999,45:185 – 193.

[45] Schubbe J J,Mall S. Investigation of a cracked thick aluminum panel repaired with a bonded composite patch[J]. Engineering fracture mechanics,1999,63:305 – 323.

[46] Schubbe J J,Mall S. Fatigue behaviour in thick aluminum panels with a composite repair[R]. AIAA – 98 – 1997.

[47] Denney J J,Mall S. Effect of disbond on fatigue behavior of cracked aluminum panel with bonded composite patch[R]. AIAA – 96 – 1322 – CP.

[48] Denney J J,Mall S. Characterization of disbond effects on fatigue crack growth behaviour in aluminum plate with bonded composite patch[J]. Engineering fracture mechanics,1997,57(5):507 – 525.

[49] Duong C N,Yu J. An analytical estimate of thermal effects in a composite bonded repair:plane stress analysis[J]. International Journal of solids and structures,2002,39:1003 – 1014.

[50] Duong C N,Yu J. Stress analysis of a bonded repair over a corrosion grindout using an inclusion model with a second ordered eigenstrain theory [J]. International Journal of Engineering Science,2002,40: 347 – 365..

[51] Duong C N,Yu J. Analysis of a plate containing a polygon – shape inclusion with a uniform eigencurvature [J]. Journal of Applied Mechanics,2003,70:404 – 407.

[52] Duong C N,Yu J. Thermal stresses in a one – sided bonded repair by plate inclusion model[J]. Journal of Thermal Stresses,2003,26:457 – 466.

[53] Duong C N,Yu J. Thermal stresses in one – sided bond repair:Geometrically nonlinear analysis[J]. Theoretical and Applied Fracture Mechanics,2003,40:197 – 209.

[54] Duong C N. An engineering approach to geometrically nonlinear analysis of a one – sided composite repair under thermo – mechanical loading[J]. Composite Structure,2004,64:13 – 21.

[55] Duong C N. On the estimation of at a bottom of a grind – out cavity after one – sided patching[J]. International Journal of solids and structures,2003,40:4879 – 4894.

[56] 王衔,陈涛,张天骏. 碳纤维复合材料板与钢板胶螺混合双搭接接头拉伸性能试验研究[J].工业建筑,2014,44(10):10 – 15.

[57] 吕高辉. 复合材料层合板多钉连接失效分析及疲劳寿命估算[D].西安:西安电子科技大学,2003.

[58] 陈昆昆. 复合材料加筋板 – 钛合金机械连接结构优化[D].上海:上海交通大学,2013.

[59] Collings T A. The strength of bolted joints in multi – directional CFRP laminates[J]. Composites,1977,8: 43 – 54.

[60] Gray P J,McCarthy C T. A global bolted joint model for finite element analysis of load distributions in multi – bolt composite joints[J]. Composites:Part B,Engineering. 2010,41(4):317 – 325.

[61] Pakdil M. Failure analysis of composite single bolted – joints subjected to bolte pretension[J]. Indian Journal of Engineering and Materials Sciences. 2009,16(2):79 – 85.

[62] 朱红红. 复合材料螺栓连接接头失效分析与强度预测[D].郑州:郑州大学,2012.

[63] 郁大照,陈跃良. 含裂纹螺接件应力强度因子三维有限元分析[J]. 机械工程学报,2011(10): 121 – 127.

[64] 林恩强,郭然,罗吉祥,等. 螺栓紧固铝板疲劳裂纹萌生的有限元参数分析[J].工程力学,2010,27

(6):245 – 250.

[65] 王志强. 复合材料层压板螺栓连接性能分析[D]. 哈尔滨:哈尔滨工程大学,2010.

[66] 刘无瑕. 受剪切载荷复合材料机械连接钉载分配研究[D]. 上海:上海交通大学,2012.

[67] Duong C N, Wang C H. On the characterization of fatigue crack growth in one – sided bonded repair[J]. Journal of Engineering Materials and Technology,2004,136:192 – 198.

[68] Duong C N. A unified approach to geometrically nonlinear analysis of tapered bonded joints and doublers [J]. International Journal of Solids and Structures,2006,43:3498 – 3526.

[69] Duong C N, Verhoeven S, Guijt C B. Analytical and experimental study of load attractions and fatigue crack growths in two – sided bonded repair[J]. Composite Structure,2006,73:394 – 402.

[70] Megueni A, B. Bachir Bouiadjra, B Boutabout. Computation of the stress intensity factor for patch crack with bonded composite repair in pure mode II[J]. Composite structures,2003,59:415 – 418.

[71] Ouinas D, B Bachir Bouiadjra, Serier B. The effects of disbond on the stress intensity factor of aluminum panels repaired using composite materials[J]. Composite structures,2007,78:278 – 284.

[72] B Bachir Bouiadjra, Ouinas D, Serier B, Benderdouche N. Disbond effects on bonded boron/epoxy composite repair to aluminum plates[J]. Computational materials science,2008,42:220 – 227.

[73] Belhouari M, B Bachir Bouiadjra, Megueni A, Kaddouri K. Comparison of double and single repairs to symmetric Composite structures:a numerical analysis[J]. Composite structures,2004,65:47 – 53.

[74] B Bachir Bouiadjra, Fekirini H, Serier B, Benguediab M. Numerical analysis of the beneficial effect of the double symmetric patch repair compared to single one in aircraft structures[J]. Computational materials science,2007,38:824 – 829.

[75] Achour T, B. Bachir Bouiadjra, Serier B. Numerical analysis of the performance of the bonded composite patch for reducing stress concentration and repairing cracks at notch[J]. Computational materials science, 2003,28:41 – 48.

[76] Fekirini H, B. Bachir Bouiadjra, Belhouari M, Boutabout B, Serier B. Numerical analysis of the performance of bonded composite repair with two adhesive bands in aircraft structures [J]. Composite structures,2008, 82:84 – 89.

[77] Sun C T, Klug J C, Arendt C. Analysis of cracked aluminum plates repaired with Bonded composite patches [J]. AIAA Journal,1996,34(2):3143 – 3151.

[78] Arendt C, Sun C T. Bending effects of unsymmetrica adhesively bonded composite repairs on cracked aluminum panels[R]. NASACP3274:33 – 48.

[79] Klug J C, Sun C T. Large deflection effects of cracked aluminum plates repaired with bonded composite patch[J]. Composite structures,1998,42:291 – 296.

[80] Kelly G. Load transfer in hybrid (bonded/bolted) composite single – lap joints[J]. Composite Structures, 2005,69 (1):35 – 43.

[81] Barut A, Madenci E. Analysis of bolted – bonded composite single – lap joints under combined in – plane and transverse loading[J]. Composite Structures,2009,88 (4):579 – 594.

[82] Ding K, Dhanasekar M. Flexural behavior of bolted – bonded butt joints due to bolt looseness[J]. Advances in Engineering Software,2007,38 (8 – 9):598 – 606.

[83] Ryosuke M, Motoko S, Akira T. Improving performance of GFRP/aluminum single lap joints using bolted/ co – cured hybrid method[J]. Composites:Part A,2008,39 (2):154 – 163.

[84] Kweon J H, Jung J W, Kim T H, et al. Failure of carbon composite – to – aluminum joints with combined mechanical fastening and adhesive bonding[J]. Composite Structures,2006,75 (4):192 – 198.

196

[85] 马毓,赵启林. 复合材料胶螺混合连接接头承载力分析[J]. 复合材料学报,2011,28(4):225-230.

[86] 马毓,江克斌,赵启林. 制作工艺对复合材料胶螺混合连接接头传力机理及承载力的影响分析[J]. 机械强度,2011,33(1):100-105.

[87] 袁辉,刘鹏飞,赵启林. 胶螺混合连接接头承载力的参数影响研究[J]. 玻璃钢/复合材料,2013,3:66-7.

[88] 程小全,汪源龙,张纪奎. 平面编织复合材料胶螺混合连接接头拉伸性能分析 [J]. 固体力学学报,2011,32(4):346-352.

[89] 黄文俊,程小全,武鹏飞,等. 复合材料混合连接结构拉伸性能与影响因素分析[J]. 北京航空航天大学学报,2013,39(10):1408-1413.

[90] 丁玲. 全复合材料无人机机翼结构优化设计[D]. 北京:中国科学院大学,2014.

[91] 孟毛毛,赵美英,弥晓亮,等. 胶螺混合连接结构强度分析及影响因素研究[J]. 航空工程进展,2013,4(2):186-191.

[92] Klug J C,Maley S,Sun CT. Characterization of fatigue behavior of bonded composite repairs[J]. Journal of Aircraft,1999(6):1016-1022.

[93] H. Hosseini - Toudeshky. Effects of composite patches on fatigue crack propagation of single - side repaired aluminum panels[J]. Composite structures,2006,76:243-251.

[94] H. Hosseini - Toudeshky,B. Mohammadi,G. Sadeghi,H. R. Daghyani. Numerical and experimental fatigue crack growth analysis in mode - I for repaired aluminum panels using composite material[J]. Composite:Part A:applied science and manufacturing,2007,38:1141-1148.

[95] H. Hosseini - Toudeshky,G. Sadeghi,H. R. Daghyani. Experimental fatigue crack growth and crack - front shape analysi of asymmetric repaired aluminum panels with glass/epoxy composite patches[J]. Composite structures,2005,71:401-406.

[96] H. Hosseini - Toudeshky,B. Mohammadi,S. Bakhshandeh. Crack trajectory analysis of single - sided repaired thin panels in mixed - mode condition using glass/epoxy patches[J]. Computers and structures,2008,86:997-1005.

[97] H. Hosseini - Toudeshky,Bijan Mohammadi,Hamid Reza Daghyani. Mixed - mode fracture analysis of aluminum repaired panels using composite patches[J]. Composites science and technology,2006,66:188-198.

[98] Hossein Hosseini - Toudeshky,Ali Jasemzadeh,Bijan Mohammadi. Fatigue Debonding Analysis of Repaired Aluminium Panels by Composite Patch using Interface Elements[J]. Applied Composite Materials,2011,18(6):571-584.

[99] Ki - Hyun Chung,Won - Ho Yang. A study on the fatigue crack growth behavior of thick aluminum panels repaired with a composite patch[J]. Composite structures,2003,60:1-7.

[100] Gwo - Chung Tsai,Shyan Bob Shen. Fatigue analysis of cracked thick aluminum plate bonded with composite patches[J]. Composite structures,2004,64:79-90.

[101] P. Papanikos,K. I. Tserpes,G. Labeas,Sp. Pantelakis. Progressive damage modelling of bonded composite repairs[J]. Theoretical and applied fracture mechanics,2005,43:189-198.

[102] P. Papanikos,K. I. Tserpes,Sp. Pantelakis. Initiation and progression of composite patch debonding in adhesively repaired cracked metallic sheets[J]. Composite structures,2007,81:303-311.

[103] Shin - etsu Fujimoto,Hideki Sekine. Identification of crack and disbond fronts in repaired aircraft structure panels with bonded FRP composite patch[J]. Composite structures,2007,77:533-545.

[104] Kaye R,Heller M. Finite element - based three - dimensional stress analysis of composite bonded repairs

to metallic aircraft structure [J]. International Joural of Adhesion and Adhesives,2006,26:261 – 273.

[105] Kumar A M,Hakeem S A. Optimum design of symmetric composite patch repair to centre cracked metallic sheet [J]. Composite Structures,2000,49(2):285 – 292.

[106] Ratwani M M Analysis of cracked adhesively bonded laminated structures[J]. AIAA Journal,1974,17, 988 –994.

[107] Sandow F A,Cannon R K. Composite repair of cracked Aluminum Alloy Aircraft Structure[R], USAF Wright Labs Report TR – 87 – 3072,1987.

[108] 徐建新. 复合材料补片胶接修理技术的研究进展[J].航空学报,1999(4):381 – 383.

[109] 徐建新. 损伤金属结构的复合材料胶接修理技术研究[D]. 南京:南京航空航天大学,1996: 41 – 58.

[110] 徐建新,张开达. 复合材料补片止裂性能的方法研究[J],工程力学,1999,16(2):93 – 98. .

[111] 徐建新. 复合材料胶接修理损伤金属结构的研究现状[J]. 力学进展,2000,30(3):415 – 421.

[112] Wang Q Y, Pidaparti R M. Static characteristics and fatigue behavior of composite repaired aluminum Plates [J]. Composite Structures,2002 (56):151 – 155.

[113] WANG Q Y,et al. Fatigue crack growth behavior of bonded compo site repairs [A] 1 The 3rd International Confl on experimental mechanics [C],2001,10. 15—17,Beijing,China.

[114] 王清远,陶华. 复合材料修补件的强度和疲劳性能[J].材料工程,2003,(1):21 – 24.

[115] 孙宏涛. 损伤金属板复合材料胶接修补热—力分析与试验研究[D].西安:西北工业大学,1998.

[116] 孙洪涛,刘元镛. 改进的金属裂纹板复合材料胶接修补的有限元模型[J].西北工业大学学报, 2000,18(3):446 – 451.

[117] 肖加余,曾竟成,梁重云,等. 碳纤维复合材料修补带孔铝合金板的强度性能[J].复合材料学报, 2002,19(3):51 – 55.

[118] 杨孚标. 复合材料修复含中心裂纹铝合金板的静态与疲劳特性研究[D].长沙:国防科学技术大学,2006.

[119] 王遵. 复合材料单面补强含裂纹铝合金薄板的残余热应力及其影响研究[D].长沙:国防科学技术大学,2007.

[120] 文思维. 硼_环氧复合材料补片修复含中心裂纹铝合金厚板研究[D].长沙:国防科技大学,2008.

[121] 文思维,曾竟成,肖加余,等. 单纤维拔出试验表征硼纤维/环氧界面剪切强度研究[J].湖南大学学报,2007,34(5):53 – 57.

[122] 杨孚标,肖加余,江大志,等. 复合材料单面修补铝合金裂纹板的疲劳破坏特性[J].中国表面工程,2006,19(5):210 – 214.

[123] 杨孚标,肖加余,江大志,等. 复合材料单面胶接修复含中心裂纹铝合金板的疲劳特性分析[J].国防科技大学学报,2009,29(3):16 – 21.

[124] 杨孚标,肖加余,曾竟成,等. 双向受载裂纹板的碳纤维复合材料补片的胶接修补分析[J].国防科技大学学报,2005,27(6):21 – 25.

[125] 杨孚标,肖加余,江大志,等. 炭纤维/环氧复合材料单面修补中心裂纹铝合金板的静态和疲劳特性[J].复合材料学报,2007,24(3):1 – 6.

[126] 邢素丽. 金属构件战伤的复合材料快速修复[D].长沙:国防科学技术大学, 2002.

[127] 梁重云. 复合材料与被修补航空铝合金结构件的性能匹配性研究[D].长沙:国防科学技术大学,2002.

[128] XIONG J J,SH ENOI R A. Integrated experiment al screening of bonded composites patch repair schemes to notched aluminum – alloy panels based on static and fatigue strength concepts [J]. Composite Struc-

tures,2008,83(9):266 – 272.

[129] 白江波,熊峻江,李绍春. 复合材料胶结修补缺损金属结构的力学性能研究[J]. 材料工程,2009,增刊2:359 – 362.

[130] 李绍春,熊峻江. 复合材料胶接修补件力学性能的实验研究与数值模拟[J]. 材料工程,2011,(6):11 – 16.

[131] 张移山,华庆祥. 复合材料补片参数对裂纹尖端应力强度因子的影响[J]. 机械强度,2004,26(S):100 – 103.

[132] Hart – Smith L J. Induced peel stresses in adhesively bonded joints. MDC J9422A[R.] Douglas Aircraft Company,1982.

[133] Hart – Smith L J. Adhesive – Bonded Double – Lap Joints. NASA CR – 112235[R]. Washington: NASA,1973.

[134] Hart – Smith L J. Adhesive – Bonded Single – Lap Joints. NASA CR – 112236[R]. Washington: NASA,1973.

[135] Hart – Smith L J. Analysis and Design of Advanced Composite Bonded Joints. NASA CR 2218[R]. Washington:NASA,1974.

[136] 关志东,Yang Chihdar. 复合材料管接头拉扭作用下胶层应力分析[J]. 复合材料学报,2004,21(3):96 – 101.

[137] 臧庆来,张行,吴国勋. 胶接连接件应力分析新模型与新方法[J]. 航空学报,2006,27(6):1051 – 1057.

[138] 赵波. 考虑弯曲效应的混元胶接单搭接头应力模型[J]. 机械工程学报,2008,44(10):129 – 137.

[139] 王中强,张开富,李原,等. CFRP/Al 复合构件胶接界面力学建模与强度分析[J]. 西北工业大学学报,2010,28(6):858 – 865.

[140] 刘遂,关志东,郭霞,等. 复合材料双搭接接头拉伸强度研究[J]. 航空材料学报,2012,32(5):86 – 91.

[141] 段元欣,张开富,王中强,等. L 形碳纤维增强复合材料/铝合金胶接复合构件剥离应力建模与分析[J]. 机械工程学报,2012,48(4):44 – 50. .

[142] 王孝慧,姚卫星. 复合材料胶接结构有限元分析方法研究进展[J]. 力学进展,2012,42(2):1 – 9.

[143] 谢鸣九. 复合材料连接[M]. 上海:上海交通出版社,2011.

[144] 董春迎,谢志成,姚振汉,等. 边界积分方程中超奇异积分的解法[J]. 力学进展,1995,25(3):424 – 429.

[145] 汤任基,秦太验. 三维断裂力学的超奇异积分方程方法[J],力学学报. 1993,25(6),665 – 674.

[146] 陈梦成. 三维断裂力学问题求解 – 超奇异积分方程方法[M],成都:西南交通大学出版社,2007.

[147] 王自强,陈少华. 高等断裂力学[M],北京:科学出版社,2009.

[148] Rice J R and Levy N. The part – through surface crack in elastic plate. Journal of Applied Mechanics. 1972,39(1):185 – 194.

[149] 柳春图,蒋持平. 板壳断裂力学[M],北京:国防工业出版社,2000.

[150] De Xie,Sherrill B. Biggers Jr. Strain energy release rate calculation for a moving delamination front of arbitrary shape based on virtual crack closure technique, Part II:Sensitivity study on modeling details. Engineering Fracture Mechanics 2006,73:786 – 801.

[151] De Xie,Sherrill B. Biggers Jr. Progressive crack growth analysis using interface element based on the virtual crack closure technique. Finite Elements in Analysis and Design 2006,42:977 – 984.

[152] Xie,D. ,Chung,J. ,Waas et al. Failure analysis of adhesively bonded structures:from coupon level data to

structure level predictions and verification, International Journal of Fracture, 2005, 134:231 – 250.

[153] Xie De, and Biggers, Jr. , S. B. . Calculation of transient strain energy release rate under impact loading based on virtual crack closure technique. International Journal of Impact Engineering, 2007, 34: 1047 – 1060.

[154] 万建松,岳珠峰. 金属韧性断裂的细观研究[J]. 计算力学学报,2002,19(3):320 – 323.

[155] 闫崇年,郦正能. 金属延性断裂过程仿真与损伤破坏准则应用[J],机械强度,2011,33(5): 754 – 758.

[156] 杨峰平,孙秦. 韧性金属材料渐进断裂的有限元算法研究[J],金属学报,2008,44(4):489 – 494.

[157] 刘超,孙秦,刘彦杰,等. 延性金属渐进破坏试验与数值研究[J],航空材料学报,2013,33(1): 93 – 99.

[158] 方刚,雷丽萍,曾攀. 金属塑性成形过程延性断裂的准则及其数值模拟[J],机械工程学报,2002, 38(A):21 – 25.

[159] Freudenthal A M. The inelastic behavior of engineering materials and structures [M]. NewYork, Wiley,1950.

[160] Cockroft M, Latham D. Ductility and workability of metals[J]. JournalInstitute of Metals, 1968, 96: 33 – 39.

[161] Oh S I, Chen C C, Kobayashi S. Ductile fracture in ax – symmetric extrusion and drawing[J]. Journal of Engineering for Industry, Transaction of the ASME, 1979, 101(1):23 –44.

[162] Brozzo P, Deluca B. A new method for the prediction of formability limits in metal sheets[C]. Proceeding of the 7th Bi – ennial Conference of the International Deep Drawing Re – search,1972.

[163] Oyane M, Sato T, Okimoto K. Criteria for ductile fracture and their applications[J]. Journal of Mechanical Working Technology, 1980,4:66 – 81.

[164] Rice J R, Tracey D. On the ductile fracture by the growth of holes[J]. Journal of the Mechanics and Physics of Sol – ids, 1969, 17:201 – 217.

[165] McClintock F A. A criterion for ductile fracture by the growth of holes subjected to multi – axial stress states[J]. Journal of Applied Mechanics, 1968, 35:363 – 371.

[166] Chang F K, Chang K Y. A progressive damage model for laminated composites containing stress concentrations[J]. Journal of Composite Materials, 1987, 21(9):834 – 855.

[167] Chang F K, Chang K Y. Post – failure analysis of bolted composite joints in tension or shear – out mode failure [J]. Journal of Composite Materials, 1987, 21(9):809 – 833.

[168] Chang F K, Lessard L. Damage Tolerance of Laminated Composites Containing an Open Hole and Subjected to Compressive Loadings: Part I — analysis [J]. Journal of Composite Materials, 1991, 25:2 – 43.

[169] Yamada S E, Sun C T. Analysis of laminate strength ana its distribution [J].. Journal of Composite Materials, 1978, 12(2):75 – 84.

[170] Apalak Z, Apalak M, Genc M. Progressive Damage Modeling of an Adhesively Bonded Unidirectional Composite Single – Lap Joint in Tension at the Mesoscale Level[J]. Journal of Thermoplastic Composite Materials, 2006, 19(6):671 – 702.

[171] Apalak Z, Apalak M, Genc M. Progressive Damage Modeling of an Adhesively Bonded Composite Single Lap Joint under Flexural Loads at the Mesoscale Level[J]. Journal of Reinforced Plastics and Composites, 2007, 26(9):903 – 653.

[172] Tan S C, Perez J. Progressive failure of laminated composites with a hole under compressive loading [J]. Journal of Reinforced Plastics and Composites, 1993, 12(10):1043 – 1057.

［173］Tan S C,Nuismer R. A Theory for Progressive Matrix Cracking in Composite Laminates［J］. Journal of Composite Materials,1989,23(10):1029 - 1047.

［174］Tan S C. A Progressive Failure Model for Composite Laminates Containing Openings［J］. Journal of Composite Materials,1991,25(5):556 - 577.

［175］Sleight D W. Progressive failure analysis methodology for laminated composite structures［R］. NASA/TP - 1999 - 209107. Washington:NASA,1999:1 - 25.

［176］Camanho P P,Matthews F L. Stress analysis and strengthprediction of mechanically fastened joints in FRP:A review［J］. Composites Part A,1997,28A(6):529 - 547.

［177］Camanho P P,Matthews F L. Delamination onset prediction in mechanically fastened joints in composite laminates［J］. Journal of Composite Materials,1999,33(10):906 - 927.

［178］Camanho P P,Matthews F L. A progressive damage model for mechanically fastened joints in composites laminates［J］. Journal of Composite Materials,1999,33(24):2248 - 2280.

［179］Hashin Z. Failure Criteria for Unidirectional Fiber Composites［J］. Journal of Applied Mechanics,1980,47:329 - 334.

［180］Hashin Z,A Rotem. A Fatigue Criterion for Fiber - Reinforced Materials［J］. Journal of Composite Materials,1973,7:448 - 464.

［181］王丹勇,温卫东,崔海涛. 复合材料单钉接头三维逐渐损伤破坏分析［J］. 复合材料学报,2005,22(3):168 - 174.

［182］王丹勇,温卫东,崔海涛. 含孔复合材料层合板静拉伸三维逐渐损伤分析［J］. 力学学报,2005,37(6):788 - 795.

［183］徐焜,许希武. 三维编织复合材料渐进损伤的非线性数值分析［J］. 力学学报,2007,39(3):398 - 407.

［184］王跃全,童明波,朱书华. 三维复合材料层合板渐进损伤非线性分析模型［J］. 复合材料学报,2009,26(5):160 - 166.

［185］王跃全,童明波,朱书华. 复合材料层合板胶接贴补修理渐进损伤分析［J］. 复合材料学报,2011,28(3):198 - 202.

［186］王跃全,童明波,朱书华. 基于 CDM 的复合材料层合板三维非线性渐进损伤分析［J］. 南京航空航天大学学报,2009,41(6):709 - 714.

［187］林国伟,陈普会. 胶接修补复合材料层合板失效分析的 PDA - CZM 方法［J］. 航空学报,2009,30(10):1877 - 1882.

［188］关志东,黎增山,刘德博,李星. 复合材料层板开孔压缩损伤分析［J］. 复合材料学报,2012,29(3):167 - 172.

［189］Linde P J,Pleitner H,De Boer,C. Carmone,Modelling and Simulation of Fiber Metal Laminates［C］ ABAQUS Users' Conference,2004. .

［190］Arunkumar Satyanarayana, Philip B. Bogert, Prasad B. Chunchu. The effect of Delamination on Damage Path and Failure Load Prediction for Notched Composite Laminates ［C］. 48th AIAA/ASME/ASCE/AHS/ASC Structure,Structureal Dynamics,and Materials Conference,2007,Honolulu,Hawaii. 1 - 16.

［191］Philip B. Bogert, Arunkumar Satyanarayana, Prasad B. Chunchu. Comparison of Damage Path Predictions for Composite Laminates by Explicit and Standard Finite Element Analysis Tools［C］. 47th AIAA/ASME/ASCE/AHS/ASC Structure,Structureal Dynamics,and Materials Conference,2006,NASA Langley Research Center,Hampton,1 - 27.

［192］庄苗,张帆,岑松. ABAQUS 非线性有限元分析与实例［M］. 北京:北京科学出版社,2005.

[193] A. Albedah, B. Bachir Bouiadjra, W. Ouddad, M. Es – saheb, F. BinyahiaE. Elastic Plastic Analysis of Bonded Composite Repair in Cracked Aircraft Structures[J]. Journal of Reinforced Plastics of Composites, 2011, 30(1):66 – 72.

[194] Qudad W, B. Bachir Bouiadjra, Belhouari M, Torzain S and Feaugas X. Analysis of the Plastic Zone Size Ahead of Repaired Cracks with Bonded Composite Patch of Metallic Aircraft Structures[J]. Computer Material Science, 2009, 46:950 – 954.

[195] 范赋群, 王震鸣, 稽醒, 等. 关于复合材料力学几个基本问题的研究[J]. 力学与实践, 1995, 17(1):4 – 9.

[196] 杨桂通. 弹性力学简明教程[M]. 北京:清华大学出版社, 2006.

[197] Xia Z H, Zhou C W, Yong Q L, Wang X W. On selection of repeated unit cell model and application of unified periodic boundary conditions in micro mechanical analysis of composites[J]. International Journal of Solids and Structures, 2005, 43(2):266 – 278.